21世纪高等教育计算机规划教材

COMPUTER

多媒体技术及应用

Multimedia Technology and Application

丛书主编 赵 欢
主 编 李小英
副主编 谷长龙 段伟 蔡益红

人民邮电出版社
北京

图书在版编目（CIP）数据

多媒体技术及应用 / 李小英主编. -- 北京 : 人民邮电出版社，2016.2
21世纪高等教育计算机规划教材
ISBN 978-7-115-41611-7

Ⅰ. ①多… Ⅱ. ①李… Ⅲ. ①多媒体技术—高等学校—教材 Ⅳ. ①TP37

中国版本图书馆CIP数据核字(2016)第015046号

内 容 提 要

本书全面系统地介绍了多媒体技术的基础知识与应用软件的使用。全书共5章。第1章多媒体技术概论讲述了多媒体技术的基础知识。第2～5章理论与实践相结合，分别讲述了多媒体音频技术、图像处理技术、计算机动画技术和数字视频技术，既介绍了相关技术的基本概念、基本原理，又介绍了相关应用软件（如音频处理软件 Adobe Audition、图像处理软件 Adobe Photoshop、二维动画制作软件 Adobe Flash、视频处理软件 Adobe Premiere）的应用。每章以案例形式组织学习，列出了操作相应软件的知识要点及实现案例的具体设计要求，并给出了完整的操作步骤。章后还配有帮助读者巩固所学知识的思考题及操作练习题。

本书内容全面，论述深入浅出，案例图文并茂，步骤清晰，实用性强。本书可以作为高等院校非计算机专业多媒体技术课程的教材，也可作为多媒体技术方面的培训教材，还可作为渴望掌握多媒体技术的广大自学者的参考书籍。

◆ 丛书主编　赵　欢
主　　编　李小英
副 主 编　谷长龙　段　伟　蔡益红
责任编辑　邹文波
责任印制　沈　蓉　彭志环

◆ 人民邮电出版社出版发行　　北京市丰台区成寿寺路11号
邮编　100164　　电子邮件　315@ptpress.com.cn
网址　http://www.ptpress.com.cn
北京天宇星印刷厂印刷

◆ 开本：787×1092　1/16
印张：16.25　　2016年2月第1版
字数：372千字　　2024年8月北京第16次印刷

定价：39.00元

读者服务热线：(010)81055256　印装质量热线：(010)81055316
反盗版热线：(010)81055315

前 言

电子计算机的发明是人类历史上最伟大的发明之一，它使人类社会进入了信息时代。第一台现代电子计算机诞生已近 70 年。计算机技术以不可思议的速度发展，改变着世界和人类生活。如今，计算已经“无所不在”，计算机与其他设备甚至是生活用品之间的界限日益淡化，现代社会的每个人都要与计算机打交道，每个家庭每天也在不经意间使用了很多“计算机”设备，数字化社会以不可抗拒之势到来，社会对人们掌握计算机技术的程度要求已远远超过以往任何时期。走在时代前列的大学生，有必要了解计算机发展历史、发展趋势，掌握计算机科学与技术的基本概念、一般方法和新技术，以便更好地使用计算机及计算机技术为社会服务。

近年来，各高校都在逐步进行顺应时代的教育教学创新改革，大学计算机基础教育在课程体系、教学内容、教学理念和教学方法上都有了较大提升，本套丛书正是这项改革的产物。

关于本套丛书

本套教材包括以下 7 本。

- 计算机科学概论
- 计算机操作实践
- 高级 Office 技术
- SQL Server 数据库及 PHP 技术
- MATLAB 及 Mathematic 软件应用
- SPSS 软件应用
- 多媒体技术及应用

本套教材可以适用于不同类型的学校和不同层次学生，也可作为相关研究者的参考书。前面 3 本具有更广的适用性，后面 4 本更倾向于是教学中的各个模块，针对不同专业类的学生学校可以选择不同模块组织教学。

关于《多媒体技术及应用》

（1）学时安排及教学方法建议。

《多媒体技术及应用》可安排理论教学 16 ~ 40 学时；实验教学 16 ~ 40 学时。

（2）本书的内容与写作分工。

全书共分为 5 章。

第1章，多媒体技术概论；第2章，多媒体音频技术；第3章，图像处理技术；第4章，计算机动画技术；第5章，数字视频技术。全书既突出理论知识的学习，又注重实践能力的培养。从第2～5章，每章分为理论与实践两部分，理论部分介绍多媒体技术的基础理论知识，实践部分以案例的形式分别讲授了音频处理软件 Adobe Audition、图像处理软件 Adobe Photoshop、二维动画制作软件 Adobe Flash、视频处理软件 Adobe Premiere 的应用。

本书第1、3、4章由李小英编写，第2章由谷长龙编写，第5章由段伟、蔡益红编写，全书由李小英统稿。

网站资源

通过人民邮电出版社教学服务与资源网（http://www.ptpedu.com.cn/download）可免费下载 PPT 教案、操作案例和素材包。

致谢

感谢湖南大学信息科学与工程学院院长李仁发教授对本书提出的指导性建议；感谢赵欢教授对本套丛书的创意及组织指导工作；同时感谢杨圣洪、陈娟、何英、银红霞，他们或参与了本书大纲的讨论，或提供了素材。

李小英
于湖南长沙岳麓山
2016 年 1 月

目 录

第1章 多媒体技术概论

信息交流是人类生活必不可少的一个重要环节。科学技术的飞速发展使信息交流方式产生了日新月异的变化，其中多媒体技术被认为是继造纸、印刷术、电报电话、广播电视、计算机之后，人类处理信息手段的又一大飞跃，是计算机技术的一次革命。多媒体技术已广泛应用到通信、工业、军事、教育、音乐、美术、建筑、医疗等领域，为这些领域的研究和发展带来了勃勃生机，并改变着人们的学习、工作、娱乐等生活方式。

1.1 多媒体技术的基本概念与特点

1.1.1 多媒体的相关概念

1. 信息与媒体

信息是人们头脑中对现实世界中客观事物以及事物之间联系的抽象反映，它向我们提供了关于现实世界实际存在的事物和联系的有用知识。

媒体（Medium）是信息表示和传输的载体。在计算机领域中，媒体有两种含义：一是指存储信息的实体，如磁盘、光盘、半导体存储器等，一般称为媒质；二是指信息的载体，如数字、文本、声音、图形、图像等，一般称为媒介。多媒体计算机技术中的媒体指的是后者。

2. 媒体的分类

国际电信联盟（ITU）曾对媒体进行如下划分：

① 感觉媒体（Perception Medium）。直接作用于人的感官，令人直接产生感觉（视、听、嗅、味、触）的媒体称为感觉媒体，如语言、音响、音乐、文字、图形、动画、活动影像等。

② 表示媒体（Presentation Medium）。为了对感觉媒体进行有效的加工、处理和传输，而人为研究、构造的媒体称为表示媒体，其目的是更有效地将感觉媒体从一地向另一地传送，便于加工和处理。表示媒体包括各种编码方式，如语言编码、文本编码以及静止和运动图像编码等。

③ 显示媒体（Display Medium）。显示媒体是指显示感觉媒体的物理设备，即把进出主设备（如电脑）的数据信号用人能感知的视听信号显示出来的器材。显示媒体又分为两种，一种是输入显示媒体，如话筒、摄像机、光笔、键盘等；另一种是输出显示媒体，如显示器、扬声器、打印机等。

④ 传输媒体（Transmission Medium）。传输媒体是指将媒体从一处传输到另一处的物理载体，如同轴电缆、光纤、双绞线以及电磁波等。

⑤ 存储媒体（Storage Medium）。用于存储表示媒体，即存放感觉媒体数字化后的代码的媒体称为存储媒体，如磁盘、光盘、磁带、纸张等。

3. 常见的感觉媒体

在多媒体技术中所说的媒体一般指感觉媒体，感觉媒体通常分为 3 种。

（1）视觉类媒体

视觉是人类感知信息最重要的途径，人类从外部世界获取的信息有 70%是通过视觉获得的。视觉类媒体包括图像、图形、符号、视频、动画等。

① 图像，即位图图像。人们将所观察到的景物按行列方式进行数字化，将图像的每一点都化为一个数值表示，所有这些值就组成了位图图像。位图图像是所有视觉表示方法的基础。

② 图形。图形是图像的抽象，它反映了图像上的关键特征，如点、线、面等。图形的表示不是直接描述图像的每一点，而是描述产生这些点的过程和方法，即用矢量来表示，如用两个点表示一条直线，只要记录两个点的位置，就能画出这条直线。

③ 符号。由于符号是人类创造出来表示某种含义的，所以是比图形更高一级的抽象，符号包括文字和文本。人们只有具有特定的知识，才能解释特定的符号，才能解释特定的文本（例如语言）。在计算机中，符号的表示是用特定值来实现的，如 ASCII 码、中文国标码等。

④ 视频。视频又称动态图像，是一组图像按照时间顺序的连续表现，视频的表示与图像序列、时间有关。

⑤ 动画。动画也是动态图像的一种。与视频不同的是，动画采用的是计算机产生出来或人工绘制的图像或图形，而不像视频采用的是直接采集的真实图像。动画包括二维动画、三维动画、真实感三维动画等多种形式。

（2）听觉类媒体

人类从外部世界获取的信息有 20%是通过听觉获得的。听觉类媒体包括语音、音乐和音响。

语音是人类为表达思想通过发音器官发出的声音，是人类语言的物理形式。音乐与语音相比更规范，是符号化了的声音。音响则指自然界除语音和音乐以外的所有声音。

（3）触觉类媒体

触觉类媒体通过直接或间接与人体接触，使人能感觉到对象的位置、大小、方向、方位、质地等性质。计算机可以通过某种装置记录参与者的动作及其他性质，也可以将模拟自然界的物质通过电子、机械的装置表现出来。

4. 多媒体、多媒体技术与多媒体计算机

2001 年，国际电信联盟对多媒体含义的描述为：使用计算机交互式综合技术和数字通信网络技术处理多种表示媒体——文本、图形、图像和声音，使多种信息建立逻辑连接，集成为一个交互式系统。由此可见，多媒体不仅指多种媒体，而且包含处理和应用它们，使之融为一体的一整套技术。

多媒体技术（Multimedia Computing Technology）可以定义为：计算机综合处理文本、图形、图像、音频与视频等多种媒体信息，使多种信息建立逻辑连接，集成为一个系统并且具有交互性。因此，“多媒体”与“多媒体技术”是同义词。

多媒体计算机是指具有多媒体处理功能的计算机。

1.1.2　多媒体技术的特点

多媒体技术是一门综合性的高新技术，它是微电子技术、计算机技术、通信技术等相关学科综合发展的产物。多媒体技术的主要特点有：集成性、实时性、交互性、媒体的多样性等。

1. 集成性

多媒体技术的集成性，包含多媒体信息的集成和多媒体设备的集成两个方面。多媒体信息的集成指声音、文字、图形、图像等的集成。多媒体设备的集成指计算机、电视、音响、摄像机、DVD 播放机等设备的集成。这些不同功能、不同种类的设备集成在一起共同完成信息处理工作。

2. 实时性

多媒体技术的实时性又称为动态性，是指在多媒体系统中声音及活动的视频图像是实时的，多媒体系统提供了对这些与时间相关的媒体进行实时处理的能力。

3. 交互性

多媒体技术的交互性是指人可以通过多媒体计算机系统对多媒体信息进行加工、处理并控制多媒体信息的输入、输出和播放。交互性向人们提供了更加有效地控制和使用信息的手段，增加对信息的注意和理解，延长信息的保留时间，使人们获取信息和使用信息的方式由被动变为主动。交互性是多媒体计算机与其他像电视机、激光唱机等家用声像电器有所差别的关键特征。高级交互应用中人们可以完全进入到一个与信息环境一体化的虚拟信息空间自由遨游，而普通家用电视无交互性，即用户只能被动收看，不能介入到媒体的加工和处理之中。

4. 媒体的多样性

媒体的多样性也称信息媒体的多样化。人类对于信息的接收主要通过视觉、听觉、触觉、嗅觉和味觉 5 种感觉器官，其中前三者占了 95%以上的信息量。以前计算机处理的信息媒体局限于文本与数字，多媒体技术提供了多维信息空间下的视频与音频信息的获取和表示的方法，广泛采用图像、图形、视频、音频等信息形式，扩大了计算机所能处理的信息空间范围，使得人们的思维表达有了更充分、更自由的扩展空间。

1.2 多媒体技术的研究内容

多媒体技术涉及的范围很广，研究内容很深，是多种学科和技术交叉的领域。目前，对多媒体技术的研究和应用开发，主要有以下几个方面：数据压缩、软硬件平台、数据存储技术、多媒体数据库与基于内容的检索技术、超文本和超媒体技术、多媒体通信与分布式处理、虚拟现实技术和智能多媒体技术等。

1. 多媒体数据压缩技术

信息时代的重要特征是信息的数字化，而数字化的数据量相当庞大，特别是数字化的图像和视频要占用大量的存储空间，并给信道的传输带宽及计算机的处理速度带来很大的压力。多媒体数据压缩技术是解决这些问题的有效方法，尤其是高效的压缩和解压缩算法是多媒体系统运行的关键。

2. 多媒体软硬件平台

多媒体软件和硬件平台是实现多媒体系统的物质基础。硬件平台一般要求有高速的 CPU、较大的内存和外存，并配有光驱、声卡、显卡、网卡、音像输入/输出设备等。声卡、显卡是处理音频、视频信息的扩展卡，在其上有专用的音频和视频处理芯片，也可把这些板卡集成在系统主板上。目前，多核处理器、多媒体专用芯片的开发都是硬件研究的主要内容之一。软件平台以操作系统为基础，目前广泛应用的操作系统像 Windows、UNIX、Linux 等都支持多媒体功能。在此之上是为处理不同类型的媒体及开发不同的应用系统的各种工具软件。在多媒体软件和硬件平台中，每一项重要的技术突破都直接影响到多媒体技术的发展与应用进程。

3. 多媒体数据存储技术

多媒体信息需要大量的存储空间，高效快速的存储设备是多媒体系统的基本部件之一。硬盘是计算机重要的存储设备，现在，单个硬盘的容量已达到几百上千 GB。磁盘阵列技术也得到了广泛的应用，光盘系统包括 CD、DVD 等，都是目前较好的多媒体数据存储设备。

由于 Internet 的普及与高速发展，数据的快速增长促使硬件的存储能力必须不断提高。新的存储体系和方案不断出现，存储技术也日益分化为两大类：直接连接存储技术（Direct Attached Storage，DAS）和存储网络技术（Storage Network）。典型的存储网络技术有网络附加存储（Network Attached Storage，NAS）和存储区域网（Storage Area Network，SAN）两种。

4. 多媒体数据库与基于内容的检索技术

多媒体数据库是数据库技术与多媒体技术结合的产物。与传统数据库相比，多媒体数据库中的数据不仅仅是字符、数字，还包含图形、图像、声音、视频等多种媒体信息。对于这些数据的管理难以用传统的数据库管理技术来实现，需要建立多媒体数据库，通过多媒体数据库管理系统进行管理。由于多媒体数据库中包含大量的图形、图像、声音、视频等非格式化的数据，这些数据具有连续、形式多样、海量等特点，对它们的检索比较复杂，往往需要根据媒体中表达的情节内容进行检索。为了适应这一需求，人们提出了基于内容的多媒体信息检索思想。基于内容的检索是指根据媒体和媒体对象的内容及上下文联系在大规模多媒体数据库中进行检索，其研究目标是提供在没有人类参与的情况下能自动识别或理解图像重要特征的算法。目前，基于内容的多媒体信息检索的主要工作集中在识别和描述图像的颜色、纹理、形状和空间关系上，对于视频数据，还有视频分割、关键帧提取、场景变换探测以及故事情节重构等问题。

5. 超文本与超媒体技术

超文本是一种新型的信息管理技术，它采用了非线性的网状结构，使用户能更快、更精确地找到需要的信息。超媒体是一种用于表示、组织、存储、访问多媒体文档的信息管理技术，是超文本概念在多媒体文档中的推广。超媒体是天然的多媒体信息管理方法，它一般采用面向对象的信息组织与管理形式。

6. 多媒体通信与分布式处理

20 世纪 90 年代起，计算机系统以网络为中心，多媒体技术、网络技术和通信技术相结合，出现了许多新的研究内容，如适合于多媒体通信和分布式计算的高速、高带宽网络系统；多媒体网络要求的实时交互特性、服务质量（QoS）保证、交换技术和同步机制；计算机网、电信网和电视网的融合和接入网技术；多媒体网络上的通信服务、CSCW、分布式计算、网络计算等应用。

7. 虚拟现实技术

虚拟现实（Virtual Reality，VR）技术是近年来十分活跃的技术领域，是多媒体发展的最高境界。所谓虚拟现实技术，就是采用计算机技术生成一个逼真的视觉、听觉、触觉及嗅觉的感觉世界，用户可以用人的自然技能对这个生成的虚拟实体进行交互考察。虚拟现实技术是计算机软/硬件、传感技术、机器人技术、人工智能及心理学等技术的综合。虚拟现实技术以其更高的集成性和交互性，将给用户以更加逼真的体验，可以广泛应用于模拟训练、科学可视化等领域。

8. 智能多媒体技术

智能多媒体技术是一种更加拟人化的高级智能计算，是多媒体技术与人工智能的结合。要利用多媒体技术解决计算机视觉和听觉方面的问题，必须引入知识，这必然要引入人工智能的概念、方法和技术。例如，在游戏节目中根据操作者的判断，智能地改变游戏的进程与结果，而不是简单的程序转移，智能多媒体技术将把多媒体技术与人工智能两者的发展推向一个崭新的阶段。

1.3 多媒体技术的发展与应用

1.3.1 多媒体技术的发展

1. 启蒙发展阶段

多媒体技术最早起源于20世纪80年代中期。1984年，美国Apple公司在研制Macintosh计算机时，为了增加图形功能，方便用户使用，创造性地使用了位图（Bitmap）、窗口（Window）、图符（Icon）等技术，开发了图形用户界面，同时引入鼠标作为交互输入设备，图形用户界面从此开始风行，这是多媒体技术的萌芽。在此基础上，Apple 公司在 1987 年推出了超级卡（Hypercard），以卡片为节点，每一卡片不仅描述字符，还包括了图形、图像与声音，这使得Macintosh计算机成为当时能处理多种信息媒体的计算机。

世界上第一台多媒体计算机Amiga是美国Commodore公司于1985年首先推出的。Amiga计算机以Motorola M68000为CPU，并配置用于视频处理、音响处理和图形处理的3个专用芯片。Amiga计算机具有自己专用的操作系统，能够处理多任务，并具有下拉菜单、多窗口、图符等功能，同时还配备了包括绘制动画、制作电视片头及作曲等大量应用软件。

1985年，Microsoft公司推出了“视窗”（Windows）操作系统，这是一个多任务的图形操作环境。它使用鼠标驱动的图形菜单，是一个用户界面友好的多层窗口操作系统。之后，Microsoft公司陆续推出更加完善的多个版本，如Windows 3.1、Windows NT、Windows 95、Windows 98、Windows 2000、Windows XP、Windows 2003、Windows Vista等。

1986年，荷兰Philips公司和日本Sony公司联合推出了交互式紧凑光盘系统（Compact Disc Interactive，CD-I），同时还公布了CD-ROM的文件格式。这项技术对大容量存储光盘的发展产生了巨大影响，并经过ISO认可成为国际标准。大容量光盘的出现为存储表示声音、文字、图形、图像等高质量的数字化媒体提供了有效的手段。

1987年，美国广播唱片公司（RCA）推出了交互式数字视频系统（Digital Video Interactive，DVI）。它以计算机技术为基础，用标准光盘来存储和检索静态图像、活动图像、声音等数据。RCA后来把DVI技术卖给了通用电气公司（GE），后者又把这一技术卖给了Intel公司。1989年，Intel公司把DVI技术开发成一种可普及的商品。DVI系统的特点是：以IBM PC/AT、386、486或兼容机为平台，在其内置Intel专用芯片构成的DVI接口板，包括DVI视频板、DVI音频板、DVI多功能板，同时配置CD-ROM驱动器、带放大器的音响等组成DVI用户系统。

与多媒体硬件产品开发几乎同时进行的是多媒体系统的开发工作，比较著名的有施乐公司（Xerox）的多媒体会议系统、Apple 公司的多媒体辅助教育项目、美国布朗大学的超媒体系统以及美国麻省理工学院（MIT）多媒体实验室在“未来学校”“未来报纸”等方面所做的开创性工作。

2. 应用和标准化阶段

自 20 世纪 90 年代以来，多媒体技术逐渐成熟，多媒体技术从以研究开发为重心转到以应用为重心。随着多媒体技术应用的广泛深入，提出了对多媒体相关技术标准化的要求。1990 年由 IBM、Intel、Philips 等 14 家厂商联合组成多媒体市场协会，制定了多媒体个人计算机（Multimedia Personal Computer，MPC）标准。1991 年 11 月提出第 1 个标准 MPC-1，1993 年 5 月提出了 MPC-2，1995 年 6 月提出了 MPC-3。随着应用要求的不断改进，多媒体功能已成为个人计算机的基本功能，MPC 的新标准已无继续发布的必要。

多媒体计算机的关键技术是关于多媒体数据的编码/解码技术。随着各种多媒体数据编码/解码技术和算法的出现，国际标准的颁布实施有力推动了多媒体技术的发展。在数字化图像压缩方面的国际标准主要有以下 3 种。

① JPEG（Joint Photographic Experts Group）标准。这是静态图像压缩编码国际标准，于 1991 年通过，称为 ISO/IEC10918 标准。

② MPEG（Moving Picture Experts Group）系列标准。这是运动图像压缩编码国际标准，1992 年第一个动态图像编码标准 MPEG-1 颁布，1993 年 MPEG-2 颁布。MPEG 系列的其他标准还有：MPEG-4、MPEG-7、MPEG-21。

③ H.26X 标准。这是视频图像压缩编码国际标准，主要用于视频电话和电视会议，可以以较好的质量来传输更复杂的图像。

数字化音频标准也相继推出，如 ITU 颁布的 G721、G727、G728 等标准。

计算机软硬件技术的新发展，特别是网络技术的迅速发展和普及，使得多媒体计算机与电话、电视、图文传真等通信类电子产品相结合，形成新一代多媒体产品，为人类生活、工作提供了全新的信息服务。

1.3.2 多媒体技术的应用领域

多媒体技术是一种实用性很强的技术，当使用者通过人机接口访问任何种类的电子信息时，多媒体都可以作为一种适当的手段。多媒体大大改善了人机界面，集图、文、声、像处理于一体，更接近人们自然的信息交流方式，同时增强了信息的记忆效率。多媒体技术不仅使计算机产业日新月异，而且也改变了人们传统的学习、思维、工作和生活方式。

1. 多媒体在商业

商业领域的多媒体应用包括演示、培训、营销、广告、数据库、目录、即时消息和网络通信等。多媒体在办公室的应用已经变得司空见惯：指纹采集设备被用于职工考勤，图像采集设备被用于视频会议，即时通信、E-mail 和视频会议中常将演示文档作为附件发送，笔记本电脑和高分辨率的投影仪成为常用的多媒体演示设备，移动电话和 PDA 使得通信和商业活动更加高效。

2. 多媒体在学校

多媒体在学校教育的应用是影响最为深远的。它突破了传统教学方法，从根本上影响和改变传统教育的过程，它使得教学手段、教学方法、教材观念与形式、课堂教学结构以至教学思想与教学理论都发生了变革。例如，教材不仅有文字、静态图像，还具有动态图像和语音等。学习不仅在教室中进行，还可通过互联网进行“多媒体远程教学”和“网络学习”。教学模型正在从“传授”或者“被动学习”转变为“经验学习”或者“主动学习”。多媒体在学校的应用，还促使了学校管理手段和方法的现代化。

3. 多媒体在家庭

多媒体已经进入家庭。例如，专门的数字视听产品，如 CD、VCD、DVD 等设备大量进入了家庭。利用家里安装的可视电话，人们可以和远在千里之外的亲人“面对面”交谈；数字电视及视频点播（Video On Demand，VOD）使人们不仅可看电视，还可以选择节目内容或进行信息检索；通过多媒体计算机，人们在家中可以通过网络进行信息交流、信息查询、网上购物、在家办公、求医问药等。

4. 多媒体在公共场所

在购物中心、医院、火车站、博物馆、机场、宾馆等公共场所，多媒体作为独立的终端或者查询设备提供信息以及帮助，还可以与手机、掌上电脑（PDA）等无线设备进行连接。例如，旅游景点的导游系统、购物中心的导购系统、金融信息的咨询系统、银行的自动柜员机等。

1.3.3 多媒体技术的前景

多媒体技术的发展趋势可以概括为两个方面：一是网络化，二是智能化。

随着技术的发展，多媒体技术的应用已不限于在个人计算机上，通过与宽带网络通信等技术相互结合，使多媒体技术进入科研设计、企业管理、办公自动化、远程教育、远程医疗、检索咨询、文化娱乐、自动测控等领域。多媒体信息识别技术、网络技术、通信技术的发展，将构成一个立方体化的网络系统。

图像理解、语音识别、多媒体信息组织与检索、虚拟现实等基于内容的技术正在蓬勃发展，未来的计算机不仅能够传递多媒体信息，而且能够识别多媒体信息、理解多媒体信息，人与计算机的交互方式可以通过语言、行为等自然方式进行。

1.4 多媒体计算机系统组成

多媒体系统（Multimedia System）是指能综合处理多种信息媒体的计算机系统。一般多媒体系统由多媒体硬件系统、多媒体软件系统 2 个部分组成，如表 1-1 所示。最初的多媒体计算机只是在普通计算机上加配声卡和光驱，并装上相应的软件，使其能处理与播放声音。硬件是多媒体系统的物质基础，是软件的载体，软件是多媒体系统的核心，两者相辅相成，缺一不可。

表 1-1　　多媒体系统组成

软件系统	多媒体应用软件
	多媒体创作软件
	多媒体数据处理软件
	多媒体操作系统
	多媒体驱动软件
硬件系统	多媒体输入/输出控制卡及接口
	多媒体计算机硬件
	多媒体外围设备

1.4.1　多媒体软件系统

多媒体软件具有综合使用各种媒体的能力，能够灵活地调度多种媒体数据，并能进行相应的传输和处理，且使各种媒体硬件配合地工作。多媒体软件的主要任务就是要使用户方便地控制多媒体硬件，并能全面有效地组织和操作各种媒体数据。一般来说，多媒体系统的软件主要包括以下几种。

（1）多媒体驱动软件

多媒体驱动软件是多媒体计算机软件中直接和硬件打交道的软件，它完成设备的初始化，完成各种设备操作以及设备的关闭等。驱动软件通常常驻内存，一种多媒体硬件需要一个相应的驱动软件。

（2）多媒体环境支撑软件

在多媒体信息的播放过程中，音频信号要保持连续，视频图像要以固定的速率显示，而且还要保持两者之间的同步。这样，多任务实时操作系统和接口管理系统是多媒体不可少的软件支撑环境。目前，较为通用的计算机上的支撑软件主要采用 Microsoft Windows 系统等。

（3）媒体数据处理软件

多媒体数据处理软件是多媒体数据的采集软件，主要包括数字化声音的录制和编辑软件、MIDI 文件的录制与编辑软件、全运动视频信息的采集软件、动画生成编辑软件、图像扫描及处理软件等。

（4）多媒体创作软件

多媒体创作工具软件是主要用于创作多媒体特定领域的应用软件，是多媒体专业人员在多媒体操作系统之上开发的，如 Microsoft Multimedia Viewer。与一般编程工具不同的是，多媒体创作工具软件能对声音、文本、图形和图像等多媒体信息流进行控制、管理和编辑，按用户要求生成多媒体应用软件。功能齐全、方便实用的创作工具软件是多媒体技术广泛应用的关键所在。

（5）多媒体应用软件

应用软件是在系统软件的基础上开发出来的，这是多媒体开发人员利用所提供的开发平台或创作工具，组织编排大量的多媒体数据而成的最终多媒体产品。

上层软件建立在下层软件的基础之上，开发的顺序由下至上。一般来说，驱动软件、多媒体操作系统、数据处理软件和创作软件都是由计算机专业人员完成的，驱动软件和数据处理软件与硬件设备有关，数据处理软件和创作软件有时也可集成在一起，多媒体应用软件则需各类专业人员配合才能完成。

1.4.2 多媒体硬件系统

多媒体硬件系统由多媒体计算机硬件、多媒体输入/输出控制卡及接口和多媒体外围设备组成。从整体上来划分，一个完整的多媒体硬件系统主要由计算机主机、音频设备、图像设备、视频设备、各种输入/输出设备、大容量存取设备及通信设备等组成，如图 1-1 所示。

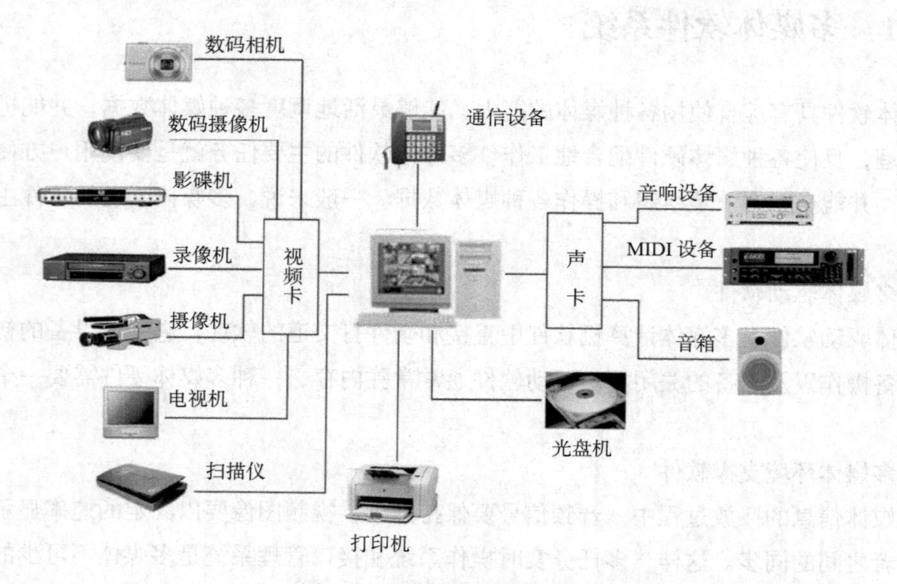

图 1-1 多媒体硬件系统组成

（1）计算机主机

计算机主机部分是整个多媒体硬件系统的核心，它包括 CPU、内存、总线、磁盘驱动系统、显示系统、用户输入/输出系统等。由于多媒体涉及的数据量非常大，而多媒体信息表现的生动性和实时性又要求计算机能迅速、实时地处理这些庞大的数据。所以，多媒体技术对主机的要求在不断提高，需要有一个或多个处理速度较快的中央处理器（CPU）、足够大的内存空间、高分辨率的显示系统（由视频卡和显示器组成）及较为齐全的外设接口等。

（2）音频设备

音频设备负责采集、加工、处理波表、MIDI 等多种形式的音频素材，需要的硬件有录音设备、MIDI 合成器、高性能的音频卡、音箱、话筒、耳机等。

（3）图像设备

图像设备负责采集和加工处理各种格式的图像素材，需要的硬件有静态图像采集卡、数字化仪、数码相机、扫描仪等。

（4）视频设备

视频设备负责多媒体计算机图像和视频信息的数字化获取和回放，对机器速度、存储要求较高，需要的硬件设备有动态图像采集卡、数字录像机以及海量存储器等。

（5）基本输入/输出设备

基本输入/输出设备负责多媒体数据的输入与输出，其中视频/音频输入设备包括数码相机、数码摄像机、录像机、扫描仪、影碟机、话筒、录音机、激光唱盘等；视频/音频输出设备包括显示器、电视机、投影仪、打印机、扬声器、立体声耳机等；人机交互设备包括键盘、鼠标、触摸屏、手写笔等；数据存储设备包括 CD、DVD、磁盘、打印机、可擦写光盘等。

（6）大容量存储设备

多媒体数据的存储设备主要有大容量硬盘、光存储设备等。

（7）通信设备

通信设备负责多媒体计算机之间的数据交换，主要硬件有网卡、调制解调器、交换机等。

一般用户如果要拥有多媒体计算机有两种途径：一是直接购买具有多媒体功能的计算机，二是在基本的计算机上增加多媒体套件而构成多媒体计算机。

1.4.3　音频卡/视频卡

音频卡/视频卡是进行多媒体音视频处理的主要设备。

1．音频卡

音频卡（Audio Card）是处理音频信号的，又称声卡。音频卡是多媒体计算机的基本设备，是计算机进行声音处理的适配器。在个人计算机上演播或制作多媒体节目，或给计算机上的作品演示增加声音功能等都需要使用声卡。开发多媒体节目时，音乐和语音所扮演的角色显得尤其重要。声音和音乐总是动态发生与变化的，同时视频图像和其他形式的动画也是动态发生的，通过图像和声音的自然结合，才可能产生良好的效果。

（1）音频卡的音频处理能力

多媒体信息处理中，音频媒体有 3 种形式：数字化声音、合成音乐和 CD 音频。音频卡的音频处理能力包括：

① 立体声合成。

② 模拟混音。

③ 立体声方式的 D/A 转换和 A/D 转换。

④ 数字信号处理（DSP）。

⑤ MIDI 接口和 CD-ROM 接口。

⑥ 输出功率放大。

音频卡上，内置扬声器输出插孔可以与立体声扬声器、立体声放大器的线路输入（Line In）

或耳机连接。线路输入插孔连接录音机、CD 播放器或其他设备的线路输出（Line Out）端，用于声音录制。话筒输入孔连接话筒，用于话筒输入声音的方式。MIDI 连接端口/操作杆端口连接 MIDI 设备或标准的 PC 操作杆。操作杆端口与 PC 标准游戏控制适配器或游戏 I/O 端口相同，用 15 针 D 形连接器可连接任何模拟操作杆。

（2）音频卡的主要性能指标

① 声道系统

声道是指声音在录制或播放时在不同空间位置采集或回放的相互独立的音频信号，也就是声音录制时的音源数量或回放时相应的扬声器数量。声道数是衡量音频卡的重要性能指标，从单声道、双声道到环绕立体声的 5.1、7.1 等。环绕立体声可提供影院效果，其音质和声场效果大大好于单声道，其中 7.1 比 5.1 环绕声多了两个后置声道。

② 采样深度与采样频率

采样深度现在主要是 24 位和 32 位等。采样深度高的声卡比低的声卡声音级别更多，声音更细腻。

一般声卡提供 11025Hz、22050Hz、44100Hz、48000Hz 等多种采样频率。录音时，采样频率越高音质越好；听声音时，一般原始采样频率是多少就用多少采样频率，通常采样频率是 44100Hz。

③ 合成技术

MIDI 文件的回放需要通过声卡的 MIDI 合成器合成为不同的声音，合成的声音有 FM（调频）和 Wave Table（波表）两种。

（3）音频卡的类型

音频卡主要分为板载音频卡和独立音频卡两种。板载音频卡是把音效芯片集成在主板上的，如今板载式音效已经很好了，但若要达到更好视听效果，可以选择独立式的。图 1-2 所示为创新 Sound Blaster Audigy 4 Value SB0610 独立声卡。

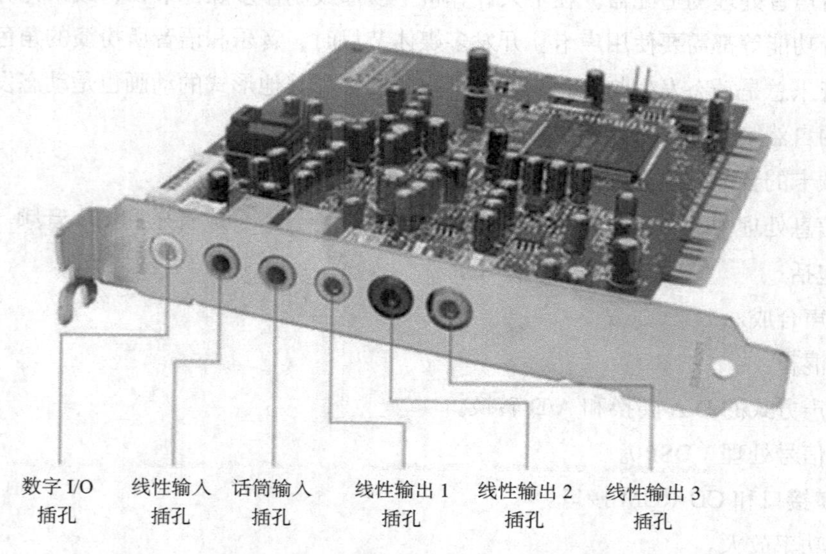

图 1-2　创新 Sound Blaster Audigy 4 Value SB0610 声卡及接口

2. 视频卡

视频卡是一种多媒体视频信号处理平台，分为视频显示卡、视频采集卡、视频转换卡等。

（1）视频显示卡

视频显示卡即常说的显卡，又称显示适配器，其用途是将 CPU 送来的显示信息处理成显示器识别的格式并送到显示器上输出。

显卡主要由显示芯片、显存、监视器接口、主板接口等部分组成。

显示芯片又称图形处理器（GPU），是显卡的核心。现在市场上绝大多数 GPU 是由 NVIDIA 和 AMD 生产的。一般情况下，同一序列的显示芯片，型号越大的越好。

显卡的性能由核心频率、流处理器数量、显存位宽、显存频率、显存容量等多方面决定。

核心频率是指显示核心的工作频率，频率越高性能越好。流处理器数量的多少是决定显卡性能高低的重要指标。

显存位宽一般越大越好，目前主要有 128bit、192bit、256bit、512bit 等。

显存频率指显存在显卡上工作时的频率，在一定程度上反映了该显存的速度。显卡专用图形内存 GDDR5 强于 GDDR3。

显存容量表示显卡存储图形信息的多少，作用就好比内存，目前主要有 1GB、2GB、3GB、4GB GDDR5 等。

显卡按是否与主板集成可分为集成显卡和独立显卡。目前，独立显卡与主板的接口有高级图形端口（AGP）和 PCI Express（PCI E）等。显卡的监视器接口主要有：视频图像阵列（VGA）、数字视频接口（DVI）、视频输入/视频输出（ViVo）、高清晰度多媒体接口（HDMI）、高清数字接口（DP）等。

一般情况下办公或玩游戏看电影用集成显卡就够了；但是追求高分辨率、3D 效果等的游戏玩家或有特殊要求的用户，往往会安装独立显卡。图 1-3 是七彩虹网驰 GTX750Ti-2GD5 独立显卡的侧面外形与输出接口图。用户可根据自己的需求来选择是否选用独立显卡。

图 1-3　七彩虹网驰 GTX750Ti-2GD5 独立显卡侧面图

（2）视频采集卡

视频采集卡是一种对实时视频图像进行数字化、冻结、存储和输出处理的工具。视频采集卡一般提供以下功能：

① 全活动数字图像的显示、抓取、录制、支持 Microsoft Video for Windows。

② 可以从 VCR、摄像机、TV 等视频源中抓取定格，存储输出图像。

③ 近似真彩色 YUV 格式图形缓冲区，并可将缓冲区影射到高端内存。

④ 可按比例缩放、剪切、移动、扫描视频图像。

⑤ 色度、饱和度、亮度、对比度及 R、G、B 三色比例可调。

⑥ 可用软件选择端口地址和中断请求（Interrupt Request，IRQ）中断。

⑦ 具有若干个可用软件相互切换的视频输入源，以其中一个做活动显示。

视频采集卡的特性如下：

① 视频输入源：可通过软件从 3 个复合视频信号输入口中选择视频源，支持 NTSC、PAL 或 SECAM 制式。

② 窗口和叠加：窗口定位及定位尺寸精确到单个像素，通过图形色键将 VGA 图形和视频叠加。

③ 屏蔽：色键控制，亮度和彩色信号屏蔽。

④ 图像获取：支持 JPEG、PCX、TIFF、BMP、MMP、GIF 及 TARGA 等多种文件格式。

⑤ 图像处理：活动及静止比例缩放，视频图像的定格、存取及载入，图像的剪辑和改变尺寸，色调、饱和度、亮度和对比度的控制。

（3）视频转换卡

视频转换卡可以将计算机输出的视频信号转换为电视可以接受的信号，具有超强的视频转换、电脑/电视同步显示等功能。

1.5 数据压缩与编码技术简述

数据压缩是以最少的数码表示信源所发的信号，减少容纳给定消息集合或数据采样集合的信号空间。这里的信号空间即被压缩的对象是指：① 物理空间，如存储器、磁盘、光盘等存储介质；② 时间区间，传输给定消息集合所需要的时间；③ 电磁频谱区域，如为传输给定消息集合所要求的带宽等。

1.5.1 多媒体数据压缩的必要性与可能性

多媒体数据的数字化带来了很多好处，如能更方便地处理数据，易于存储和远距离传输，没有累积失真等。但是同时，数字化也带来了很多问题，其中一个主要问题就是庞大的数据量，如表 1-2 所示列出了一些未压缩的多媒体数据的数据量。

表 1-2　　　　　　　　　未压缩的多媒体数据的数据量

多媒体数据类型	样本数	存储方式	数据量
电话（20～3400Hz）	8000 个/s	12bit/样本	96kbit/s
宽带语音（50～7000Hz）	16000 个/s	14bit/样本	224kbit/s
宽带音频（20～20000Hz）	441000 个/s	16bit/样本，两个信道	1.412Mbit/s
图像	512×512 像素的彩色图像	24bit/像素	6.3Mbit/每幅图像
视频	640×480 像素的彩色图像	24bit/像素，30 帧/s	221Mbit/s
高清晰度电视（HDTV）	1280×720 像素的彩色图像	24bit/像素，60 帧/s	1.3Gbit/s

庞大的数据量如果不压缩，将带来如下问题：对 CPU 的处理速度要求太高；对外部存储设备的容量要求太高；对数据传输带宽要求太高。

多媒体数据之所以能够进行压缩主要是基于两个原因：一个是信源数据中存在或多或少的冗余，这种冗余既存在信源本身的相关性中，也存在于信源概率分布的不均匀中，如空间冗余、时间冗余、结构冗余、知识冗余及纹理统计冗余；另一个是对于图像、音频和视频等特殊信源，人的感知可容忍某些细节信息的丢失（感知冗余）。如根据统计分析结果，语音信号存在着多种冗余度，其最主要部分可以分别从时域和频域来考虑。另外由于语音主要是给人听的，所以考虑了人的听觉机理，也能对语音信号实行压缩。

数据压缩就是利用原始数据中的冗余度来压缩数据的。除了已经压缩的文件以外（几乎没有冗余度或冗余度较小），一般的文件都具有一定的结构，故而总是可以压缩的。

1.5.2　数据压缩的性能指标

多媒体数据压缩的性能优劣主要综合以下 4 个性能指标来衡量：

① 压缩比。压缩比是指压缩前后的数据量之比。

② 失真度。恢复压缩数据与原始数据相比数据损失的程度。

③ 算法复杂度、速度。压缩算法的实现是否简单，速度是否能达到实时处理的要求。

④ 算法能否用硬件实现。显然，压缩比越大、失真度越小、算法越简单、速度越快而且能用硬件实现的压缩算法越好。

1.5.3　数据压缩方法分类

数据压缩方法可以按解码后的数据有无损失分类，也可按编码算法原理分类。

根据对编码数据进行解码后的数据是否与编码前的原始数据完全一致可将数据压缩分为以下两种：

① 无失真压缩（可逆编码，无损压缩）。解码后的数据与编码前的原始数据完全一致，无任何失真，一般用于程序二进制码的压缩，压缩比较小。

② 有失真压缩（不可逆编码、有损压缩）。存在一定的偏差或失真，一般用于图像、声音的

压缩，有数据损失，但在听、视觉效果上基本相同，压缩比较高，不能用于程序数据压缩。

按编码算法原理分为：预测编码、变换编码、量化与向量量化编码、信息熵编码、子带编码、结构编码和基于知识的编码等。

1.5.4 音频编码分类与数字音频压缩标准

1. 音频编码分类

音频信息在编码技术中通常分成两类来处理，分别是语音和音乐，各自采用的技术有差异。语音编码技术又分为 3 类：波形编码、参数编码以及混合编码。

波形编码基于音频数据的统计特性进行，其目标是使重建语音波形保持原波形的形状。PCM（脉冲编码调制）是最简单最基本的编码方法。波形编码适应性强，音频质量好，但压缩比不大，因而数据率较高。

参数编码基于音频的声学参数进行，可进一步降低数据率。其目标是使重建音频保持原音频的特性。常用的音频参数有共振峰、线性预测系数、滤波器组等。这种编码技术的优点是数据率低，但还原信号的质量较差，自然度低。

将波形编码与参数编码很好的结合起来就是混合编码，能在较低的码率上得到较高的音质。

音乐的编码技术主要有自适应变换编码（频域编码）、心理声学模型和熵编码等技术。

2. 数字音频压缩标准

在音频压缩时，要综合考虑声音质量、数据率、计算量 3 个方面。针对不同的质量要求，ITU-T 制定了 G.7xx 系列的压缩标准。

（1）电话质量的语音压缩标准

① G.711

G.711 公布于 1972 年，使用脉冲编码调制（PCM），64kbit/s 带宽，只对语音信号进行采样和量化。G.711 编码后的语音质量高，缺点是占用的带宽也很高。2008 年 3 月国际电信联盟正式发布了宽带语音编解码标准 G.711.1。

② G.721

G.721 公布于 1984 年，它用于 64kbit/s 的 A 律或 μ 律 PCM 到 32kbit/s ADPCM 之间的转换，实现了对 PCM 信道的扩容。G.721 方案最初面向卫星通信、长距离通信及信道价格很高的语音传输。现在，还使用在电视会议的语音编码、多媒体多路复用、高质量语音合成等。

③ G.723

G.723 标准是双速语音编码，传输码率有 5.3kbit/s 和 6.3kbit/s 两种，在编程过程中可随时切换。目前，G.723 是 H.323 的功能之一。

④ G.728

G.728 标准公布于 1992 年，技术基础是美国 AT&T 公司贝尔实验室提出的一种考虑了听觉特性的编码方法。

（2）宽带话音压缩标准 G.722

G.722 标准采用波形编码技术，用于宽带话音，频率范围 50 ~ 7000Hz，也称调幅质量音频信号，当使用 16kHz 采样和 14 位量化时，速率为 224kbit/s，1988 年公布的 G.722 标准可把速率压缩成 64kbit/s。

（3）高保真立体声音频压缩标准 MPEG 音频

MPEG 音频是 MPEG 标准的一部分。

1.5.5　静态图像压缩标准 JPEG

联合图像专家组（Joint Photographic Experts Group，JPEG）成立于 1986 年，由原国际电报电话咨询委员会（CCITT）和国际标准组织（ISO）联合组成。1987 年 11 月，国际电工委员会（IEC）也参加了合作。他们开发研制出连续色调、多级灰度、静止图像的数字图像压缩编码方法，这个压缩编码方法称为 JPEG 算法。JPEG 算法被确定为 JPEG 国际标准，它是国际上彩色、灰度、静止图像的第一个国际标准。JPEG 适用范围很广，可用于灰度图像、彩色图像、视频图像的帧内预测等。

JPEG 专家组开发了两种基本的压缩算法，一种是采用以离散余弦变换（Discrete Cosine Transform，DCT）为基础的有损压缩算法，另一种是采用以预测技术为基础的无损压缩算法。使用有损压缩算法时，在压缩比为 25∶1 的情况下，压缩后还原得到的图像与原始图像相比较，非图像专家难于找出它们之间的区别，因此得到了广泛的应用。

JPEG 有损压缩利用了人的视觉特性，使用量化和无损压缩编码相结合来去掉视角的冗余信息和数据本身的冗余信息，其算法如图 1-4 所示。

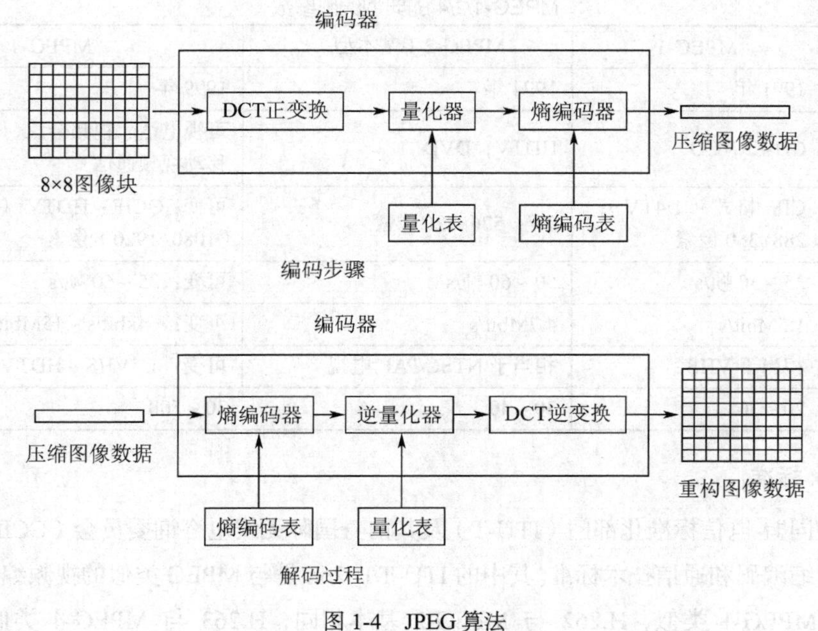

图 1-4　JPEG 算法

JPEG 压缩编码算法的主要计算步骤如下：正向离散余弦变换（FDCT）|量化（quantization）|Z 字形编码（Zigzag Scan）|使用差分脉冲编码调制（Differential Pulse Code Modulation，DPCM）对直流系数（DC）进行编码|使用行程长度编码（Run-Length Encoding，RLE）对交流系数（AC）进行编码|熵编码（Entropy Coding）|组成位数据流（JPEG bit stream）。

1.5.6 数字视频压缩编码

视频压缩编码是通过特定的压缩技术，将某种视频格式的文件转换成另一种格式的视频文件，其目标是在尽可能保证视觉效果的前提下减少视频数据率。由于视频是连续的静态图像，因此其压缩编码算法与静态图像的压缩编码算法有某些共同之处，但是运动的视频还有其自身的特性，因此在压缩时还应考虑其运动特性才能达到高压缩的目标。

视频压缩编码标准的制定工作主要是由国际标准化组织和国际电信联盟完成的。近年来，一系列国际视频压缩编码标准的制定，极大地促进了视频压缩编码技术和多媒体通信技术的发展。

1. MPEG 标准

运动图像专家组（Moving Picture Experts Group，MPEG）是 1988 年由 ISO 和 IEC 联合成立的一个专家组，负责开发视频数据和声音数据的编码、解码和它们的同步等标准，这个专家组开发的标准称为 MPEG 标准。MPEG 采用的编码算法简称为 MPEG 算法，用该算法压缩的数据称为 MPEG 数据，由该数据产生的文件称 MPEG 文件，它以 MPG 为文件后缀。

目前，已经公布的 MPEG 标准有 MPEG-1、MPEG-2、MPEG-4、MPEG-7、MPEG-21、MPEG-B，其中的 MPEG-1、MPEG-2、MPEG-4 已经得到了广泛的应用，表 1-3 是它们的典型编码参数。

表 1-3 MPEG-1/2/4 的典型编码参数

	MPEG-1	MPEG-2（基本型）	MPEG-4
标准化时间	1991 年	1994 年	1999 年
主要应用	CD-I，VCD	HDTV，DVD	可视电话、视频会议、网络流媒体、移动视频通信
空间分辨率	CIF 格式（1/4TV），288×360 像素	TV，576×720 像素	可变：QCIF ~ HDTV，（144×176）~（1080×1920）像素
时间分辨率	25 ~ 30 帧/s	50 ~ 60 帧/s	可变：25 ~ 60 帧/s
位速率	1.5Mbit/s	4.7Mbit/s	可变：64kbit/s ~ 15Mbit/s
质量	相当于 VHS	相当于 NTSC/PAL 电视	可变：1/4VHS ~ HDTV
压缩率	20 ~ 30	30 ~ 40	30 ~ 500

2. H.26x 标准

国际电信同盟-电信标准化部门（ITU-T）及其前身国际无线电咨询委员会（CCIR）制定了一系列音视频压缩编码和通信技术标准。其中的 ITU-T H.26x 是与 MPEG 类似的视频编码系列标准，如 H.261 与 MPEG-1 类似，H.262 与 MPEG-2 基本相同，H.263 与 MPEG-4 类似，H.264 与

MPEG-4/AVC 类似。

H.261 是针对可视电话、视频电视和窄带 ISDN 等要求提出的一个编码标准，全称是“p×64kbit/s 码率音像服务的视频编码”（Video codec for audiovisual services at p x 64kbit/s）。

H.263 是 ITU 于 1995 年制定的一种码率低于 64kbit/s 的甚低码率视频压缩编码标准。H.263 标准不仅着眼于利用公共开关电话网络（Public Switched Telephone Network，PSTN）传输，而且兼顾 GSTN 移动通信等无线业务。

H.264 公布于 2003 年 5 月，全称是“针对通用音视频服务的先进（高级）视频编码”（Advanced Video Coding For Generic Audiovisual Services），H.264 是由 ISO/IEC 的 MPEG 与 ITU-T 的 VCEG（Video Coding Experts Group，视频编码专家组）联合组成的 JVT（Joint Video Team，联合视频组）共同制定的，MPEG 的对应标准为 MPEG-4 的第 10 部分 MPEG-4/AVC。H.264/AVC 作为面向电视电话、电视会议的编码方式，目标是在同等图像质量条件下，压缩效率比任何原有的视频编码标准要提高 1 倍以上。

本章小结

从远古时代的“结绳记事”“占卦卜筮”到后来的“鱼雁传书”“烽火报捷”，再到印刷术的发明，现代科学技术的进步，人类文明一直与媒体的变革紧密联系，可以这样说，没有媒体的更新与进步，就没有人类文明的繁荣与传承。在多媒体技术中，媒体（Medium）是一个重要的概念。本章讲述了媒体的定义及媒体分类，还介绍了多媒体、多媒体技术、多媒体计算机的概念，并对多媒体技术的主要特点进行了探讨，然后介绍了多媒体技术的发展历史、研究内容、应用领域和前景、多媒体计算机系统组成、数据压缩与编码技术等，这对于学习多媒体技术将有一定的帮助。

思考题

1．什么是多媒体？

2．多媒体技术中的主要多媒体元素有哪些？

3．什么是多媒体技术？什么是多媒体计算机？简述多媒体技术的主要特点。

4．多媒体计算机标准的意义是什么？

5．简述多媒体系统的组成。

6．试从实例出发，谈谈多媒体技术的应用对人类社会的影响。

7．谈谈你如何看待多媒体技术的发展前景。

8．选择题。

（1）音频卡是按（　　）分类的。

（A）采样频率　　（B）声道数　　（C）采样量化位数　　（D）压缩方式

（2）一个用途广泛的音频卡应能够支持多种声源输入，下列（　　）是音频卡支持的声源。

① 话筒　　② 线输入　　③ CD Audio　　④ MIDI

（A）仅①　　（B）①②　　（C）①②③　　（D）全部

（3）（　　）是 MPC 对视频处理能力的基本要求。

① 播放已压缩好的较低质量的视频图象　　② 实时采集视频图象

③ 实时压缩视频图象　　④ 播放已压缩好的高质量分辨率的视频图象

（A）仅①　　（B）①②　　（C）①②③　　（D）全部

（4）（　　）是 MMX 技术的特点。

① 打包的数据类型　　② 与 IA 结构安全兼容

③ 64 位的 MMX 寄存储器组　　④ 增强的指令系统

（A）①③④　　（B）②③④　　（C）①②③　　（D）全部

（5）下列关于触摸屏的叙述（　　）是正确的。

① 触摸屏是一种定位设备　　② 触摸屏是最基本的多媒体系统交互设备之一

③ 触摸屏可以仿真鼠标操作　　④ 触摸屏也是一种显示设备

（A）仅①　　（B）①②　　（C）①②③　　（D）全部

（6）下列关于数码相机的叙述（　　）是正确的。

① 数码相机的关键部件是 CCD

② 数码相机有内部存储介质

③ 数码相机拍照的图像可以通过串行口、SCSI 或 USB 接口送到计算机

④ 数码相机输出的是数字或模拟数据

（A）仅①　　（B）①②　　（C）①②③　　（D）全部

9．试述多媒体系统的组成结构。

10．阐述视频卡和音频卡的基本功能及基本技术指标。

11．多数输入和输出设备都具有一定的分辨率。在互联网上分别找到一台 CRT 显示器、一台液晶显示器、一台扫描仪和一台数码相机的参数说明书。记录下每样产品的制造商、型号以及分辨率。

12．讨论个人计算机上可以使用的各种输入设备以及它们在多媒体制作和发布中的应用。

13．讨论个人计算机上可以使用的各种输出设备以及它们在多媒体制作和发布中的应用。

14．列出用于多媒体的几种固定的和可移动的存储设备，并且讨论每一种存储设备的优点和缺点。

15．简述多媒体数据压缩的必要性和可能性。

16．衡量数据压缩技术性能的重要指标有哪些？

17．无损压缩和有损压缩的编码各有哪些？

18．简述声音信号压缩编码的基本原理。

19．简述音频编码的分类。不同质量的音频压缩标准使用的编码方法是什么？

20．叙述 JPEG 与 MPEG 的不同。

21．运动图像的压缩标准有哪些？请简述 H.26x 标准的主要特点。

第2章 多媒体音频技术

声音是人类交流和认识自然的重要媒体形式。计算机技术的发展使得人们可以利用计算机对声音进行各种各样的处理，从而产生了计算机音频技术。在多媒体系统中，声音扮演着极为重要的角色。多媒体涉及多方面的音频处理技术，如：音频采集、语音编码/解码、文/语转换、音乐合成、语音识别与理解、音频数据传输、音频-视频同步、音频效果与编辑等。随着计算机技术的日新月异，多媒体音频处理技术越来越成熟。

2.1 声音的基本特性

声音根据其内容可以分为语音、音乐和音响3类。语音是语言的物质载体，是社会交际工具的符号，它包含了丰富的语言内涵，是人类进行信息交流特有的形式。多媒体技术中主要研究的是语音和音乐信号。

2.1.1 音频信号的特征

声音是一种波，其本质是机械振动或气流扰动引起周围弹性介质发生波动，传到人的耳朵里引起耳膜的振动，使人形成听觉，从而产生声音。产生声波的物体称为声源（如人的声带、乐器等），声波所及的空间范围称为声场。

1. 声音的物理特征

声波可以用一条连续的曲线来表示，它在时间和幅度上都是连续的，称为模拟音频信号。声音的强弱体现在声波的振幅上，音调的高低体现在声波的频率或周期上。振幅、周期、频率是衡量声音的3个重要特征。

（1）振幅

振幅是声波波形的高低幅度，表示声音信号的强弱程度。声波的振幅决定了声音音量的大小，振幅越大音量越大。

（2）周期

周期是指声源完成一次振动，空气中的气压形成一次疏密变化（传递一个完整的波形）所需的时间，记作 T，单位为秒（s）。

（3）频率

频率是指单位时间内声源振动的次数或空气中气压疏密变化的次数，记作 f，单位赫兹（Hz）。频率是周期的倒数，即 $f=1/T$。

（4）频带宽度

对声音信号的分析表明，声音信号是由许多频率不同的信号组成，这类信号称为复合信号，而单一频率的信号称为分量信号。声音信号的一个重要参数是频带宽度又称之为带宽，它用来描述组成复合信号的频率范围。人类能分辨的声波频率范围是 20 ~ 20000Hz，称为音频信号（Audio），高于 20000Hz 的称为超声波信号（Ultrasonic），低于 20Hz 的称为次音信号（Subsonic）。语音信号（Speech）的频率范围为 300 ~ 3000Hz。

（5）声压和声强

为了定量描述声音的强弱，人们采用了多种描述方式，声压和声压级就是其中的两种形式。声压用 P 来表示，它是指在声场中某处由声波引起的压强的变化值，单位是“帕斯卡”（Pa）。当然声压越大，声音也就越大。但是人耳对声音强弱的感觉与声压的大小并非呈线性关系，而是大体上与声压有效值的对数成正比。为了适应人类听觉的这一特性，将声压的有效值取对数来表示声音的强弱，这种表示方式称为声压级，用 SPL 表示，单位是“分贝”（dB）。它们的表达式如下：

$$SPL=20\lg(P_{\rm rms}/P_{\rm ref})$$

在上式中，$P_{\rm rms}$ 是待测声压有效值，$P_{\rm ref}$ 是人为定义的零声压级的参考声压值，国际协议规定 $P_{\rm ref}=2\times10^{-5}$Pa。这个值是正常人耳对 1kHz 的单一频率信号（称为简谐音或纯音）刚刚能察觉到它的存在时的声压值，也就是 1kHz 声音的“可听阈”。一般讲，低于这一声压值，人耳就再也不能觉察出这个声音的存在了。显然该可听阈声压的声压级即为 0dB，实验表明，可听阈是随频率变化的。

另一种极端的情况是声音强到使人耳感到疼痛。实验表明，如果频率为 1kHz 的单一频率信号的声压级达到 120dB 左右时，人的耳朵就感到疼痛，这个阈值称为“痛阈”。在听阈和痛阈之间的区域就是人耳的听觉范围，即人的听觉器官能感知的声音幅度范围为 0 ~ 120dB。

2. 声音的心理学特性

人耳对不同强度、不同频率声音的听觉范围称为声域。在人耳的声域范围内，声音听觉心理的主观感受主要有音调、响度、音色等特征和掩蔽效应、方位感、空间感等特性。其中音调、响度和音色又被称为声音的三要素。

（1）音调

人耳对于声音高低的感觉称为音调，在音乐中称为音高。当我们分别敲击一个小鼓和一个大鼓时，会感觉它们所发出的声音不同。小鼓被敲击后振动频率快，发出的声音比较清脆，即音调较高；而大鼓被敲击后振动频率较慢，发出的声音比较低沉，即音调较低。音高与声音频率的关系大体上呈对数关系。实际上音乐里的音阶就是按频率的对数取等分来确定的。在音乐中每增高或降低一个八度音，其声音的频率就升高或降低一倍。

（2）响度

响度是人耳对声音强弱的感觉程度。响度与声波振动的幅度（声压级）有关。一般说来，声波振动幅度越大则响度也越大。当我们用较大的力量敲鼓时，鼓膜振动的幅度大，发出的声音响；轻轻敲鼓时，鼓膜振动的幅度小，发出的声音弱。但响度与振幅并不完全一致，人们对响度的感觉还和声波的频率有关，同样强度的声波，如果其频率不同，人耳感觉到的响度也不同。描述响度、声压以及频率之间的关系曲线称为等响度曲线。

（3）音色

人耳对各种频率、各种强度的声波的综合反应。音色与声波的振动波形有关，或者说与声音的频谱结构有关。当我们听胡琴和扬琴等乐器同奏一个曲子时，虽然它们的音调相同，但我们却能把不同乐器的声音区别开来。这是因为各种乐器的发音材料和结构不同，它们发出同一个音调的声音时，虽然基波相同，但谐波构成不同，因此产生的波形不同，从而造成音色不同。

（4）掩蔽效应

实践证明，声场中的一个强音能掩蔽与之同时发声的附近频率的弱音，这种现象称为掩蔽效应。也就是说，一种声音的出现可能使得另一种声音难于听清。掩蔽效应的一般规律是强音压低音、低频率声音压高频率声音。

（5）方位感

由于人耳能够判别出声波到达左右耳的相对时差、声音强度，因此，人耳对声音传播方向及距离定位的辨别能力非常强，无论声音来自哪个方向，都能准确无误地辨别出声源的方位。人耳的这种听觉特性称为"方位感"。

（6）空间感

声波具有反射特性，声波在传播过程中由于空间作用使声音来回反射，产生回音、余音，从而造成声音的空间效果，可使人感觉出空间体积大小、房间高低及内表结构上的差异等。

2.1.2　声音质量的评价

声音质量的评价有两种基本方法，一种是客观质量度量，另一种主观质量的度量。客观质量度量时主要考虑以下技术指标。

1. 频带宽度

声音的质量与它所占用的频带宽度有关，频带越宽，信号强度的相对变化范围就越大，音响效果也就越好。根据声音的频带宽度，通常把声音的质量分成4个等级。其中，声音效果最好的是激光数字唱盘（CD-DA），带宽是10Hz～22kHz；其次是调频（Frequency Modulation，FM）无线电广播，带宽为20Hz～15kHz；然后是调幅（Amplitude Modulation，AM）无线电广播，带宽为 50Hz ~ 7kHz；最低的是数字电话，带宽为 200Hz ~ 3.4kHz，如图 2-1 所示。

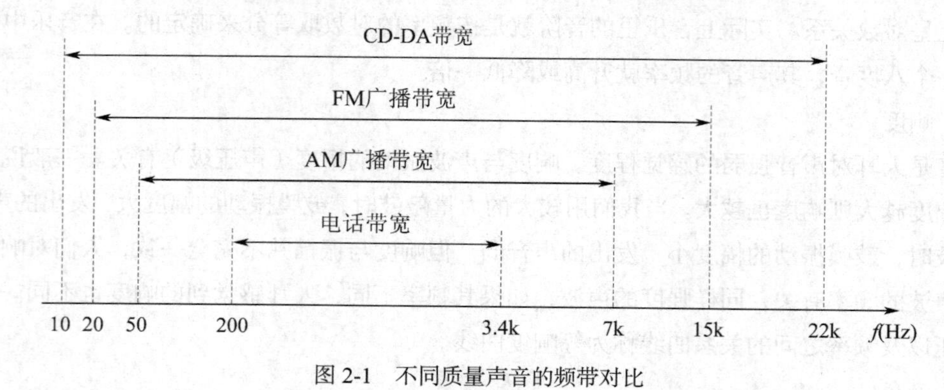

图 2-1　不同质量声音的频带对比

2. 动态范围

动态范围是衡量声音强度变化的重要参数，它是指某个声音的最强音与最弱音的强度差，并用分贝（dB）表示。每种声源的动态范围依据各自的特性有所不同，如女声的动态范围为 25 ~ 50dB，男声为 30 ~ 50dB。

在音乐中，动态范围小给人以平淡、枯燥的感觉，而动态范围大则给人以生动、细腻、表现力强的感受。FM 广播的动态范围约 60dB，AM 广播的动态范围约 40dB，在数字音频中，CD-DA 的动态范围约 100dB。

3. 信噪比

信噪比（Signal Noise Ratio，SNR）是有用信号与噪声之比的简称，即有用信号的平均功率与噪声平均功率之比。噪声频率的高低，信号的强弱对人耳的影响不一样。通常，人耳对 4 ~ 8kHz 的噪声最灵敏，弱信号比强信号受噪声影响较突出。而音响设备不同，信噪比要求也不一样，如 Hi-Fi 音响要求 SNR＞70dB，CD 机要求 SNR＞90dB。信噪比大，在一定程度上能够掩蔽噪声，从而获得较好的声音效果。

采用客观标准很难真正评定编码器的质量，在实际评价中，主观度量声音质量比客观度量更为恰当和合理。主观度量声音质量的方法主要采用主观平均判分法（Mean Opinion Score，MOS），它分为以下 5 级，如表 2-1 所示。一般再现频率若达 7kHz 以上，MOS 可评 5 分。

表 2-1　声音质量评分标准

分　数	质量级别	失真级别
5	优	不察觉失真
4	良	刚察觉失真，但不讨厌
3	中	察觉失真，稍微讨厌
2	差	讨厌，但不令人反感
1	劣	极其讨厌，令人反感

2.2 数字音频

音频信号是在时间和幅度上都连续的模拟信号。而在计算机内，所有的信息均以数字表示，各种命令是不同的数字，各种幅度的物理量也是不同数字。音频信号也用一系列数字表示，称之为数字音频，其特点是保真度好、动态范围大、可靠性高、信息易处理等。

2.2.1 音频数字化

声音进入计算机的第一步就是数字化，也就是把模拟音频信号转换成有限个数字表示的离散序列。这一转换过程为：选择采样频率，进行采样（Sampling），然后选择分辨率，进行量化（Quantization），最后编码（Coding），形成声音文件。

在这一处理技术中，涉及音频的采样、量化和编码。采样和量化过程所用的主要硬件是模数（A/D）转换器，在数字音频回放时，再由数模（D/A）转换器将数字声音信号转换成原始的电信号。

1. 采样

模拟音频在时间上是连续的，而数字音频是一个数据序列，在时间上只能是离散的。因此当把模拟音频变成数字音频时，需要每隔一个时间间隔在模拟声音波形上取一个幅度值，称之为采样。采样的时间间隔称为采样周期。如果采样的时间间隔相等，这种采样称为均匀采样。采样周期的倒数为采样频率，也就是计算机每秒钟采集样本的个数。采样频率越高，单位时间内采集的样本数越多，得到的波形就越接近原始波形，声音质量就越好。

采样频率的高低是根据奈奎斯特理论和音频信号本身的最高频率决定的。奈奎斯特理论指出，采样频率不应低于输入信号最高频率的两倍，重现时就能从采样信号序列无失真的重构原始信号。采样定律用公式表示为

$$f_s \geqslant 2f \text{ 或者 } T_s \leqslant T/2$$

其中，f 为被采样信号的最高频率。

例如，电话话音的信号频率约为 3.4kHz，采样频率就选为 8kHz。人耳听觉的上限为 20kHz，采样频率要达到 40kHz，才能获得较好的听觉效果。采样的 3 个常用频率分别为 11.025kHz、22.05kHz 和 44.1kHz，它们分别对应 AM 广播、FM 广播和 CD 高保真音质声音。现在声卡的采样频率一般为 48kHz 或 96kHz。

2. 量化

模拟电压的幅值也是连续的，而用数字表示音频幅度时，只能把无穷多个电压幅度用有限个数字表示，即把某一幅度范围内的电压用一个数字表示，这称之为量化。这个数字在计算机中用二进制表示，所用的二进制位数称为采样精度或量化位数，通常是 8 位或者 16 位。例如，每个声

音样本用 16 位（2 字节）表示，测得的声音样本值是在 0 ~ 65535 的范围里，它的精度就是输入信号的 1/65536，等效动态范围为 20×lg65536≈96dB。采样精度的大小影响到声音的质量，在相同的采样频率之下，量化位数越多，声音的质量越高，需要的存储空间也越多；量化位数越少，声音的质量越低，需要的存储空间越少。这好比是量一个人的身高，若是以毫米为单位来测量，会比用厘米为单位更准确。

量化质量可以用信号量化噪声比（SQNR）来描述。量化噪声是指某个采样时间点的模拟值和最近的量化值之间的差。

量化方法有两种，一种是均匀量化，另一种是非均匀量化。

量化时，如果采用相等的量化间隔对采样得到的信号作量化，那么这种量化称为均匀量化或线性量化。用均匀量化来量化输入信号时，无论对大的输入信号还是小的输入信号都一律采用相同的量化间隔。因此，要想既适应幅度大的输入信号，同时又要满足精度高的要求，就需要增加采样样本的位数。

非均匀量化的基本思想是对输入信号进行量化时，大的输入信号采用大的量化间隔，小的输入信号采用小的量化间隔，这样就可以在满足精度要求的情况下使用较少的位数来表示。其中采样输入信号幅度和量化输出数据之间一般定义了两种对应关系，一种称为 μ 律压缩算法，另一种称为 A 律压缩算法。μ 律用于北美和日本，A 律用于欧洲和我国。

3. 编码

编码是将量化后的采样信号值转换成一个二进制码序列输出。

编码的形式比较多，常用的编码方式是脉冲编码调制（Pulse Code Modulation，PCM）。PCM 编码的过程如图 2-2 所示。首先用一组脉冲采样时钟信号与输入的模拟音频信号相乘，相乘的结果就是产生离散时间信号，然后对采样后的信号幅值进行量化。量化过程由量化器来完成。对量化后的信号再进行编码，即把量化的信号电平转换成二进制码序列 $x(n)$，n 表示量化的时间序列，$x(n)$的值就是 n 时刻量化后的二进制形式幅值。计算机对量化后的二进制数据可以用文件的形式存储、编辑和处理。还可还原成原始的模拟信号播放，还原的过程称为解码。

PCM 是概念上最简单、理论上最完善的编码系统，其主要优点是：抗干扰能力强、失真小、传输特性稳定，尤其是远距离信号再生中继时噪声不积累，而且可以采用压缩编码、纠错编码和保密编码等来提高系统的有效性、可靠性和保密性。缺点是：数据量大，要求的数据传输率高。

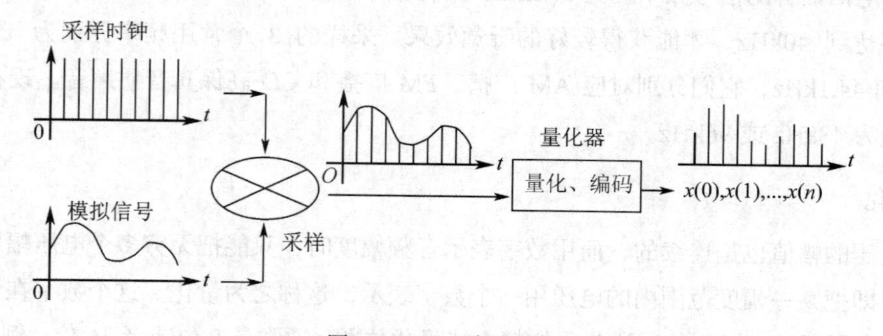

图 2-2 PCM 编码过程

4. 音频数据传输率

数据传输率是指每秒钟传输的数据位数，记为 bit/s。音频信号数字化后，产生大量数据，其数据传输率与信号在计算机中的实时传输有直接关系，而其总数据量又与计算机的存储空间有直接关系。未经压缩的数字音频数据传输率可按如下公式计算：

数据传输率（bit/s）＝采样频率（Hz）×量化位数（bit）×声道数

其中，数据传输率以位每秒（bit/s）为单位，采样频率以赫兹（Hz）为单位，量化以位（bit）为单位。声道数是指一次采样所记录产生的声音波形个数，单声道就是一个声音波形，双声道录放音有立体感，叫双声道立体声。

如果采用 PCM 编码，经过数字化后音频文件所需占用的存储空间可用如下公式计算：

文件数据量（B）＝数据传输率×采样时间/8

其中，数据量以字节（B）为单位，数据传输率以位每秒（bit/s）为单位，采样时间以秒为单位。

由公式可知，采样频率、量化位数、声道数这些技术指标对声音质量和文件数据量起决定作用。不同质量的声音数字化指标如表 2-2 所示。

表 2-2　声音质量和数字化指标

质量	采样频率（kHz）	量化位数（bit）	声道数	数据传输率（未压缩）（kbit/s）	频率范围（Hz）
电话*	8	8	单声道	64.0	200 ~ 34000
AM	11.025	8	单声道	88.2	50 ~ 7000
FM	22.05	16	立体声	705.6	20 ~ 15000
CD	44.1	16	立体声	1411.2	20 ~ 20000
DAT	48	16	立体声	1536.0	20 ~ 20000

说明：电话使用 μ 律编码，动态范围为 13 位，而不是 8 位。

例 2.1　计算一分钟未压缩的高保真立体声数字声音文件的大小。

高保真立体声数字声音采样频率为 44.1kHz，16 位量化位数，双声道，一分钟这样的声音文件的大小为

数据传输率＝采样频率（kHz）×量化位数（bit）×声道数

＝44.1×16×2＝1411.2（kbit/s）

文件数据量＝数据传输率（kbit/s）×采样时间(s)/8

＝1411.2×60/8

＝10584000B

≈10.5MB

2.2.2　音频文件格式

数字音频在计算机中存储和处理时，其数据必须以文件的形式进行组织。相同的数据可以有不同的文件格式，不同的数据也可以有相同的文件格式。所选用的文件格式必须得到操作系统和

应用软件的支持。在因特网上和各种计算机上运行的音频文件格式很多，目前比较流行的有 CD 文件、WAV 文件、RealAudio 文件、MPEG 文件、MIDI 文件等。

1. CD 文件

CD 文件扩展名为.cda，它是 CD 光盘的文件格式。标准 CD 格式是 44.1kHz 的采样频率，速率 88kbit/s，16 位量化位数，因为 CD 音轨可以说是近似无损的，因此它的声音基本上是忠于原声的。在 CD 盘上，一个 CD 音频文件是一个.cda 文件，这只是一个索引信息，并不是真正的包含声音信息，所以不论 CD 音乐的长短，在计算机上看到的.cda 文件都是 44 字节长。注意：不能直接复制 CD 格式的.cda 文件到硬盘上播放，需 Windows Media Player 等转换成 WMA 格式等。

2. WAV 文件

WAV 文件扩展名为.wav，它是 Microsoft 公司的标准音频文件格式，用于保存 Windows 平台的音频信息资源。WAV 文件来源于对声音模拟波形的采样，即用不同的采样频率对声音的模拟波形进行采样可以得到一系列离散的采样点，以不同的量化位数（8 位或 16 位）把这些采样点的值转换成二进制数，然后存入磁盘，这就产生了声音的 WAV 文件，即波形文件。

WAV 文件是使用资源交换文件（Resource Interchange File Format，RIFF）格式描述的，RIFF 格式文件是一种带有标记的文件结构，它由文件头和波形音频数据块组成。文件头包括标志符、语音特征值、声道特征以及 PCM 格式类型标志等；音频数据块是由数据子块标记、数据子块长度和波形音频数据 3 个数据子块组成。

利用该格式记录的声音文件能够和原声基本一致，质量非常高，但文件数据量大，多用于存储简短的声音片断。

3. RealAudio 文件

RealAudio 文件扩展名为.ra、.rm 或.ram，它是 RealNetworks 公司开发的一种新型流音频（Streaming Audio）文件格式。RealAudio 文件格式具有强大的压缩量和极小的失真，它是为了解决网络传输带宽资源而设计的，因此主要目标是压缩比和容错性，其次才是音质。

4. MPEG 文件

MPEG 文件扩展名为.mp1、.mp2、或.mp3，它是现在最流行的声音文件格式，因其压缩率大，在网络可视电话通信方面应用广泛。

MPEG 是运动图像专家组（Moving Picture Experts Group）的英文缩写，代表 MPEG 运动图像压缩标准，这里的音频文件格式指的是 MPEG 标准中的音频部分，即 MPEG 音频层。MPEG 音频文件的压缩是一种有损压缩，根据压缩质量和编码复杂程度的不同可分为 3 层，分别对应 MPl、MP2 和 MP3 这 3 种声音文件。MPEG 音频编码具有很高的压缩率，MP1 和 MP2 的压缩率分别为 4：1 和（6～8）：1，而 MP3 的压缩率则高达（10～12）：1，也就是说一分钟 CD 音质的音乐，未经压缩需要 10MB 存储空间，而经过 MP3 压缩编码后只有 1MB 左右，同时其音质基本保持不失真，因此，目前使用最多的就是 MP3 文件格式。

5. MIDI 文件

MIDI 文件扩展名为.mid、.midi 或.rmi，它是目前较成熟的音乐格式，实际上已经成为数字音乐/电子合成乐器的一种产业标准，其科学性、兼容性、复杂程度等各方面远远超过前面介绍的标准（除交响乐 CD、Unplug CD 外，其他 CD 往往都是利用 MIDI 制作出来的），General MIDI 就是最常见的通行标准。作为音乐工业的数据通信标准，MIDI 能指挥各音乐设备的运转，而且具有统一的标准格式，能够模仿原始乐器的各种演奏技巧甚至无法演奏的效果，而且文件的长度非常小。RMI 文件是 Microsoft 公司制定的 MIDI 文件格式，它还可以包括图片标记和文本。

6. WMA 格式

WMA 格式扩展名.wma，来自微软，是以减少数据流量但保持音质的方法来达到比 MP3 压缩率更高的目的。WMA 的压缩率一般都可以达到 1∶18 左右，WMA 的另一个优点是内容提供商可以通过 DRM（Digital Rights Management，数字版权管理）方案加入防复制保护。还支持音频流技术，适合网络在线播放。

7. 其他音频文件格式

除上面介绍的音频文件格式外，其他音频文件格式还有 AIFF 文件、CMF 文件、Module 文件、Sound 文件、Audio 文件等。

（1）AIFF 文件

AIFF 文件的扩展名为.aif 或.aiff。AIFF（Audio Interchange File Format，音频交换文件格式）文件是 Apple 公司开发的一种声音文件格式，被 Macintosh 平台及其应用程序所支持。Windows 的 Convert 工具可以把 AIF 格式的文件换成 Microsoft 的 WAV 格式的文件。

（2）CMF 文件

CMF 文件的扩展名为.cmf。CMF 文件是 Creative 公司的专用音乐格式，与 MIDI 差不多，音色、效果上有些特色，专用于 FM 声卡，但其兼容性较差。

（3）Module 文件

Module 文件的扩展名为.mod。Module 文件里存放乐谱和乐曲使用的各种音色样本，具有回放效果优异、音色种类无限等优点。

（4）Sound 文件

Sound 文件的扩展名为.snd。Sound 文件是 NeXT Computer 公司推出数字声音文件格式，支持压缩。

（5）Audio 文件

Audio 文件的扩展名为.au。Audio 文件是 Sun Microsystems 公司推出的一种经过压缩的数字声音文件格式，是互联网上常用的声音文件格式。

2.2.3 数字音频处理

在多媒体节目制作中需要各种声音，这些声音的获取可以通过两步得到。首先是采集或制作声音的原始素材，然后再使用声音编辑软件对原始素材进行编辑处理，如剪辑、合成等，最终生成所需的声音文件。

声音编辑软件可以进行声音的采集、播放、编辑以及音效处理和制作 MIDI 音乐，可以在听音乐的同时也能够看到音乐。声音编辑软件非常多，主要分为数字音频软件和音序软件等。数字音频软件主要用来录制、编辑处理构成数字音频的真实采样的声音。常见的数字音频编辑软件有：Window 操作系统自带的录音机、Sound Forge、Cool Edit、Adobe Audition、GoldWave、Samplitude、Nuendo 等。音序软件就是 MIDI 制作软件。常见的音序软件有 Sonar、Cubase、Macromedia Soundedit、作曲大师和 TT 作曲家等。

本章以 Adobe Audition 为例介绍声音编辑软件的使用及数字音频处理技术。

2.3 Adobe Audition 工作界面与基础应用

Adobe Audition（前身是 Cool Edit Pro）是 Adobe 公司开发的一款功能强大、效果出色的多轨录音和音频处理软件。它专为在照相室、广播设备和后期制作设备方面工作的音频和视频专业人员设计，可提供先进的音频混合、编辑、控制和效果处理功能，能够非常方便、直观地对音频文件以及视频文件中的声音部分进行各种处理。

Adobe Audition 3.0 主要功能如下。

（1）多轨录音。可以在普通声卡上同时处理多达 128 轨的音频信号，支持从多种声音源设备来进行声音录制，例如 CD、话筒等，并支持多种声音文件格式的输出，利用它可以将自己满意的歌声或者喜欢的歌曲录制下来。

（2）音频编辑。该软件具有极其丰富的音频处理效果，可以使用 45 种以上音频效果器，mastering 和音频分析工具，以及音频降噪、修复工具，可以进行如放大、降低噪音、压缩、扩展、回声、失真、延迟等处理，并能进行实时预览和多轨音频的混缩合成。使用它可以生成噪声、低音、静音、电话信号等声音信号。

（3）文件操作。支持多文件处理，可以轻松地在几个文件中进行剪切、粘贴、合并、重叠声音操作。可直接导入 MP3 文件等，还可以在 AIF、AU、MP3、Raw PCM、SAM、VOC、VOX、WAV 等文件格式之间进行转换，并且能够保存为 RealAudio 格式。

（4）包含有 CD 播放器，支持可选的插件，崩溃恢复，自动静音检测和删除自动节拍查找等功能；支持音乐 CD 烧录。

（5）实时效果器和 EQ。

（6）支持多种采样速率，支持 SMPTE/MTC Master，支持 MIDI，支持视频。

（7）支持 VSTi 虚拟乐器。

（8）使用波形编辑工具：拖曳波形到一起即可将它们混合，交叉部分可做自动交叉淡化，能对多核 CPU 进行优化等。

2.3.1　Adobe Audition 的工作界面

启动 Adobe Audition 3.0 汉化版，界面如图 2-3 所示。

Adobe Audition 的工作界面主要由标题栏、菜单栏、视图切换按钮、工作区风格选择按钮，主群组\混音器窗口组成的工作区、文件/效果窗口和传送器、时间、缩放、选择/查看、会话属性、电平等浮动面板及状态栏组成。

视图切换按钮分别是单轨编辑视图、多轨编辑视图和 CD 编辑视图。单击某个按钮可以进入到相应视图中进行音频编辑。

浮动面板可以选择“窗口”主菜单下相应命令打开或关闭，也可以单击某个面板右上角的▶按钮，从弹出的菜单中选择命令撤销或关闭面板。

音频编辑工作是主要在主群组中进行。在主群组面板，左边是按钮区域，右边是音轨区。默认显示声音文件的波形，也可显示视频和 MIDI 信息。双击音轨区中的声音波形，可进入到单轨编辑状态下。单击“多轨”视图切换按钮可回到多轨编辑下。

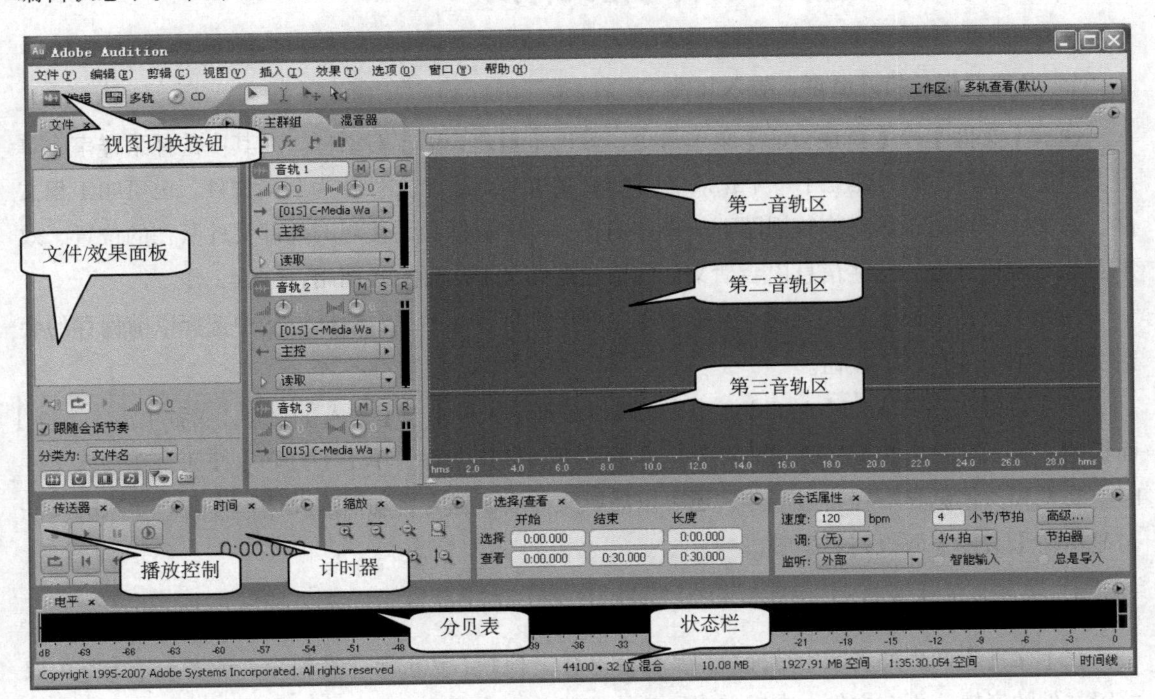

图 2-3　Adobe Audition 3 界面

声音波形以图形化形式显示在波形显示区中，y 轴表示波形的振幅（电平），x 轴表示声音波形的时间进行。在音源载入音轨时可看到声波形式，波形可以任意选取某一段落试听或编辑，这对声音的编辑来说是相当方便的。波形的播放控制是通过传送器实现的。在波形显示区中正在播放的波形上有一根黄色的竖虚线，这是播放指针，指示播放的位置。当播放声音时，在音轨上有一根白色移动的时间指针，指示当前播放的位置，相当于 CD 唱机的激光头或录音机的磁头，声音播放到哪里，标尺就移到哪里，同时在时间面板上显示时间值。

状态栏显示的是文件属性，由左到右分别显示的是文件名、采样格式（采样频率、量化位数、通道数）、文件大小、磁盘剩余空间（MB）大小和显示模式。

在多轨视图中，在视图切换按钮右边有以下 4 个功能键。

时间选择工具：以时间为单位进行音频范围的选择。按住鼠标左键并左右拖曳，可选中音频中的相应范围。

移动/复制剪辑工具：用来对多轨中的音频剪辑位置进行移动。使用时，按住鼠标左键并拖曳，即可实现对音频剪辑位置的移动。

混合工具：兼备时间选择工具、移动工具等的特点。单击可以实现选中剪辑、选择音频范围等功能，右击可以实现移动音频剪辑等功能。

刷选工具：用来慢听细节。选择这个工具单击音频上的某个时间点时，时间指针以几乎察觉不到的慢速前进。效果类似于手动旋转磁带一样。

2.3.2 声音的播放、录制与格式转换

1. 新建会话、打开会话、导入文件

选择【文件】→【新建会话】菜单命令，弹出【新建会话】对话框。在其中选择采样率，单击【确定】按钮。此时建立了一个扩展名为*.ses 的文件。这个文件称为会话文件，也可叫工程文件。该文件详细记录了在多轨视图下的操作信息，其中包括会话使用的外部文件所在的位置、效果器的参数设置等。这些信息以会话文件的格式存储，下次可直接调用，继续工作。

选择【文件】→【打开会话】菜单命令，弹出【打开会话】对话框。从中选择以前保存的会话文件，单击【打开】按钮。

导入素材文件到 Adobe Audition 中来，可以选择【文件】→【导入】命令，或者单击【文件】面板的【导入文件】按钮，进入【导入】对话框，选择文件，单击【打开】按钮。在导入文件时，文件相关信息显示在右边部分，还可以播放文件或设置为自动播放及循环方式。导入的文件名显示在【文件】面板列表区中。

2. 声音文件的播放

在【文件】面板列表区中选择要播放音频文件，拖到右边的某个音轨上，或者先单击某个要放置文件的音轨，再在文件上右键单击，从快捷菜单中选择【插入到多轨】命令。可以看到这个声音的波形出现在音轨上，上面是左声道，下面是右声道。左右声道之间有一条蓝色的线，称为声相包络线，通过调节这条线，可使声音在左右声道间游移，给人距离感。如果在文件列表中双击文件或右击，从快捷菜单中选择【编辑文件】命令，可进入单轨编辑视图编辑文件。

在 Adobe Audition 中播放声音文件可以通过单击【传送器】面板中的按钮。各个按钮及功能如下。

停止：停止播放，同时时间指针会自动回到播放开始时所处的位置。

播放：从指针处播放至文件结尾。

暂停：暂停播放，直到再次按下播放按钮时，从指针停留处开始继续播放下去。

从指针处播放至查看结尾：从指针所在位置开始播放直到时间线末尾。

循环播放：表示不停的循环播放。

转到开始或上一个标记：将指针移回到声音开始地方或者上一个标记的地方。

向后：将指针向左（声音开始的方向）跳跃移动。

向前：将指针向右（声音结束的方向）跳跃移动。

转到结尾或下一个标记：将指针移至声音的终点或者下一个标记的地方。

录音：可以录制或插入录制音频。

在单轨编辑视图下，波形显示区内的指针可以同时停留在 2 个声道上，也可以单独停留在左声道或右声道上。当鼠标放在左声道上波段时，变成 I^L 形状时，单击鼠标，就只在左声道中出现指针。同样可使指针只出现在右声道中。指针所处的声道是处于激活状态的声道，在播放声音时播放的是处于激活状态的声道中的声音。

在 Adobe Audition 中可选择播放区域，方法是在数据窗口中拖动鼠标方式选定区域，或通过【选择】→【查看】面板设置区域的起点和终点。选定的区域还可以进行移动、复制等处理。

3. 录音

Adobe Audition 可以将接在计算机上的话筒、线路输入、MIDI 等的声音录制成数字音频文件，录音过程如下。

（1）选择录音设备

选择【编辑】→【音频硬件设置】命令，打开【音频硬件设置】对话框，如图 2-4 所示。在【编辑查看】选项卡中若默认输入呈灰色，内容为“无”，表明当前音频输入没有激活。单击【控制面板】按钮，进入【DirectSound 全双工设备】对话框选择输入设备。

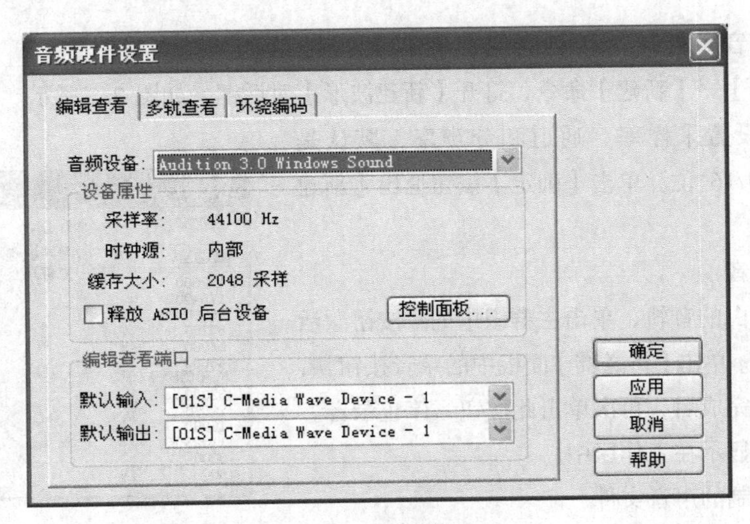

图 2-4　音频硬件设置

（2）接入

在开始正式录音之前，要准备好话筒、DVD 播放器、录音机等硬件，调节计算机及 DVD 播放器、话筒等所播放声音的音量、平衡、高低音设置等。如使用话筒录音，要将话筒插入计算机声卡中标有“MIC”的接口上，然后试一下话筒，确保在音箱中能听到话筒中传出的声音。如果听不到话筒中的声音，则双击桌面的右下角状态栏中的喇叭图标，打开【音量控制】窗口。将话筒选项下的【静音】复选框取消，然后试一下有没有声音。试好声音以后，要将话筒选项下的【静音】复选框重新选中。

（3）决定录音的通道

音频卡提供了多路声音输入通道，录音前必须正确选择。方法是选择【选项】→【Windows 录音控制台】命令，弹出【录音控制】窗口，如图 2-5 所示。在【录音控制】窗口选择录音通道及调节音量。

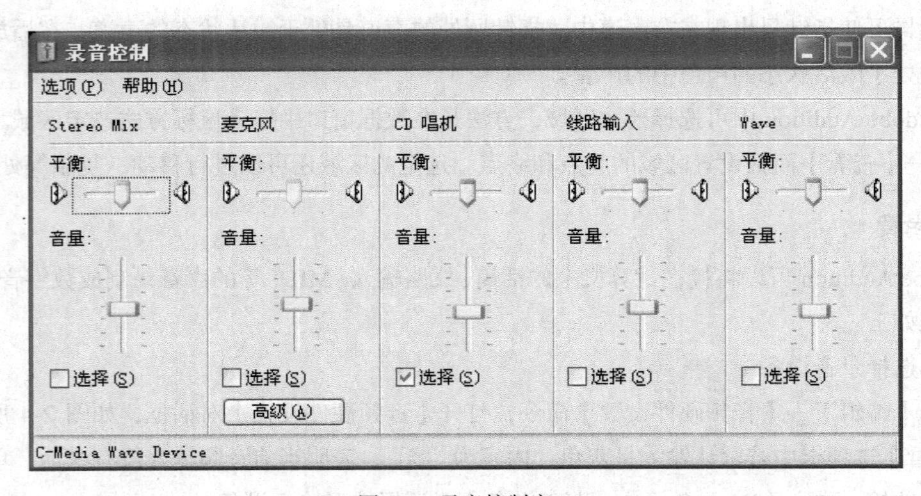

图 2-5　录音控制窗口

（4）设置录音属性

选择【文件】→【新建】命令，打开【新建波形】对话框，如图 2-6 所示。在【新建波形】对话框中可以设置采样率、通道和分辨率，默认是 44 100Hz/立体声/16 位。单击【确定】按钮退出【新建波形】对话框。

（5）开始录音

选择一个空白的音轨，单击主群组中的按钮激活音轨为录音状态。单击【传送器】面板中的录音按钮，开始录音。录音完成后，再次单击此按钮，停止录音。所录声音的波形显示在工作区中。

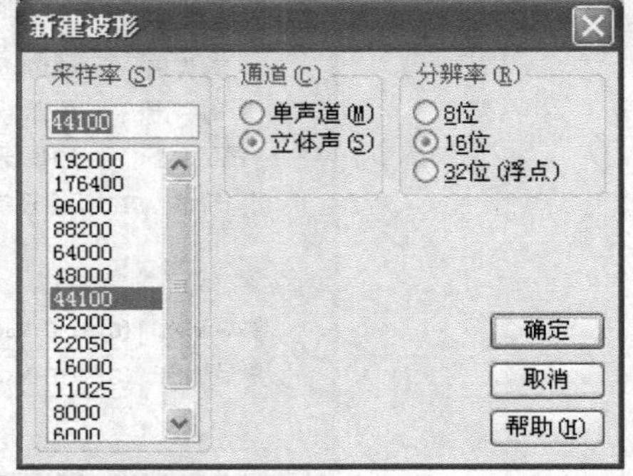

图 2-6　【新建波形】对话框

（6）保存录制的声音文件

选择【文件另存为】命令，出现【另保存】对话框，选择保存文件的路径，输入文件名，选择文件的保存类型，若单击【选项】按钮，可以设置文件格式，再单击【保存】按钮即可保存录制的声音文件。

4. 格式转换

选择【文件】→【打开】命令，选择要转换的音频文件，再选择【文件】→【另存为】命令，出现【另存为】对话框。选择保存文件的路径，输入文件名，选择要转换的目标文件的保存类型及单击【选项】按钮，可以设置文件格式，再单击【保存】按钮即可实现文件格式的转换。

此外还可以通过批量处理的方式，一次将多个音频文件同时进行格式转换。方法是选择【文件】→【批量处理】命令，在弹出的【批量处理】对话框中单击【添加文件】按钮，在弹出的【请选择源文件】对话框中依次添加多个需要转换格式的音频文件，再单击此对话框下部的【4 格式转换】，在出现的步骤 4 面板中选择要输出的格式。最后单击【批量运行】按钮，就可把文件全部按要求转换。转换后的文件保存在“我的文档”中的 My Music 文件夹里。

2.3.3 实训案例

实例 1 录制诗朗诵“凉州词”并保存。

设计要求：启动 Adobe Audition 3.0，新建一个声音文件。录制一段诗朗诵。诗词如下：

凉州词

王之涣

黄河远上白云间，一片孤城万仞山。

羌笛何须怨杨柳，春风不度玉门关。

保存声音文件为“凉州词.wav”。

设计步骤：

步骤 1 在桌面上双击 Adobe Audition 3.0 的图标或从【开始】→【程序】下选择【Adobe Audition 3.0】命令，启动程序，进入 Adobe Audition 3.0 窗口。

步骤 2 选择【文件】→【新建会话】命令，弹出【新建会话】对话框，如图 2-7 所示。

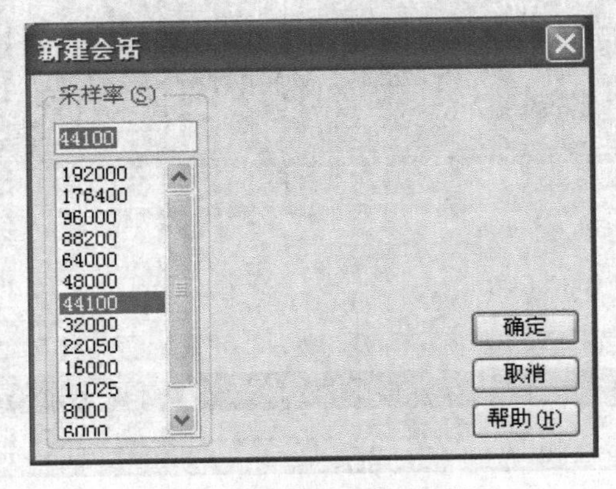

图 2-7 【新建会话】对话框

从中选择采样率为 44100，单击【确定】按钮。进入新建的会话文件“未命名.ses”中。

步骤 3　单击工具栏上的【编辑视图】按钮，或者选择【视图】→【编辑视图】命令，进入到单轨编辑视图状态。

步骤 4　选择【文件】→【新建…】命令或按【Ctrl+N】组合键，进入到【新建波形】对话框，如图 2-8 所示。

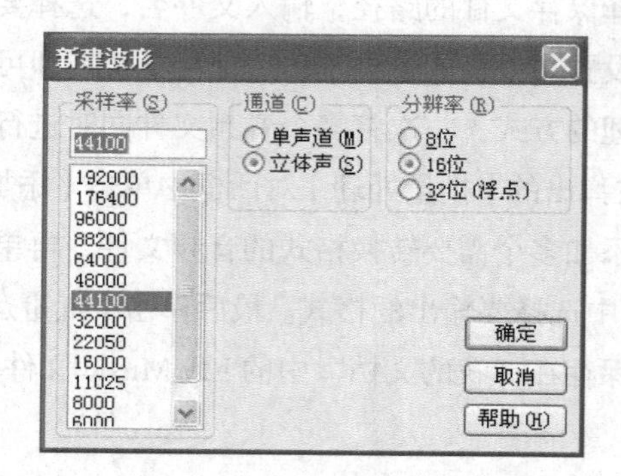

图 2-8　【新建波形】对话框

步骤 5　在【采样率】下拉列表框中选择采样频率为【44100】，单击选中【通道】单选按钮组中的【立体声】按钮，单击【分辨率】单选按钮组的【16 位】。单击【确定】按钮，退出【新建波形】窗口。在 Adobe Audition 3.0 中出现一个新的声音文件窗口，如图 2-9 所示。

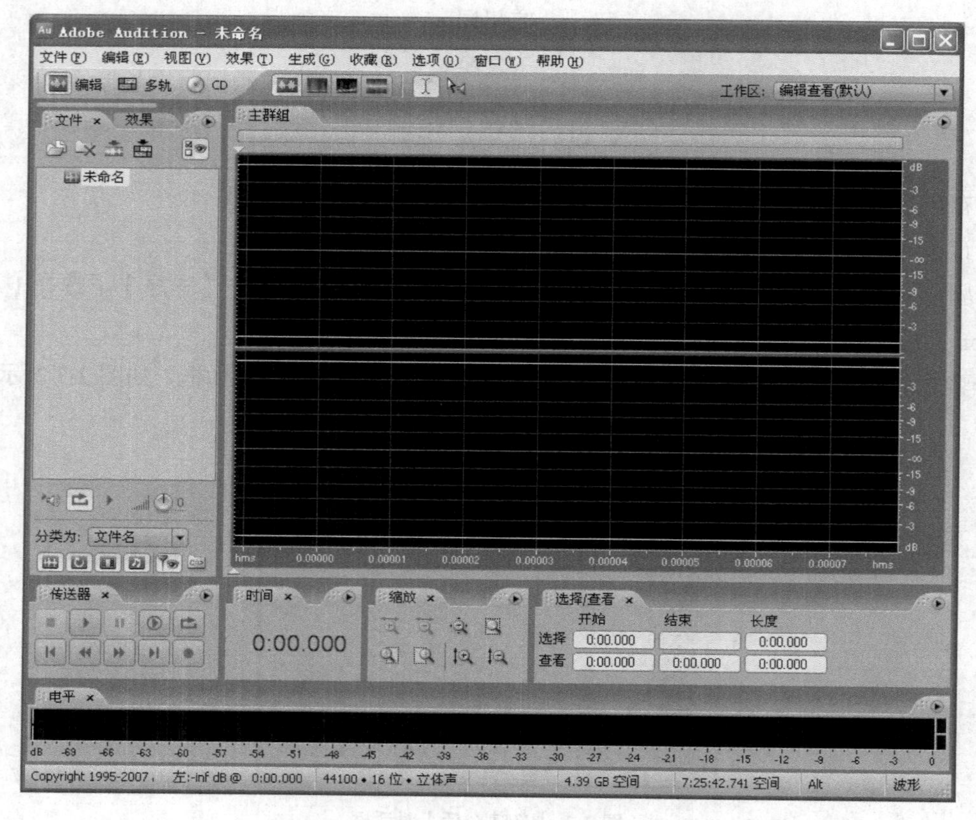

图 2-9　新声音文件窗口

步骤 6　选择【编辑】→【音频硬件设置】命令，打开【音频硬件设置】对话框，如图 2-10 所示。在【编辑查看】选项卡中若默认输入呈灰色，内容为【无】，表明当前音频输入没有激活。单击【控制面板】按钮，进入【DirectSound 全双工设备】对话框选择输入设备。

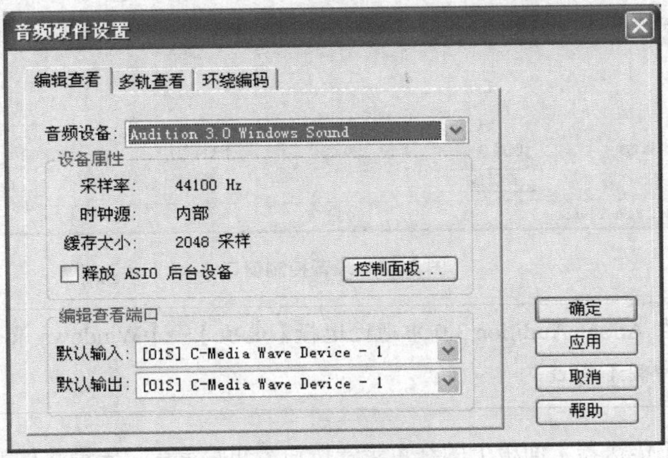

图 2-10　音频硬件设置

步骤 7　将话筒插入计算机声卡中标有“MIC”的接口上，然后试一下话筒，确保在音箱中能听到话筒中传出的声音。

步骤 8　决定录音的通道。声卡提供了多路声音输入通道，录音前必须正确选择。方法是在【音量控制】窗口中，选择【选项】菜单下的【属性】菜单项，出现音量控制窗口的【属性】对话框，在【调节音量】区选择【录音】单选按钮，如图 2-11 所示，选中要使用的录音设备，如选中【话筒】复选框。单击【确定】按钮退出【属性】对话框。这时【音量控制】窗口变成了【录音控制】窗口，如图 2-12 所示。在【录音控制】窗口还可以调节话筒的音量。

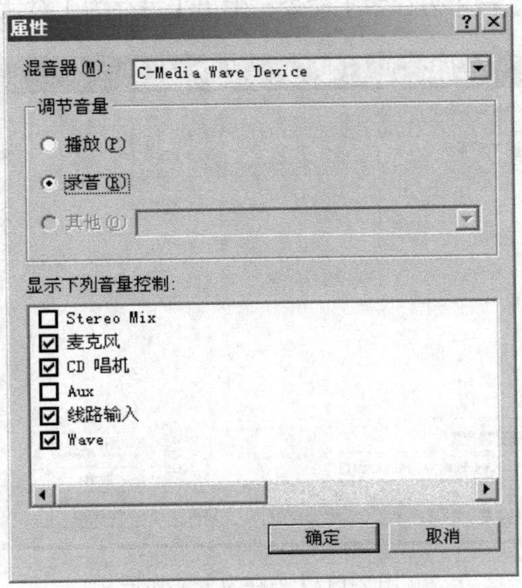

图 2-11　音量控制属性对话框

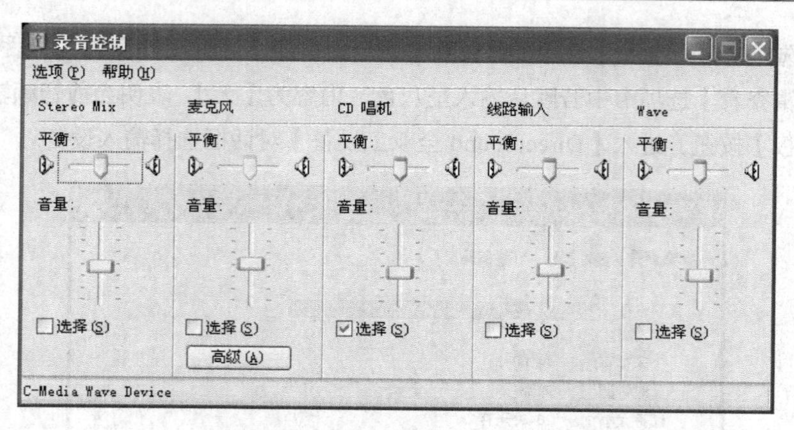

图 2-12 录音控制窗口

也可在 Adobe Audition 3.0 中通过选择【选项】→【Windows 录音控制台】命令，打开【录音控制】窗口。

步骤 9 单击【传送器】面板上的红色录音按钮开始录音。先录几秒钟的一段环境噪音便于以后的降噪处理，再对着话筒朗诵：

凉州词

王之涣

黄河远上白云间，一片孤城万仞山。

羌笛何须怨杨柳，春风不度玉门关。

步骤 10 录音时，电平表在不断闪动，同时编辑视图中有声音波形显示出现。结束录音时，单击【传送器】面板上的红色录音按钮停止录音。在工作区会看到刚刚录制完成的声音文件波形。

步骤 11 单击【传送器】面板中的播放按钮，听听所录制的声音。

步骤 12 选择【文件】→【另存为】命令，弹出【另存为】对话框，如图 2-13 所示。

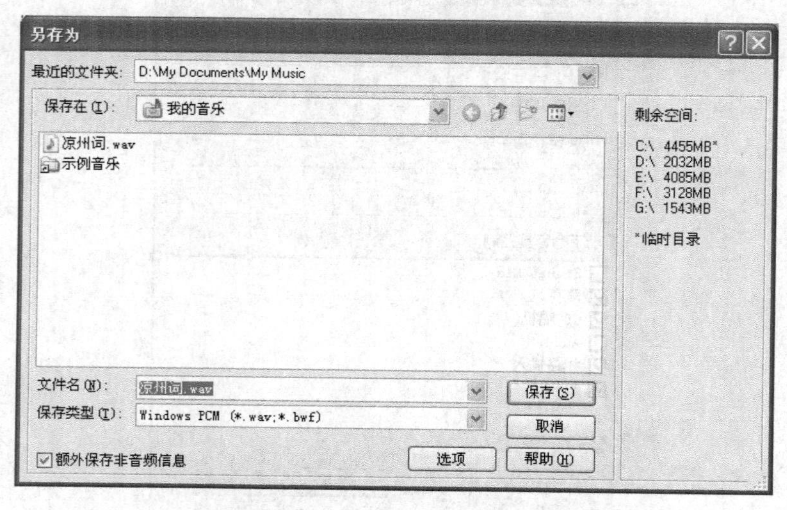

图 2-13 【另存为】对话框

步骤 13　在【文件名】文本框中输入“凉州词.wav”，在【保存类型】下拉列表框中选择【Windows PCM（*wav;*.bwf）】，在【保存在】下拉列表框中可选择声音文件保存的路径。

步骤 14　单击【保存】按钮，保存文件为“凉州词.wav”。

实例 2　以压缩格式保存声音文件

设计要求：把声音文件“凉州词.wav”以压缩格式保存。分别使用未压缩（11.025kHz，16 位，立体声）、A 率压缩（44.100kHz，8 位，立体声）、MP3 压缩（32kBit/s，22 050Hz，Mono）将录音文件“凉州词.wav”保存为 WAV 格式，并查看它们的文件大小。

设计步骤：

步骤 1　选择【文件】→【另存为】命令，弹出【另存为】对话框。在【保存类型】下拉列表框中选择【ACM 波形（*.wav）】，单击【选项】按钮，弹出【ACM 波形】对话框，如图 2-14 所示。

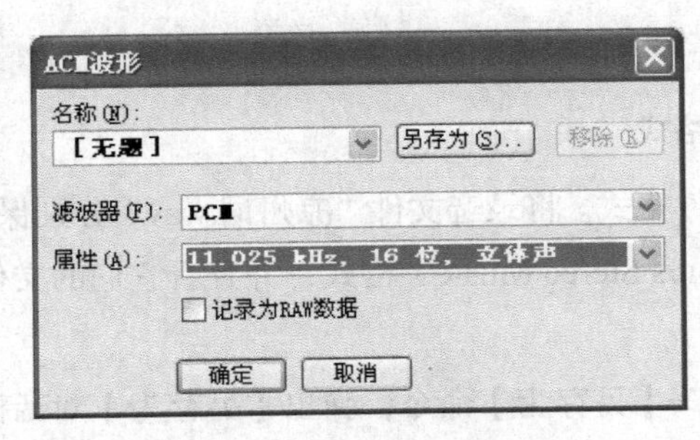

图 2-14　【ACM 波形】对话框

步骤 2　单击【属性】下拉列表框，选择【11.025kHz，16 位，立体声】。单击【确定】按钮，返回【另存为】对话框，输入文件名为“凉州词-1”。单击【保存】按钮，保存文件为“凉州词-1.wav”。在【我的电脑】中找到文件“凉州词-1.wav”，查看到其大小为 683KB。

步骤 3　选择【文件】→【另存为】命令，打开【另存为】对话框。在【保存类型】下拉列表框中选择【ACM 波形（*.wav）】，单击【选项】按钮，弹出【ACM 波形】对话框。

在【ACM 波形】对话框中设置【滤波器】下拉列表框为【CCITT A-Law】，设置【属性】下拉列表框为【44.100kHz，8 位，立体声】，如图 2-15 所示。单击【确定】按钮，返回【另存为】对话框，以文件名“凉州词-2.wav”保存文件。在【我的电脑】中找到文件“凉州词-2.wav”，查看到其大小为 1 365KB。

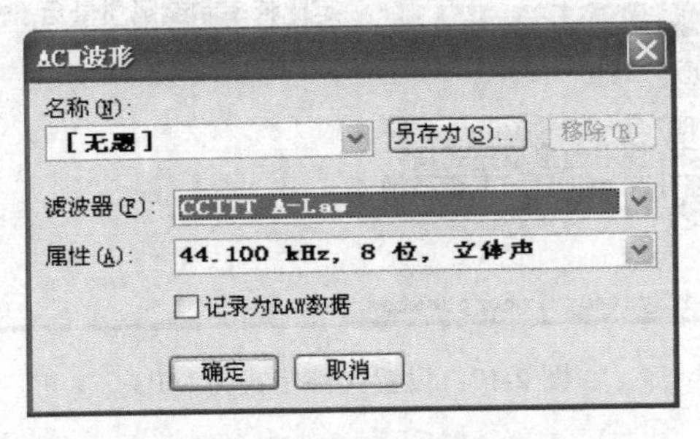

图 2-15　设置压缩格式为 CCITT A-Law

步骤 4　同样方式打开【ACM 波形】对话框，在其中设置【滤波器】下拉列表框为【MPEG Layer-3】，设置【属性】下拉列表框为【32kBit/s，22 050Hz，Mono】，如图 2-16 所示。单击【确定】按钮，返回【另存为】对话框，以文件名“凉州词-3.wav”保存文件。在【我的电脑】中找到文件“凉州词-3.wav”，查看到其大小为 62KB。

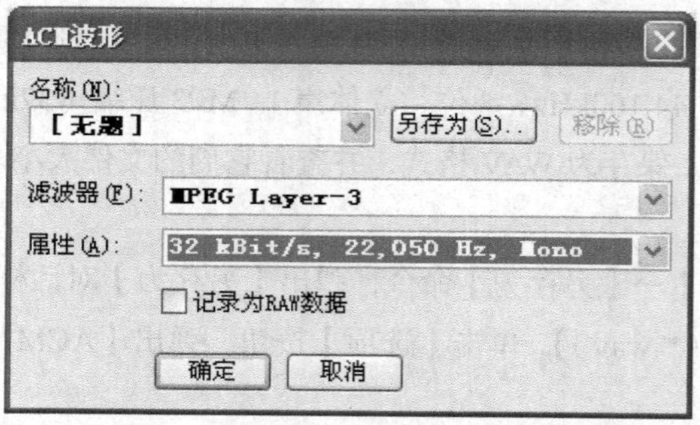

图 2-16　设置压缩格式为 MP3

实例 3　转换声音文件格式

设计要求：转换声音文件格式。将录音文件“凉州词.wav”分别保存为 MP3（64kbit/s，22050 Hz，立体声）、WMA（64kbit/s Stereo Music）格式，并查看它们的文件大小。

设计步骤：

步骤 1　选择【文件】→【另存为】命令，弹出【另存为】对话框。在【保存类型】下拉列表框中选择【mp3PRO?（FhG）（*.mp3）】，单击【选项】按钮，出现【MP3/mp3PRO?编码器选项】对话框，在【预置】下拉列表框中选择【VBR-高质量立体声】，然后在其下的单选按钮组，选择【恒定采样精度-CBR】，单击【MP3】单选按钮，单击下拉列表按钮，选择【64kbps，22050 Hz，立体声】，如图 2-17 所示。在【文件名】文本框中输入“凉州词-4”，单击【保存】按钮，以文件名“凉州词-4.mp3”保存文件。在【我的电脑】中找到文件“凉州词-4.mp3”，查看到其大小为 125KB。

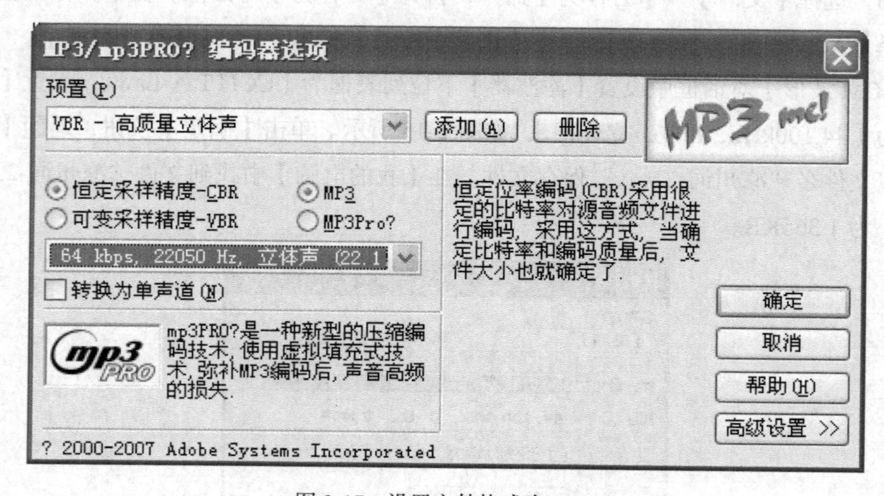

图 2-17　设置文件格式为 MP3

步骤 2 同上，在【保存类型】下拉列表框中选择【Windows 音频媒体（*.wma）】，单击【选项】按钮，出现【Windows 音频媒体】对话框，在其下拉列表框中选择【Windows Media Audio 9.2 – CBR 64kbps，44kHz，16 位，stereo】，如图 2-18 所示。在【文件名】文本框中输入"凉州词-5"，单击【保存】按钮，以文件名"凉州词-5.wma"保存文件。在【我的电脑】中找到文件"凉州词-5.wma"，查看到其大小为 140KB。

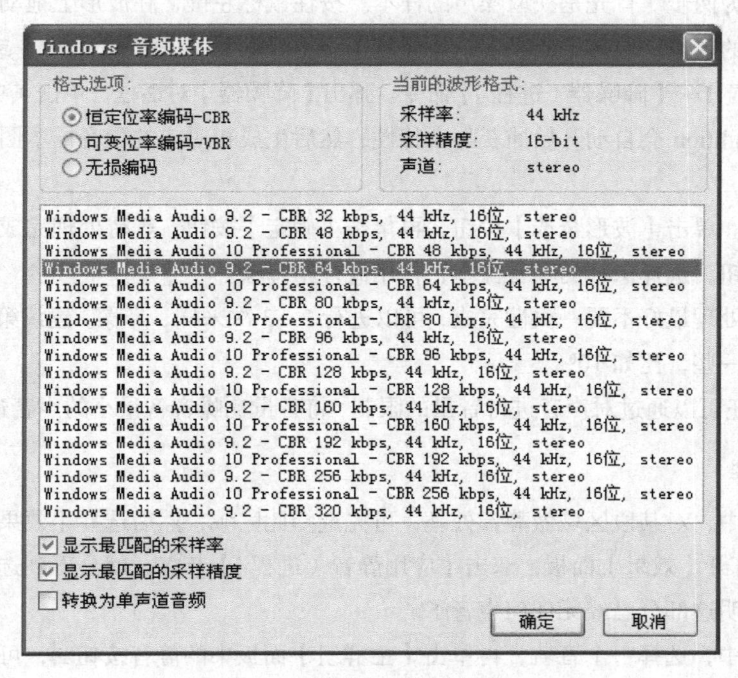

图 2-18　设置文件格式为 RM

2.4　声音的编辑处理

声音的编辑处理指对声音进行插入、删除、移动等编辑，以及噪声处理、静音处理、淡入淡出及混合处理等操作。

2.4.1　声音的编辑处理

1. 编辑

在 Adobe Audition 中对声音的编辑操作像处理文字一样简单。可以对选定区域进行删除、剪切、复制、粘贴和移动等操作。

删除时选择要删除区域的波形，按键盘上的【Delete】键。

移动操作通过在音轨中按鼠标右键，可以对该轨波形进行左右移动实现。这样可在同一个时间轴下对齐各个音轨。

为了精确对齐或编辑，可以使用【缩放】面板中的按钮对波形放大或缩小。单轨和多轨编辑视图可以很方便地转换。

2. 噪声处理

噪声处理分为两步。首先是获取噪声的样本。按住鼠标左键，在波形上拖动选取一段有持续噪音的较为平缓的区域，选择【效果】→【修复】→【降噪器（进程）】命令，或者打开【效果】面板，选择【修复】→【降噪器（进程）】命令。弹出【降噪器】对话框，单击其中的【获取特性】按钮，Adobe Audition 会自动开始捕获噪音特性，然后生成相对应的噪音样本图形。可以保存好采集的噪音样本。

然后是降噪。单击【波形全选】按钮，再单击【确定】按钮，等待处理完成即可。也可以先单击“加载”按钮，选择保存的噪音样本，再用此样本降噪。

对于噪声的处理最好不要一次性完成，可以进行 2 ~ 3 次采样、降噪。建议第 1 次降噪时，将降噪级别调得低一些，比如 10%。

另外，降噪还可以通过对声音进行音量的限制，将音量比噪音音量小的声音进行限制来实现。

3. 静音处理

在单轨视图中，对某段区域做静音处理，可先选择此区域，然后选择【效果】→【静音（进程）】命令，或打开【效果】面板，双击【应用静音（进程）】节点，就会看到选择区域的文件波形不见了，这说明这部分已经无任何声音了。

在多轨视图中，选择一个音轨，再单击【主群组】面板中的静音按钮M，可使此音轨的声音静音。

4. 淡入淡出

声音的淡入是指声音的渐强，声音的淡出是指声音的渐弱。通常用于一个声音的开始（渐强）和结尾（渐弱）处。

在单轨编辑视图中的波形左上角和右下角分别有一个小方块，当鼠标点在左上角小方块的时候，会显示“淡入”二字。当鼠标点在右下角的小方块的时候，会显示“淡出”二字。将鼠标放在左上角的小方块上，按住鼠标左键并拖动，会发现声波左侧出现一条黄色的指示线。这条线会随着鼠标的移动而变化，同时声波的振幅也会随着改变。鼠标拖动停止的位置就是淡入结束的位置。淡出效果的设置与淡入相似。

也可以选择【效果】→【振幅和限压】→【振幅/淡化（进程）】命令或在【效果】面板中双击【振幅和限压】→【振幅/淡化（进程）】节点，出现【振幅/淡化】对话框，先从预设列表中选择一种预设效果，再在【渐变】选项卡中设置左右声道初始音量、结束音量，单击【确定】按钮，就可现淡入淡出效果。

5. 声音的混合处理

很多情况下需要把两种或更多声音混合在一起，如语音中配乐等。声音的混合就是指将两个或两个以上的音频素材合成在一起，使多种声音能够同时听到，形成新的声音文件。

所有参与混合的音频素材都要经过事先处理，主要是调整声音的时间长度、音量水平、采样频率要一致、声道模式统一等。

声音混合处理要在多轨视图下进行。在主群组中默认有 7 条轨道，其中 6 条是波形音轨，1 条主控音轨。如果要插入更多的轨道，可以在任一轨道上右键单击，从快捷菜单中选择【插入】命令，也可通过【插入】菜单命令添加新的轨道。有 4 种轨道可供插入，分别是音频轨、MIDI 轨、视频轨和总线轨。其中视频轨只能插入一个，并且它的位置始终在所有轨道的最上方。

在每个轨道左边功能区中，各控件及作用如下。

音轨 1 处显示了轨道的标题，可把系统显示的轨道名修改为自己给定的名字。

静音按钮 M：按下表示本音轨处于静音状态。

独奏按钮 S，按下表示出本音轨外其他所有音轨处于静音状态。

录音备用按钮 R，按下表示本音轨切换到录音状态。

-7 为音量按钮，0 音轨 1 为立体声声相，值为 100 时表示右声道，–100 为左声道。单击并拖动可修改音量及声相。

接下来分别是输入、输出和读取下拉按钮。输出默认是【主控】，把面板右侧的滚动条拖到最后，可以看到音轨主控轨，主控轨的音量就是声卡输出的音量，声相也如此。

声音混合时，可以将文件列表中的文件选中拖动到任一音轨上，可以将波形声音从一个轨道拖至另一个轨道，可以按【Ctrl】键任选几段波形，然后右键单击，从快捷菜单中选择【左对齐】或【右对齐】命令进行播放位置的左右对齐。

若要将多轨导出为单轨文件，可以选择【文件】→【导出】→【混缩音频】命令实现。在多轨视图还可进行分解剪辑、时间伸展、交叉淡化等功能。

2.4.2　实训案例

实例 4　编辑“凉州词”并保存。

设计要求：编辑“凉州词.wav”为：

凉州词

黄河远上，白云一片，孤城万仞山。

羌笛杨柳何须，怨春风，不度玉门关。

保存为“凉州词（编辑后）.wav”。

设计步骤：

步骤 1　单击【编辑视图】按钮，进入单轨编辑状态。

步骤 2　选择【文件】→【打开】命令，选择“凉州词.wav”打开。

步骤 3　单击【缩放】面板上的【水平放大】按钮和【垂直放大】按钮，将波形放大，至每个字的波形较清楚。

步骤 4　单击【传送器】面板上的【从指针处播放至文件尾】按钮，播放声音。单击【时间选择面板[S]】工具，通过播放声音及移动轨道上方的滑块找到“云”字与“间”字之间的声音空白处。

步骤 5　在此空白处按住鼠标左键，拖动鼠标左键到“间”字波形之后空白处，松开鼠标，形成一个声音片段选区，如图 2-19 所示。

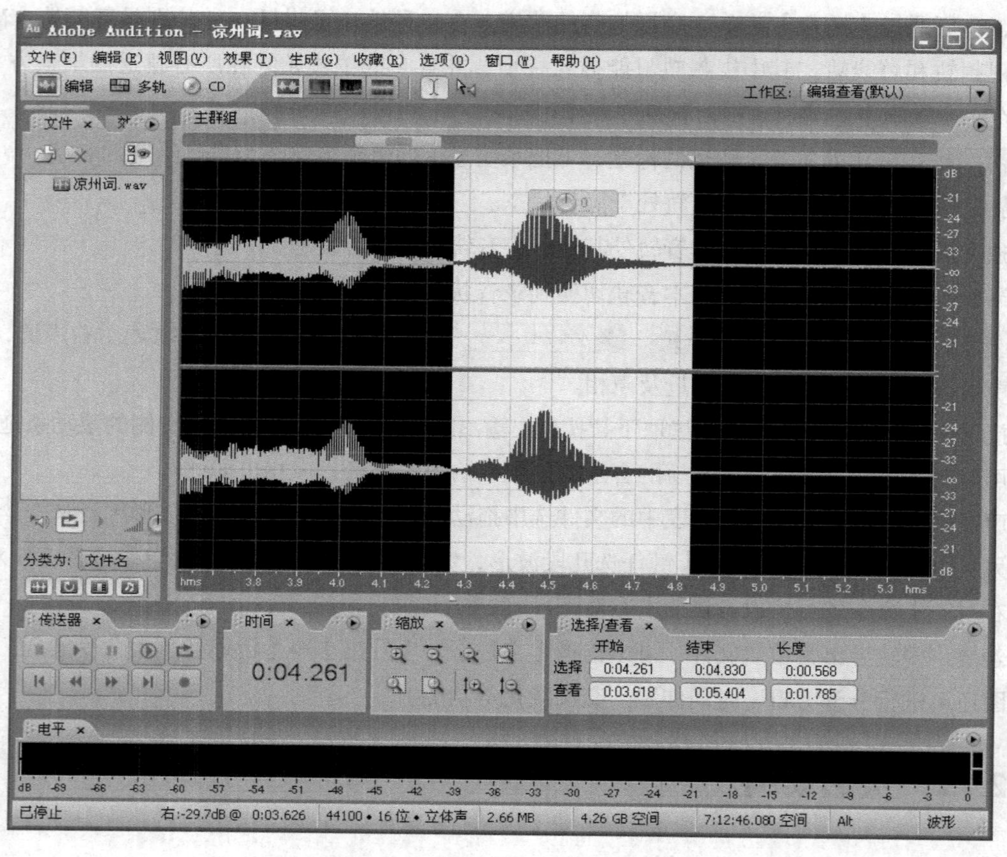

图 2-19　选定“间”字的波形

步骤 6　按键盘上的【Delete】键或右键单击从快捷菜单中选择【删除】命令，删除“间”字的波形，同时此区域变为空白区域。

步骤 7　在“云”字后按住鼠标左键拖动到“一”字前，右键单击，从快捷菜单中选择【剪切】命令，把“云”字与“一”字间的空白处去掉。

步骤 8　在“片”字后按住鼠标左键，将播放指针定位到“片”字后。选择【生成】→【静音】命令，出现【生成静音区】对话框，在【静音时间】编辑栏中输入 0.5，如图 2-20 所示，单击【确定】按钮退出【生成静音区】对话框。经过处理，可以看到轨道上在“片”字后，插入了 0.5 秒的静音区。

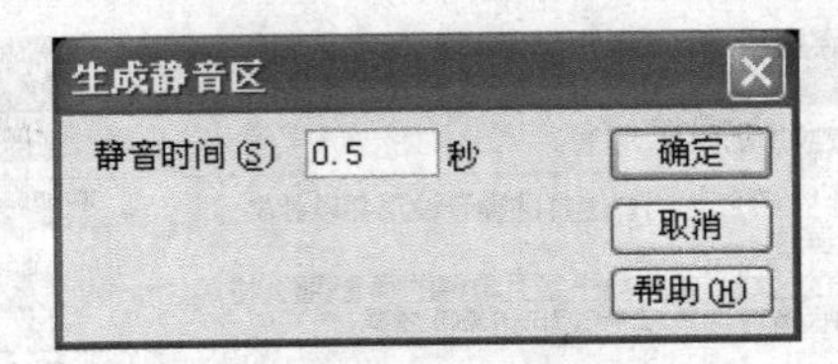

图 2-20 【生成静音区】对话框

步骤 9　同样在“须”字后，“风”字后插入 0.5 秒的静音区。

步骤 10　移动滑块，使得工作区中显示的是“杨柳”两字的波形，在“杨”字前单击鼠标，拖动直到“柳”字，选中“杨柳”两字，右键单击，从快捷菜单中选择【剪切】命令。

步骤 11　在“笛”字与“何”字间找到波形中接近无声的部分，单击鼠标，以此处为插入处，右键单击，从快捷菜单中选择【粘贴】命令，将“杨柳”两字的波形粘贴到“笛”字之后。

步骤 12　单击【文件】面板上的【播放】按钮，听一听编辑的效果。

步骤 13　选择【文件】→【另存为】命令，保存编辑后的声音文件为“凉州词（编辑后）.wav”。

实例 5　声音的标准化

设计要求：标准化“凉州词（编辑后）.wav”的音量。

设计步骤：

步骤 1　选择声音波形区域。

步骤 2　选择【效果】→【振幅和压限】→【标准化（进程）】命令，弹出【标准化】对话框，如图 2-21 所示。

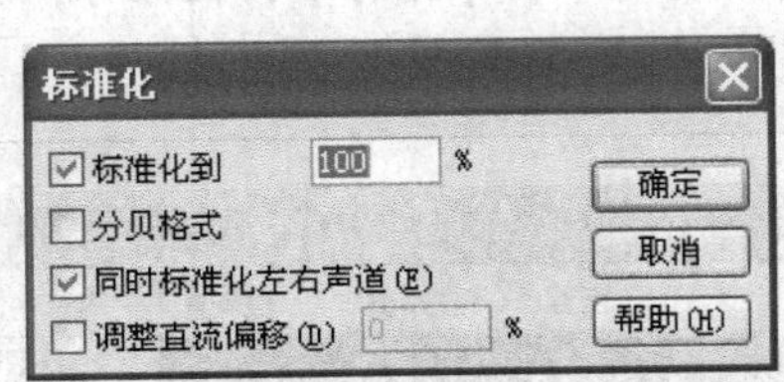

图 2-21　声音标准化

步骤 3　在【标准化到】后的数字框内输入“100”，单击【确定】按钮。Audition 处理后，可以看到波形的变化。

实例 6　去除噪声

设计要求：去除“凉州词（编辑后）.wav”的噪声。

设计步骤：

步骤 1　在声音波形上，先选择朗诵声音之前的环境噪音中一段较为平坦的部分，再选择【效果】→【修复】→【降噪器（进程）】命令，或双击【效果】面板中的【修复】→【降噪器（进程）】节点，打开噪声处理对话框，如图 2-22 所示。其中，“特性快照”指的是在刷选时间里的采样副数，这要根据计算机性能来选择。数字越高采集点越密集，但速度越慢。一般短时间内选 1000 就够了。“FFT 大小”是指傅里叶级数，这也依据设备的好坏、录音环境和电流底噪来决定，一般耳机选 4096 ~ 8192。

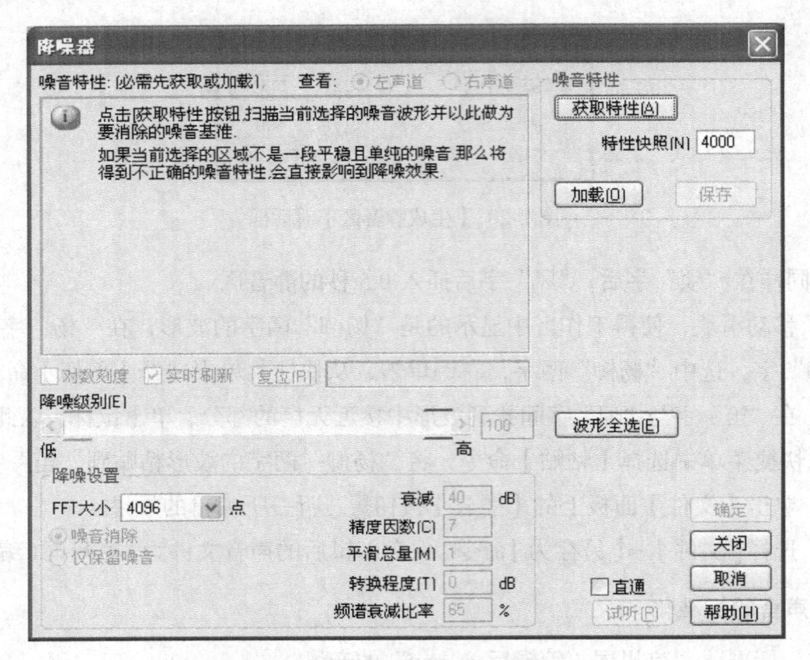

图 2-22 【降噪器】对话框

步骤 2 单击【获取特性】按钮，Audition 自动开始捕获噪音特性。然后，生成相应的图形，如图 2-23 所示。

捕获的噪音样本可以通过单击【保存】按钮保存，以后可通过【加载】按钮选中保存的噪音样本文件。

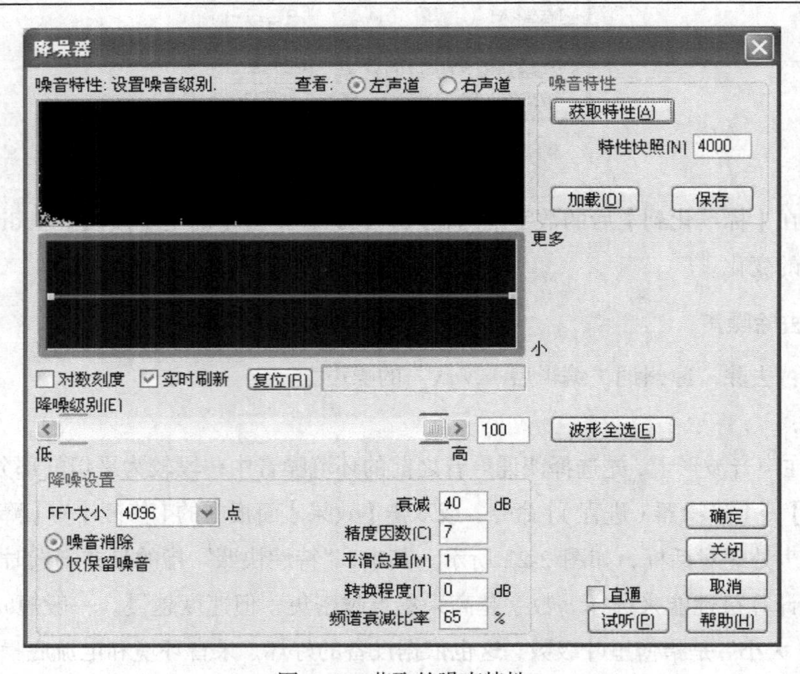

图 2-23 获取的噪声特性

步骤 3　单击【波形全选】按钮，选中整个波形，

步骤 4　鼠标单击并拖动【降噪级别】下的滑块到 10 左右。

步骤 5　单击【确定】按钮，退出降噪器。Audition 进行降噪处理。

步骤 6　播放声音，听去除噪声后的效果。

步骤 7 再以同样方式进行 1 次降噪处理，并播放声音，听去除噪声后的效果。

实例 7　调节音量

设计要求：节音量调节“凉州词（编辑后）.wav”声音文件的音量。

设计步骤：

步骤 1　选择【效果】→【振幅/淡化（进程）】命令，打开【振幅/淡化】对话框，如图 2-24 所示。

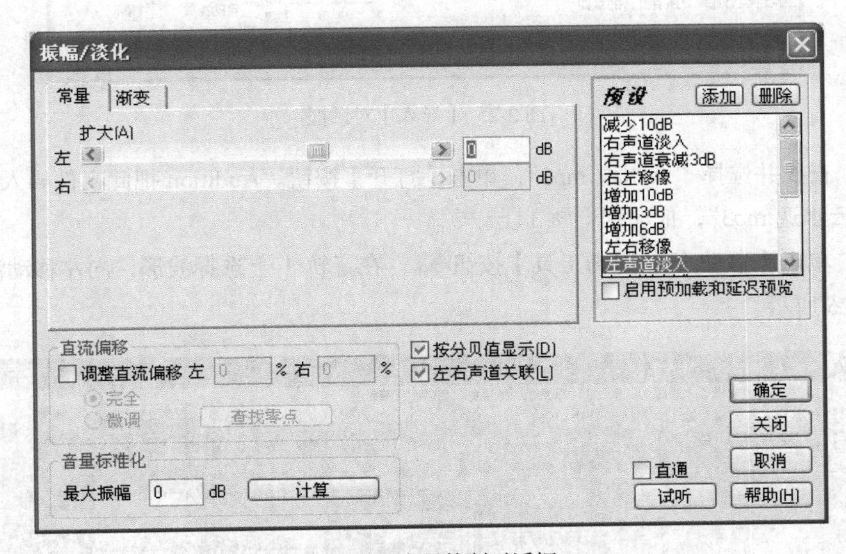

图 2-24　音量控制对话框

步骤 2　在弹出的对话框里的【常规】选项卡下，拖动调节音量的滑块，往左表示降低音量，往右表示增加音量，数字越大音量就越大，也可以用键盘上的方向键微调，调节完毕按【确定】按钮退出【振幅/淡化】对话框。

在 Adobe Audition 3.0 中对声音进行处理时，如果没有选定声波区域，将对整个声音进行处理。

实例 8　声音合成

设计要求：为“凉州词（编辑后）.wav”配上伴奏音乐“云水逸.mp3”，保存为“凉州词（加伴奏）.wav”。

设计步骤：

步骤 1　单击【多轨】按钮，切换到多轨视图下。

步骤 2　单击【文件】面板中的【导入文件】按钮，或者选择【文件】→【导入】命令，打开【导入】对话框，如图 2-25 所示。

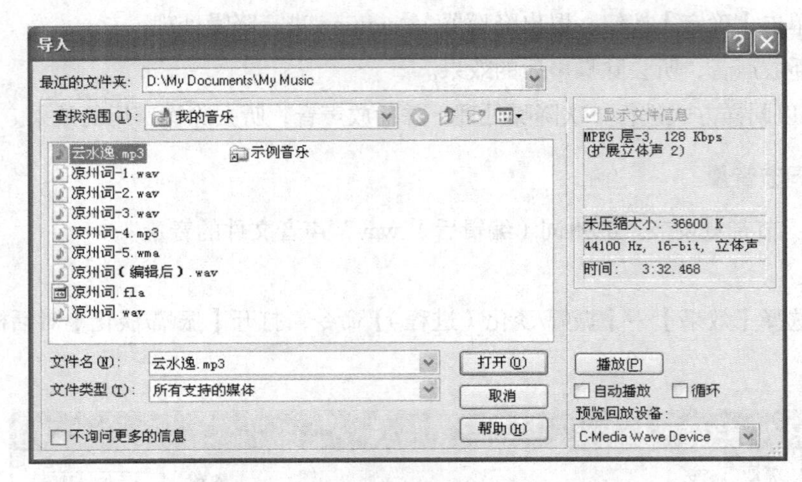

图 2-25 【导入】对话框

步骤 3　查找并选择“云水逸.mp3”，单击【打开】按钮。Audition 把此文件导入进来。鼠标单击选中“云水逸.mp3”，拖动到音轨 1 上。

步骤 4　单击【移动/复制剪辑工具】按钮，在音轨 1 上选择波形，向左移动波形到 0 帧处，如图 2-26 所示。

图 2-26　拖动“云水逸.mp3”到音轨 1 上

步骤 5　在“文件”面板上选择“凉州词（编辑后）.wav”，拖动到音轨 2 上。

步骤 6　单击在【主群组】面板上的【时间选择面板[S]】工具，移动鼠标到音轨 1 上，选择超出音轨 2 声音波形的部分，右键单击，从快捷菜单中选择【波纹删除】命令，删除多余的伴奏声音波形，如图 2-27 所示。

图 2-27　删除音轨 1 上多出的伴奏声音

步骤 7　在音轨 1 控制按钮区单击【音量】按钮，向左拖动减小音量。或者直接在其后的数字处单击，然后输入要减少的音量值。调整伴奏音乐音量大小。

步骤 8　在 0 帧处单击，设置播放位置为 0 帧。单击【传送器】面板的【从指针处播放至文件尾】按钮，播放声音。试听效果。

步骤 9　若伴奏声过大，可再单击音轨 1 的【音量】按钮，减少音量；或者以类似方法在音轨 2 上增加朗诵声音的音量。

步骤 10　选择【文件】→【导出】→【混缩音频】命令，打开【导出音频混缩】对话框，如图 2-28 所示。在【文件名】编辑框内输出“凉州词（加伴奏）.wav”，单击【保存】按钮。Audition 把音轨上的声音混合到一起，生成“凉州词（加伴奏）.wav”文件。并在单轨编辑视图中显示出此文件的波形。

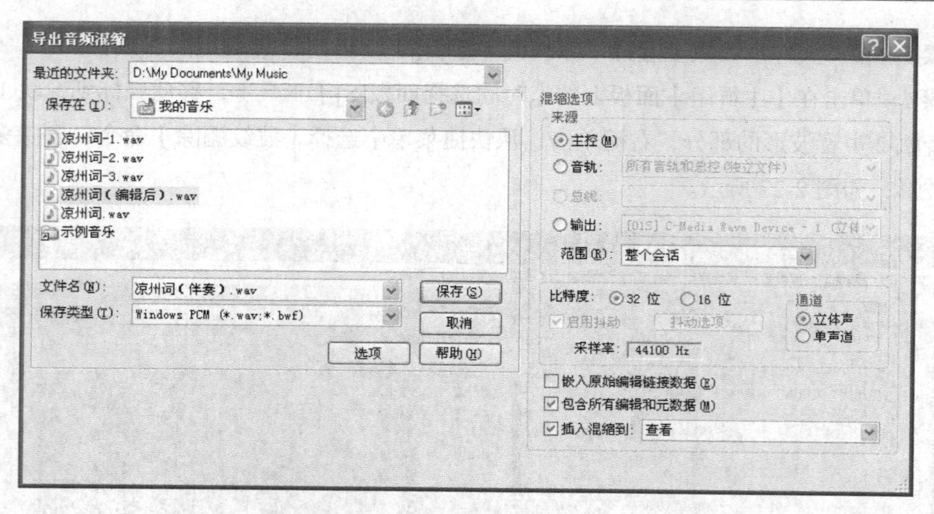

图 2-28 【导出音频混缩】对话框

步骤 11 播放声音听效果。

步骤 12 单击【多轨】按钮，切换到多轨视图下。选择【文件】→【保存会话】命令，保存会话文件为“凉州词会话.ses”。

实例 9 淡入淡出

设计要求：为“凉州词(加伴奏).wav”进行淡入淡出处理，并保存文件为“凉州词(效果).wav”。

设计步骤：

步骤 1 在“文件”面板中双击“凉州词(加伴奏).wav”文件，进入声音文件“凉州词(加伴奏).wav”单轨编辑状态。

步骤 2 单击音轨左上方的【淡化】按钮，拖动向右，随着鼠标的移动，可以看到一条黄色的指示线。这条线会随着鼠标的移动而变化，同时声波的振幅也会随着改变，如图 2-29 所示。鼠标拖动停止的位置就是淡入结束的位置。

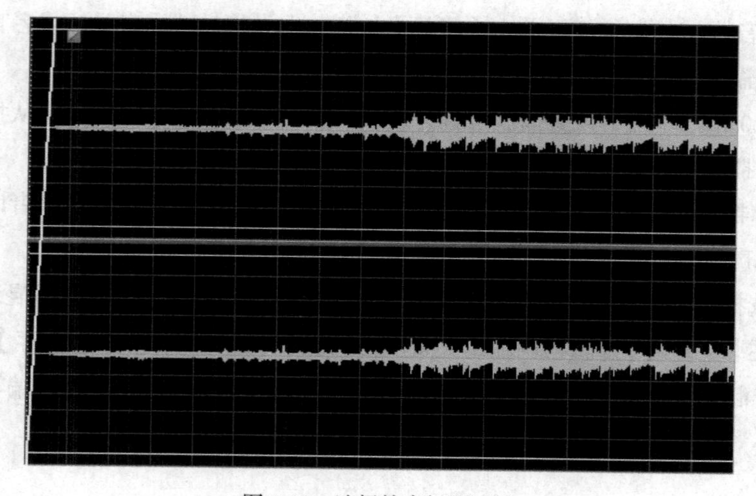

图 2-29 选择故事标题区域

步骤 3　单击音轨右上方的【淡出】按钮，拖动向左，同样可以设置淡出效果。

步骤 4　播放声音听效果，并保存文件为“凉州词（效果）.wav”。

2.5　声音的效果处理

效果处理有很多种，类似于图像处理中的滤镜，它能将声音千变万化。常规的效果处理有混响/回声/延迟、合唱、动态（压限/门/扩展）、镶边、升降调、颤音、失真等。Adobe Audition 提供了多种独立的效果器，来完成这些效果的处理，下面对其中几种进行简单介绍。

2.5.1　声音的效果处理

1. 均衡（EQ）

均衡器是一种可以分别调节各种频率成分电信号放大量的电子设备，通过对各种不同频率的电信号的调节来补偿扬声器和声场的缺陷，补偿和修饰各种声源及其他特殊作用，一般调音台上的均衡器仅能对高频、中频、低频三段频率电信号分别进行调节。均衡器分为三类：图示均衡器，参量均衡器和房间均衡器。

选择主菜单【效果】→【滤波和均衡】下的【图示均衡器】或【参量均衡器】命令，可打开相应均衡器对话框，从中可对不同频率范围的声音进行提升或衰减。如在【参量均衡器】对话框中间的频率调节区，通过鼠标单击 0dB 处的直线，选择节点，然后按住鼠标上下拖动调节频率大小。

2. 混响（Reverb）

混响能模拟各种空间效果，如教室、操场、礼堂、大厅、山谷、体育馆、走廊、客厅等。首先在 Adobe Audition 中打开一个 WAV 文件，然后选择一段波形。如果不选，则接下来的处理就是对整条声波的，然后选择【效果】→【混响】菜单下的命令，出现混响设置对话框，可以进行回旋混响、完美混响、房间混响和简易混响的设置。

在混响设置对话框中，【预设效果】下拉菜单中提供了一些常见空间效果的预设项目。【湿声】是指经过处理以后的声音。【干声】是指原始声音。一般的效果处理，都是把这两种声音以一定的比例混合，得到最终的声音。在混响中，要想使声音听起来更远，就把干声拉小，湿声设大。

此外，控制空间大小和声音远近的还有两个重要参数，就是衰减时间（Decay Time）和前反射到达时间（Pre-delay）。

衰减时间，也就是混响的长度，是指混响声音从开始到结束的声音持续多长。衰减时间越长，则表示空间越大，如大厅的混响衰减时间大约是 2.5s。

前反射到达时间（一般简称前反射或早反射）是指“第一个”反射声到达你耳朵的时间。一般的教室的前反射是 15ms，大厅是 30ms 左右，大教堂是 70ms 左右，空间越大，前反射越大。

3. 合唱效果

合唱效果能带来一些使声音更丰满的变化，能极大地改变声音效果。选择【效果】→【调制】→【合唱】菜单命令或双击【效果】面板上相应节点，打开合唱效果设置对话框。合唱效果器提供了一些预设项，可以直接在【预设效果】下拉菜单中选择需要的效果，然后预览效果，如果觉得效果可以，单击【确定】按钮。

4. 变调变速效果

变调主要用于两个目的，一是“帮助”歌手唱出一些高音，或者把歌手唱跑调的音改回来；二是用于娱乐，如把男声变成女声，女声变成男声。例如，想把一段男声变成女声，方法就是把他的音提高一点。变速，用于改变声音的快慢。

选中要处理的一段声波，然后双击【效果】面板的【时间和距离】→【变速（进程）】节点，打开【变速】对话框。变调，选择变速模式中的【变调不变速】单选框，在【转换】下拉列表中选择升降调的度数。变速，选择变速模式中的【变速不变调】单选框。也可选择【预设】列表中的效果，应用这种效果进行变调变速。

2.5.2 实训案例

实例 10 频率均衡

设计要求：

对“凉州词（加伴奏）.wav”进行频率均衡控制。

设计步骤：

步骤 1 选择【效果】→【滤波和均衡】→【图示均衡器】命令，打开【图示均衡器】对话框，如图 2-30 所示。

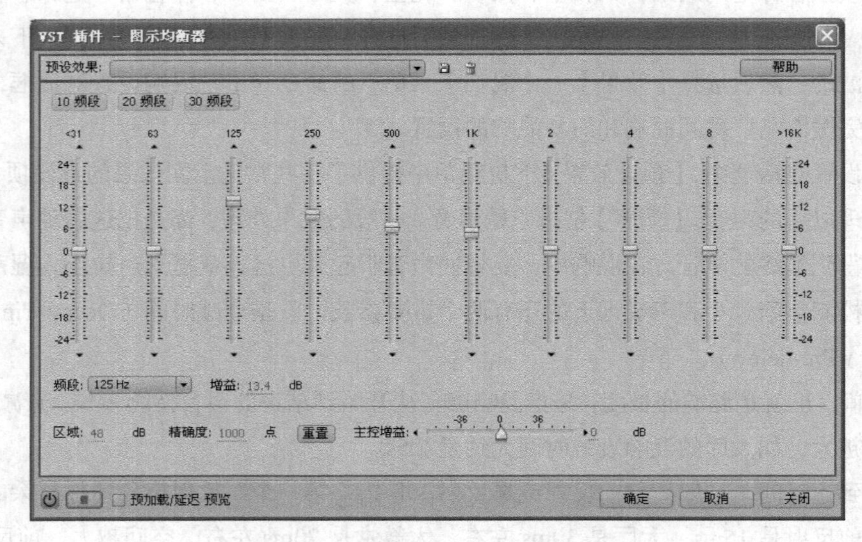

图 2-30 【图示均衡器】对话框

步骤 2　在【图示均衡器】对话框中有 10 个频段，根据需要移动滑块，调整相应频率声音的增益水平，从而达到调整各个频段声音强弱（即频率均衡）的目的。这里选择 125Hz 的频段的滑块，拖动向上，使其附近低音增益 13dB 左右。

步骤 3　单击【确定】按钮返回，播放声音听效果。

步骤 4　Adobe Audition 3.0 中预设了多种频率均衡效果，可单击【预设效果】下来列表框从中选择一种效果。

实例 11　混响

设计要求：

对“凉州词（加伴奏）.wav”进行混响效果处理。

设计步骤：

步骤 1　选择“凉州词（加伴奏）.wav”文件中“玉门关”三个字对应的区域。

步骤 2　选择【效果】→【混响】→【完美混响】命令，出现混响编辑窗口，如图 2-31 所示。主要参数介绍如下。

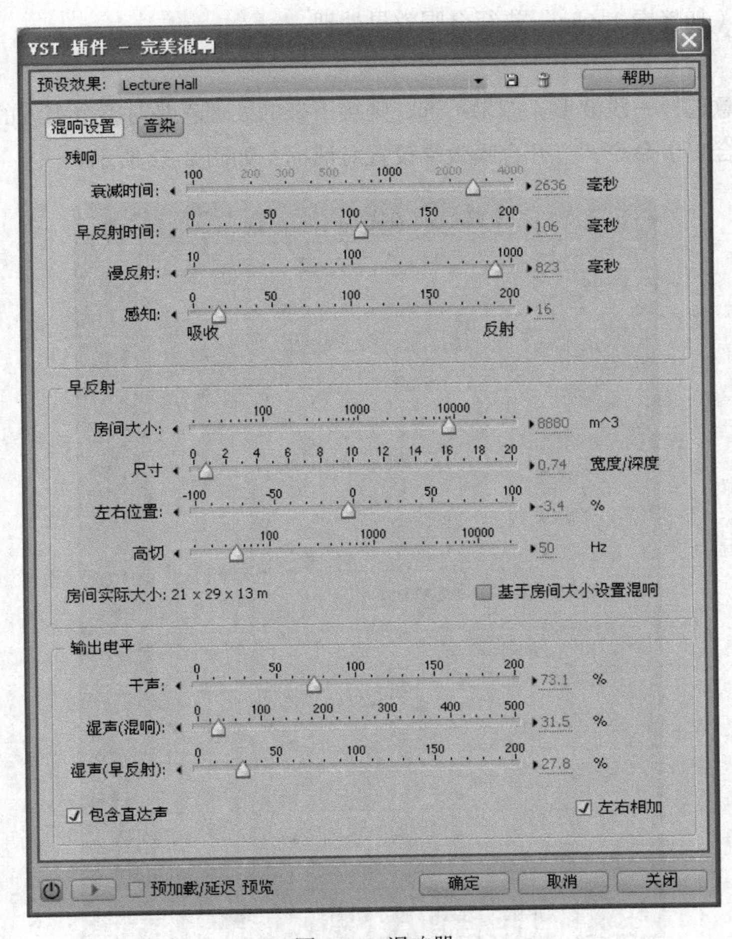

图 2-31　混响器

● 湿声：指经过处理以后的声音。

● 干声：指原始声音。一般的效果处理，都是把这两种声音以一定的比例混合，得到最终的声音。在混响中，要想使声音听起来更远，就把“干声”拉小，“湿声”拉大。

此外，控制空间大小和声音远近的还有两个重要参数，就是“衰减时间”和“早反射时间”。

● 衰减时间：也就是混响的长度，是指混响声音从开始到结束的声音持续多长。衰减时间越长，则表示空间越大。比方说大厅的混响衰减时间大约是 2.5 秒。

● 早反射时间：指声音从初始到“第一个”反射声到达耳朵的时间。一般的教室的早反射时间是 15 秒，大厅大约是 30 毫秒左右，大教堂是 70 毫秒左右，空间越大，早反射时间越大。

步骤 3　在【预设效果】下拉列表框中选择【Church】预设项目。

步骤 4　单击【预览 播放/停止】按钮试听效果，并试着修改参数，然后试听效果，确定混响效果后，单击【确定】按钮。

实例 12　合唱效果

设计要求：

对“凉州词（加伴奏）.wav”进行合唱效果处理。

设计步骤：

步骤 1　任意选择一段波形。如果不选，则接下来的处理就是对整个声波的。选择【效果】→【调制】→【合唱】命令，打开合唱效果设置对话框，如图 2-32 所示。

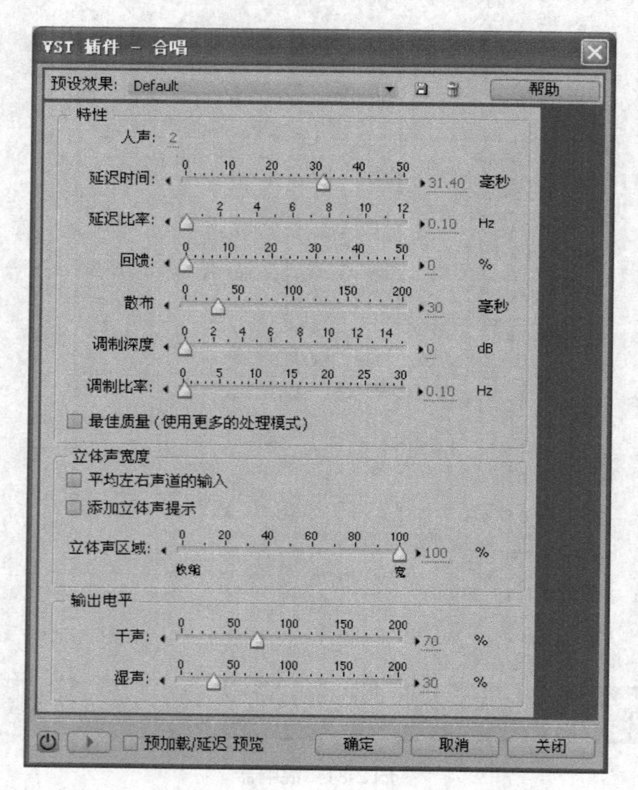

图 2-32　合唱设置

步骤 2　在【预设效果】下拉列表框中选择【5 Voices】预设项目。

步骤 3　单击【预览 播放/停止】按钮试听效果，并试着修改参数，然后试听效果，确定合唱效果后，单击【确定】按钮。

实例 13　升降调

设计要求：

对“凉州词（加伴奏）.wav”进行升降调效果处理。

设计步骤：

步骤 1　选择“凉州词（加伴奏）.wav”文件中任意声音区域。

步骤 2　选择【效果】→【时间和距离】→【变速（进程）】命令，打开升降调处理对话框，如图 2-33 所示。选择【常量变速】选项卡。

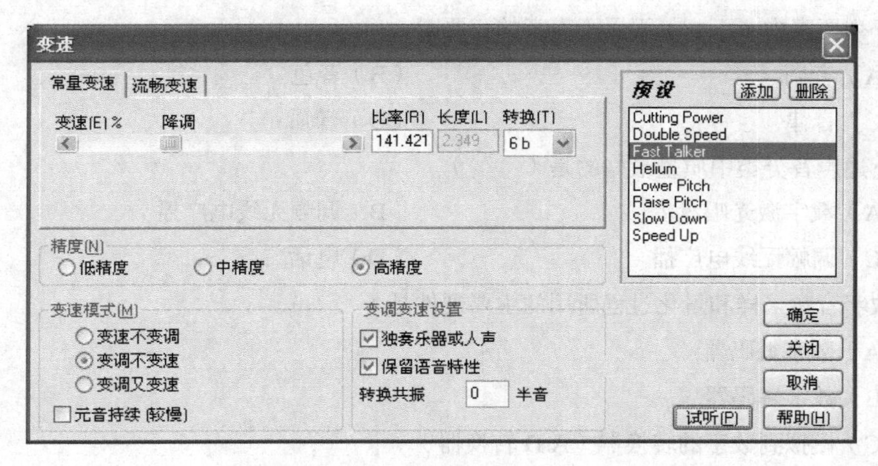

图 2-33　设置升降调效果

步骤 3　选择变速模式中的【变调不变速】单选框，在【转换】下拉列表中选择升降调的度数为“6d”，让音调降低 6 个半音。

步骤 4　单击【试听】按钮试听效果，并试着修改参数，再试听效果，确定升降调效果后，单击【确定】按钮。也可选择【预设】列表中的效果，应用这种效果进行变调变速。

在改变音调的同时，声音的长度不可避免地会变化。音调升高时声音的长度会变短，音调降低时声音的长度会被自动加长。

步骤 5　选择【文件】→【另存为】命令，将文件保存为“凉州词（效果）.wav”。

本章小结

声学是物理学中研究声音的一个分支，声音的强度水平（声响或者音量）用分贝来测量。在本章中首先介绍了声音是如何产生的，声音的物理与心理学特征，声音质量的评价方法。在计算机中信息是以数字形式表示，当声音波形被转换成数字时就得到了数字音频，这个过程被称为数字化，实际上就是采样、量化和编码的过程。可以对任何声源进行数字化，包括实时的和预先录制好的。要保持声音不失真采样要遵循奈奎斯特理论，最常用到的 3 种采样频率分别是 CD 音质的 44.1kHz、22.05kHz 和 11.025kHz。数字音频以文件形式保存，有多种音频文件格式。文件大小与采样频率、采样精度、声道数和采样时间成正比。本章最后介绍了数字音频处理技术，并以 Adobe Audio 3 为例讲述了数字音频处理软件的基本用法。

思考题

1．选择题。

（1）下列要素中（　　）不属于声音的三要素。

（A）音调　　（B）音色

（C）音律　　（D）音强

（2）下述声音分类中质量最好的是（　　）。

（A）数字激光唱盘　　（B）调频无线电广播

（C）调幅无线电广播　　（D）电话

（3）数字音频采样和量化过程所用的主要硬件是（　　）。

（A）数字编码器

（B）数字解码器

（C）模拟到数字的转换器（A/D 转换器）

（D）数字到模拟的转换器（D/A 转换器）

（4）下列采集的波形声音质量最好的是（　　）。

（A）单声道、8 位量化、22.05kHz 采样频率

（B）双声道、8 位量化、44.1kHz 采样频率

（C）单声道、16 位量化、22.05kHz 采样频率

（D）双声道、16 位量化、44.1kHz 采样频率

2．填空题。

（1）一般来说，人的听觉器官能感知的声音频率大约在________Hz 之间，在这种频率范围里感知的声音幅度大约在________dB 之间。

（2）对于音频，常用的 3 种采样频率是________、________、________。

（3）采样频率为 22.05kHz，根据采样定理，它能捕获的音频的最大频率为________，若某音频的最高频率为 5kHz，为得到较好音质，采样频率不得低于________，采用与其最接近的国际标准，采样频率为________。

3．声音是如何产生的？声音分为哪几类？

4．多媒体技术中，音频信号为什么要数字化？声音数字化的关键过程是什么？请加以解释。

5．声音质量如何评定？不同质量的数字音频的频率范围是什么？

6．讨论多媒体项目中用到的声音文件格式以及如何使用。

7．采样频率根据什么原则来确定？

8．列出 4 种主要的采样频率和 2 种量化位数。简要描述每一种最适合于何种场合。单声道和立体声在使用公式时有什么不同？

9．音频录制中产生声音失真的原因及解决方法？

10．选择采样频率为 11.025kHz 和样本精度为 16 位有录音参数。在不压缩时，录制 10 分钟的立体声需要多少 MB 的存储空间？

11．什么是 MIDI？MIDI 文件与 WAV 文件有什么不同？

12．声音编辑软件的常用功能有哪些？

13．假设你要为网站设计一套声音文件，列出从录音、编辑到处理的步骤。你如何对文件进行数字化处理来确保这些文件具有一致性、最小的文件大小和最好的效果？

操作练习题

1．对“狮子和蚊子.mp3”文件进行以下处理。

（1）将双声道声音转换成单声道声音。

（2）采样频率转换为 8kHz，量化位数转换成 16 位。

（3）将其音量提高 20%。

（4）将文件格式转换为 mp3 格式。

2．录制故事并完成相应操作。

（1）使用 22.05Hz 采样频率，16 位量化位数，单声道录制以下童话故事并保存为 WAV 格式。

成功者善于放弃

一个老人在高速行驶的火车上，不小心把刚买的新鞋从窗口掉了一只，周围的人倍感惋惜，不料老人立即把第二只鞋也从窗口扔了下去。这举动更让人大吃一惊。老人解释说：“这一只鞋无论多么昂贵，对我而言已经没有用了，如果有谁能捡到一双鞋子，说不定他还能穿呢！”

（2）编辑声音如下：

成功者善于放弃

在高速行驶的火车上，一个老人不小心从窗口掉了一只新鞋，周围的人倍感惋惜，老人立即把第二只鞋也从窗口扔了下去。老人解释说：“这一只鞋对我已经没有用了，如果有谁能捡到一双鞋子，说不定他还能穿呢！”

（3）分别使用未压缩（11.025Hz，16 位，Mono）A 率压缩（8.000kHz，8 位，单声道）、MP3 压缩（32Kb，16 000Hz，Mono）将声音保存为 WAV 格式，比较它们的文件大小。

（4）将声音文件分别保存为 MP3（64b/s FM Radio Quality Audio）、RM（64Kb/s Audio）、WMA（64Kb/s Stereo Music）格式，比较它们的文件大小。

3．采集或从网上下载一段语音，对其进行以下处理。

（1）对语音的内容进行编辑，缩短 1/2 的时间。

（2）调整语音音量。

（3）试着对其全部或片段进行淡入、淡出、混响、频率均衡、合唱、升降调等效果的处理。

（4）自行选取一段音乐，将其与上面的语音合成到一起。

第3章 图像处理技术

颜色对于多媒体技术起着重要的作用。人们通过视觉系统看到丰富多彩的颜色，感受到文本、图形、图像、视频与动画等媒体信息。在多媒体技术的应用中，图像处理是其一个重要的组成部分，特别是运用图像的处理是多媒体技术需要进一步解决的关键问题。

3.1 数字图像基础

颜色是外界刺激作用于人的视觉系统而产生的感觉。颜色是一门很复杂的科学，涉及物理、生物、心理和材料等多门学科。本节将介绍颜色科学的基本概念和颜色的表示及颜色空间的转换。

3.1.1 颜色

1. 三基色原理

由于人眼对红绿蓝（RGB）3 种色光最为敏感，人的眼睛就像一个三色接收器的体系，大多数的颜色可以通过 RGB 三色按照不同的比例合成产生。RGB 3 种颜色的光强越强，到达人眼的光就越多。它们比例不同，看到的颜色也不同。某一种颜色和 RGB 3 种光的关系可用以下式子来描述：

颜色＝R（红色的百分比）＋G（绿色的百分比）＋B（蓝色的百分比）

同样绝大多数单色光也可以分解成 RGB 3 种色光。这就是三基色原理。3 种基色是相互独立的，任何一种基色都不能由其他两种颜色合成。

RGB 是三基色。当没有光时是黑色；当 RGB 三色等量相加时，得到白色。RGB 三基色按照不同的比例相加合成混色称为相加混色。

2. 颜色的混合

人的视觉能分辨颜色的 3 种变化：明度、色调和饱和度。在由两个成分组成的混合色中，如果一个成分连续地变化，混合色的外貌也连续地变化。任何两个非互补色混合便产生中间色，其饱和度决定于两个颜色的相对数量，饱和度的变化落在两种颜色的色调顺序的连线上，这就是习惯上所称的中间定律。

3.1.2 颜色模式及变换

所谓颜色模式即颜色的表示模型，是用来组织和描述颜色的方法之一。图像中常用的颜色模式有 RGB 和 CMY 颜色模式。

（1）RGB 颜色模式与相加混色

采用红绿蓝三基色来表示所有颜色的模型称为 RGB 颜色模式。RGB 颜色模式是颜色最基本的表示模型。彩色模拟电视和计算机 CRT 显示器使用的就是 RGB 颜色模式，采用 R、G、B 相加混色原理，通过使用三个电子枪发射出三种不同强度的电子束，使屏幕内侧覆盖的红、绿、蓝磷光材料发出红、绿、蓝三种波长的光而产生颜色的。

（2）CMY 颜色空间与相减混色

除了相加混色法之外还有相减混色法。颜料或者彩色墨水等媒质能够吸收（减去或滤去）颜色光谱中的一部分颜色，然后将其余的反射到眼睛形成颜色。这时三基色是青色（Cyan）、洋红色（Magenta）和黄色（Yellow），通常写为 CMY。

打印机、复印机、绘图仪及印刷上用到的是 CMY 颜色模式。由于颜料和彩色墨水的化学特性，用等量的 CMY 三基色混和起来的颜色并不是真正的黑色，而且“真正”的黑墨水比用混合颜料来制作黑色更便宜，所以，在印刷上和打印上经常加入真正的黑色（Black），于是 CMY 颜色空间成了 CMYK 颜色空间。

（3）从 RGB 到 CMY 的转换

为了使用人的视角特性以降低数据量，通常把 RGB 空间表示的彩色图像变换到其他彩色空间。从 RGB 颜色模式到 CMY 颜色模式的转换可表示为：

$$C = 1-R$$
$$M = 1-G$$
$$Y = 1-B$$

（4）其他颜色模式

① Lab 颜色模式：由三个要素组成，一个要素是亮度（L），a 和 b 是两个颜色通道。a 包括的颜色是从深绿色（低亮度值）到灰色（中亮度值）再到亮粉红色（高亮度值）；b 是从亮蓝色（底亮度值）到灰色（中亮度值）再到黄色（高亮度值）。因此，这种颜色混合后将产生具有明亮效果的色彩。Lab 模式既不依赖光线，也不依赖于颜料，它是 CIE 组织确定的一个理论上包括了人眼可以看见的所有色彩的色彩模式。Lab 模式弥补了 RGB 和 CMYK 两种色彩模式的不足。

② 位图模式：只使用黑、白两种颜色值来表示图像中的像素。位图模式图像中的每个像素用 1bit 来记录，由于只有两种颜色，所以位图模式图像也叫黑白图像或二值图像。在 Photoshop 中只有处于灰度模式或多通道模式下的图像才能转化为位图模式。

③ 灰度模式：只有灰度色，没有彩色的颜色模式。灰度色指的是从纯黑到纯白及两者中的一

系列过渡色，用 8bit 来表示，共 256 阶。

④ 双色调模式：用一种灰色油墨或彩色油墨来渲染一个灰度图像。双色调模式最多可向灰度图像添加 4 种颜色，从而可以打印出比单纯灰度更有趣的图像。采用此模式可减少印刷成本。

⑤ 索引颜色模式：是系统预先定义好的一个最多 256 色的颜色对照表。当图像转为索引颜色模式时，系统会将图像所有颜色映射到颜色对照表中，如果原图像中的某种颜色没有出现在该表中，则选取现有颜色中最接近的一种，或使用现有颜色模拟该颜色。

⑥ 多通道模式：该模式图像包含多种灰度通道，每个通道由 256 级灰阶组成。多通道模式多用于特定的打印或输出。

3.1.3　图像的数字化及属性

1. 图像数字化

从空间域来说，图像的表示形式主要有光学图像和数字图像两种形式。一个光学图像，如像片或透明正片、负片等，可以看成是一个二维的连续的光密度（或透过率）函数。其密度随坐标（x，y）变化而变化，如果取一个方向的图像，则密度随空间而变化，是一条连续的曲线，可用 f（x，y）来表示。

而计算机处理的数据只能用 0、1 编码的形式来表示。这需要将连续的光学图像转化为计算机中离散的数字图像。这个过程就是图像的数字化过程，要经过采样、量化等步骤。相对光学图像，数字图像在空间坐标（x，y）和光密度（或亮度）上都已离散化，空间坐标（x，y）仅取离散值。

（1）采样

把连续的模拟图像函数 f（x，y）进行空间和亮度幅值的离散化处理，空间连续坐标（x，y）的离散化，叫作采样。对连续图像彩色函数 f（x，y），沿 x 方向以等间隔 Δx 采样，采样点数为 M，沿 y 方向以等间隔 Δy 采样，采样点数为 N，于是得到一个 $M \times N$ 的离散样本阵列[f（x，y）] $M \times N$。为了达到由离散样本阵列以最小失真重建原图的目的，采样密度（间隔 Δx 与 Δy）必须满足采样定理。

采样定理阐述了采样间隔与 f（x，y）频带之间的依存关系，频带愈窄，相应的采样频率可以降低，采样频率是图像变化频率二倍时，就能保证由离散图像数据无失真地重建原图。实际情况是空域图像 f（x，y）一般为有限函数，那么它的频域带宽不可能有限，卷积时混叠现象也不可避免，因而用数字图像表示连续图像总会有些失真。

（2）量化

采样是对图像函数 f（x，y）的空间坐标（x，y）进行离散化处理，而量化是对每个离散点——像素的灰度或颜色样本进行数字化处理。具体说，就是在样本幅值的动态范围内进行分层、取整，以正整数表示。而彩色幅度如何量化，这要取决于所选用的颜色空间表示。

2. 图像的属性

描述一幅图需要用到图像的属性，如位深度、分辨率、调色板等。

（1）位深度

位深度也称颜色深度，是指图像中表达每个像素所需的位数。屏幕上的每一个像素都要在内存中占有一个或多个位，以存放与它相关的颜色信息。位深度决定了图像中出现的最大颜色数。

根据量化的位深度的不同，又将图像分为二值和灰度（彩色）图像两大类。若图像深度为 1，表明点阵图中每个像素只有一个颜色位，也就是只能表示两种颜色，即黑与白或明与暗，通常称为二值图像。多于两个等级时则称之为灰度（彩色）图像。很显然，当灰度等级越多，图像就越逼真。

常用的图像深度有 4 种，分别为 1、4、8、24。若图像深度为 4，则每个像素有 4 个颜色位，可以表示 16 种颜色。若图像深度为 8，则每个像素至少有 8 个颜色位，点阵图可支持 256 种不同的颜色，表示自然环境中的图像一般至少要 256 种颜色。如果图像深度为 24，点阵图中每个像素有 24 个颜色位，可包含 1670 万种不同的颜色，称为真彩色图像。

（2）分辨率

分辨率是影响点阵图的质量的重要因素，它有 3 种形式：屏幕分辨率、图像分辨率和像素分辨率。应正确理解这三者之间的区别。

① 屏幕分辨率。指某一特定显示方式下，以水平的和垂直的像素表示全屏幕的空间。确定扫描图片的显示图像大小时，要考虑屏幕分辨率。

② 图像分辨率。以在水平方向和垂直方向的像素多少表示一幅图像。例如，640×480 的图像分辨率是指满屏情况下，水平方向有 640 个像素，垂直方向有 480 个像素。图像分辨率与屏幕分辨率不同，在 640×480 个像素的屏幕上显示 640×200 个像素的图像时，图像的大小是屏幕分辨率的二分之一，所以数字化的图像只能充满半个屏幕。当图像大小与屏幕分辨率相同时，图像才能充满整个屏幕。

③ 像素分辨率。指一个像素的长和宽的比例（也称为像素的长宽比）。在像素分辨率不同的机器间传输同一个图像时将产生图像变形，这时需作比例调整。

（3）调色板

在生成一幅点阵图时，图像处理软件要对图像中不同的色调进行采样，产生包含该图像中各种颜色的颜色表，这个颜色表就称为调色板。调色板中的每种颜色都可以用红、绿、蓝 3 种颜色的组合来定义，点阵图中每一个像素的颜色值均来源于调色板。调色板中的颜色数取决于图像深度，当图像中的像素颜色在调色板中不存在时，会用相近的色调来代替。所以，当两幅图像同时显示时，如果它们的调色板不同，就会出现颜色失真现象。

3.1.4 图像的种类

数字图像通常分成为两大类，即位图和矢量图。

1. 位图

位图，也称点阵图、位图图像或栅格图像。这种图使用颜色网格来表现图像，每个小格子看作一个点（像素）。每个像素都有自己特定的位置和颜色值。位图由描述图像中各个像素点的强度与颜色的位数集合组成。调用位图时，其数据存于内存中，由一组计算机内存位组成，这些位定义图像中的每个像素点的颜色和亮度。位图适合层次和色彩比较丰富，包含大量细节，具有复杂的颜色、灰度或形状变化的图像。

位图文件的大小由它的数据量表示，与分辨率和位深度有关。图像文件的大小是指存储整幅图像所占的字节数。图像分辨率由高×宽表示，高是指垂直方向上的像素数，宽是指水平方向上的像素数，文件的字节数＝图像分辨率×图像颜色深度/8。

设图像的垂直方向分辨率为 h 像素，水平方向分辨率为 w 像素，图像颜色深度为 c 位，则该图像所需数据空间大小 $B=(h \cdot w \cdot c)/8\text{B}$。

位图记录由像素所构成的图像，文件较大，处理高质量彩色图像时对硬件平台要求较高。位图缺乏灵活，因为像素之间没有内在联系而且它的分辨率是固定的。把图像缩小再恢复到它的原始大小时，图像就变得模糊不清。

2. 矢量图

矢量图，或称矢量图形，是对图像进行抽象化的结果，反映了图像最重要的特性。矢量图形是以指令集合的形式来描述的。这些指令描述一幅图中所包含的直线、圆、弧线、矩形的大小和形状，也可以用更为复杂的形式表示图像中曲面、光照、材质等效果。在计算机上显示一幅图像时，首先需要使用专门的软件读取并解释这些指令，然后将它们转变成屏幕上显示的形状和颜色，最后通过使用实心的或者有等级深浅的单色或色彩填充一些区域而形成图像。

由于大多数情况下不用对图像上的每一个点进行量化保存，所以需要的存储量很少，但显示时的计算时间较多。

图形分为二维图形和三维图形两大类。图形的矢量化使得图中的各个部分可分别作出控制，因为每个部分都是用数学方法描述的，所以可作任意的放大、缩小、旋转、扭曲、移位、叠加、变形等处理，使图形的变换更灵活。图形的产生需要计算时间，图形越复杂、要求越高，所需的时间也就越多。

3.1.5　数字图像处理及常见数字图像的文件格式

1. 数字图像处理

在制作多媒体产品时，图形、图像资料一般都以外部文件的形式加载到产品中（如果静态图像数据量大，也可自行建立动态库）。所以，可把准备图像资料理解为准备各种数据格式（如 BMP、PCX、TIF 等）的图像文件。

常用图像处理技术包括图像增强、图像恢复、图像识别、图像编码、点阵图转换为矢量图等。图像的特技处理通常有模糊、锐化、浮雕、旋转、透射、变形、水彩化和油画化等多种效果。

图像管理软件有 ACDSee、Instagrille、电子相册王、Adobe Bridge 等，图像处理软有美图秀秀、光影魔术手等照片处理软件及 CorelDraw、AutoCAD、Adobe Illustrator、Adobe Fireworks、Freehand、Pro/Engineer、Adobe Photoshop、Corel Painter 等绘制图形或进行专业图像处理。这些软件提供相当丰富的绘画工具和编辑功能，可以轻易完成创作，然后存成适当格式的图像文件。

如果产品对图像的品质要求较高，需要聘请专业的电脑美工绘制图像。

2. 常见数字图像的文件格式

文件格式是指计算机存储文字、图形和图像时建立文件的方式。图形和图像的文件格式常用点阵图或矢量图表示，有些文件格式可以同时存储点阵图及矢量图。

（1）BMP 格式

BMP（Bitmap，位图）格式用于 PC 上图像的显示和存储，支持任何运行在 Windows 下的软件。BMP 位图文件默认的文件扩展名是.bmp。文件可以包含每个像素 1 位、4 位、8 位或 24 位的图像。

（2）GIF 格式

图形交换格式（GIF，Graphics Interchange Format）文件格式是 CompuServer 公司开发的图像文件存储格式，用于大多数 PC 和许多 UNIX 工作站。最新版本是 GIF89a。GIF 文件采用数据块来存储图像的相关数据，并采用了 LZW 压缩算法减少图像尺寸。还可在一个文件中存放多幅彩色图形/图像，这些图形/图像可以像幻灯片那样显示或像动画那样演示。GIF 文件扩展名为 .gif。

（3）TIFF 格式

标签图像文件格式（TIFF，Tagged Image File Format）是存储扫描的点阵图像（如照片）的标准方法，所占空间比 GIF 格式大，主要用于分色印刷和打印输出。TIFF 文件扩展名为 .tiff 或 .tif。

（4）EPS 格式

被封装的打印语言（EPS，Encapsulated Post Script）格式是跨平台的标准格式，专用的打印机描述语言，可以描述矢量信息和位图信息。EPS 文件扩展名在 PC 平台上是.eps，在 Macintosh 平台上是.epsf，主要用于矢量图像和光栅图像的存储。

（5）JPEG 格式

图像专家联合组（JPEG，Joint Photographic Experts Group）格式是以 JPEG 压缩方式产生的图像文件，属 RGB 真彩色格式。JPEG 压缩方式一般可压缩图像 20%左右，支持 Macintosh、PC 和工作站上的软件。JPEG 是最常用的图像文件格式，其扩展名为.jpg 或.jpeg。

（6）PCX 格式

PC 画笔（PCX，PC Paintbrush）格式是 Zsoft 公司开发的基于 PC 绘图程序的专用点阵图格式，支持桌面排版、图形设计和视觉捕获。PCX 文件扩展名为.pcx。

（7）TGA 格式

TGA（Tagged Graphics）格式支持多种应用软件，广泛用于图像捕获和处理，属于 Targe 真彩色图像文件，有 8bit、16bit、24bit、32bit 和 64bit 等几种（3DS 生成的 TGA 文件为 24bit）。TGA 文件扩展名为.tga。

（8）PNG 格式

可移植的网络图像（PNG，Portable Network Graphic）是为了适应网络数据传输而设计的位图文件存储格式。PNG 读成“ping”，用于取代 GIF 和 TIFF 图像文件格式。PNG 用来存储灰度图像时，灰度图像的深度可多到 16 位，存储彩色图像时，彩色图像的深度可多到 48 位，并且还可存储多到 16 位的 α 通道数据。PNG 使用从 LZ77 派生的无损数据压缩算法。PNG 文件一般应用于 JAVA 程序中，或网页或 S60 程序中是因为它压缩比高，生成文件容量小。其扩展名为.png。

（9）PSD 格式

PSD 是 Adobe Photoshop 的专用格式。可以存储成 RGB 或 CMYK 模式，也能自定颜色数目存储。PSD 文件可将不同的物件以图层分别存储，很适用于修改和制作各种特色效果。其扩展名为.psd。

（10）PDF 格式

可移植文档格式（PDF，Portable Document Format）是 Postscript 打印语言的变种，能使用户在屏幕上查看用电子方法产生的文档。其扩展名为.pdf。

3.2　Photoshop 工作界面与基本操作

Photoshop 是 Adobe 公司的图像编辑软件，它功能强大并且操作简便，被广泛地应用在图像处理、绘画、多媒体界面设计、网页设计等领域。Photoshop 主要功能如下。

① 丰富的 Brush（画笔）和全面的绘画工具可以完全模拟现实工具。Photoshop 从字面意义上讲是用来处理图片的软件，可以用来修饰照片和修复图片。

② 快速高效的选择工具帮你快速锁定目标。图片处理的过程中，经常要把所需图像局部从图像背景中提出来。一般可以使用选取工具，对于精确度高的操作，则可以使用钢笔工具选取后转化成选区。

③ Layer（层）的应用让你做复杂的图像处理时井然有序。在设计中，通常需要在一个文件中处理许多的要素，如背景层、图像层、填充层、调节层、文字层等。可以定义层的名称、外观、颜色，必要时可以创建 Layer set，将 layer 分类存放在 Layer set 中，化繁为简，操作起来方便有序。

④ 丰富的 Layer Style（图层样式）可以快速给我们的字体或图形添加效果。Photoshop 为我们准备了大量使用的 Layer Style（图层样式），可以轻易为文字、路径、造型添加纹理效果，而且观察效果和修改效果都很方便，并能导出导入，增加了实用性。

⑤ 矢量图形在 Photoshop 中的操作一样简单。可以在图像中自由地加入、组合矢量图形，并可以将图层样式添加到矢量造型上。即使放大缩小，图像也依然保持清晰。

⑥ 完善的文字编辑功能，使我们在编辑段落文字时得心应手。文字的编辑功能在新版中更加完善，功能更接近专业的文字排版软件。

⑦ 滤镜是 Photoshop 的重要功能之一，它本身就有百余款非常好使用的滤镜，基本上已经可以满足日常需求。

3.2.1　Photoshop 工作界面

用户依次单击【开始】→【程序】→【Photoshop CS5】选项，启动 Photoshop CS5 程序，启

动界面如图 3-1 所示。

图 3-1　Photoshop CS5 启动界面

【案例 1】在 Photoshop 中打开 ps01.jpg 图像文件。

执行【文件】→【打开】命令，在【打开】对话框中选择 1.jpg 文件，进入 Photoshop CS5 工作界面，如图 3-2 所示。它的工作界面由快速切换栏、菜单栏、属性栏、工具栏、图像窗口、状态栏、浮动面板等部分组成。

图 3-2　Photoshop 工作界面

其主要部分介绍如下。

1. 图像窗口

图像窗口是绘图或图像处理的工作区域，它相当于画家用于绘画的画布或纸张。多个 Photoshop CS5 图像窗口是以选项卡式排列的。右键单击窗口标题可以进行窗口合并、关闭、移到新窗口等操作。

2. 工具栏

工具栏中的工具通过分隔线分为选择工具、图像处理工具、矢量图处理工具及 3D 抓手放大工具 4 类。某些工具会在选项栏中提供一些选项。若工具右下角有小三角的说明有隐藏工具，按住鼠标左键不放或单击右键即可以弹出隐藏工具，工具右面的英文字母为对应的快捷键。如图 3-3 所示。

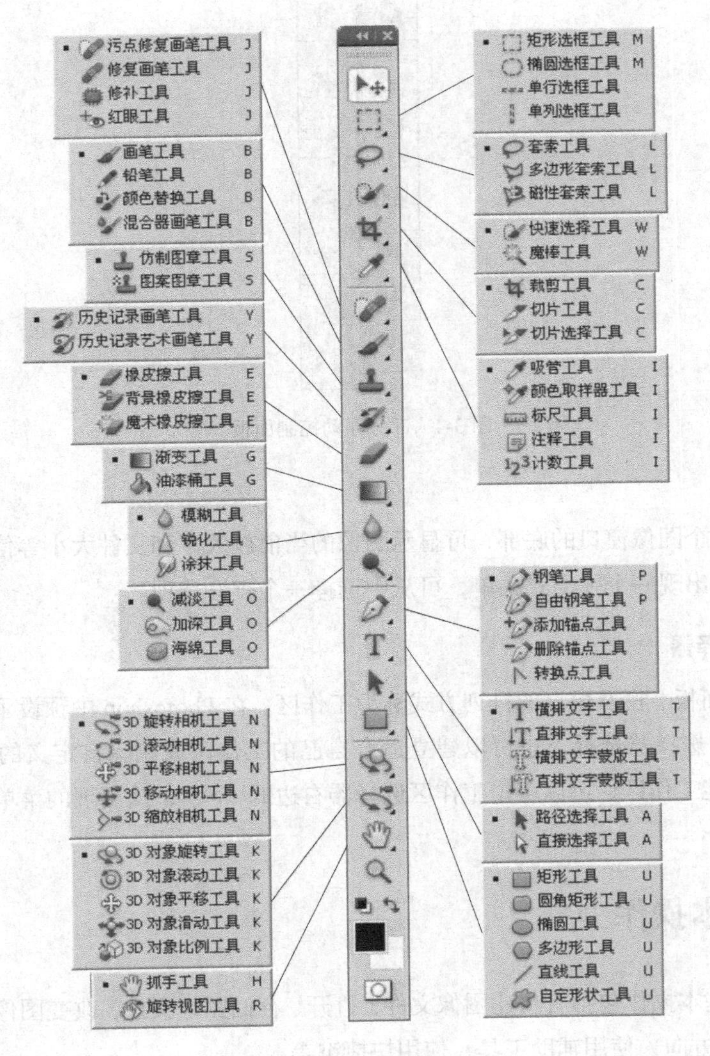

图 3-3　工具栏

3. 选项栏

选项栏是针对当前选择的工具进行属性设置的地方。如使用【文本】T时，可以在选项栏进行【切换文本取向】、【字体】、【字号】、【对齐方式】等设置。其他工具使用也采用同样方法设置。

4. 浮动控制面板

【浮动控制面板】是在编辑对象时使用的控制区域。常用的有图层面板、调整面板、蒙版面板、颜色面板等。用户可以根据自己的工作需要勾选或取消菜单栏的【窗口】菜单下的面板名称，来展开面板或关闭某些不需要的面板。面板可以停放和取消停放、或拖入放置区域，可以调整大小、折叠为图标、移动。图 3-4 显示了部分浮动控制面板。

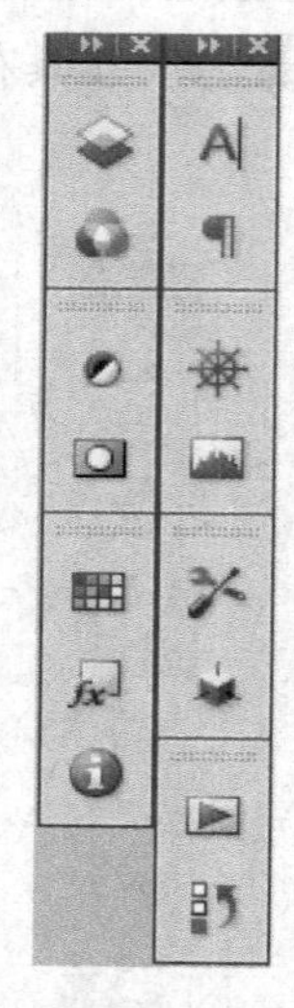

图 3-4　部分浮动控制面板

5. 状态栏

状态栏位于每个图像窗口的底部，可显示图像的当前放大率和文件大小等信息。单击状态栏右边的三角形，将出现一个弹出式菜单，可从中选择一个查看选项。

6. 工作区选择器

Photoshop 中面板、栏及窗口的排列方式称为工作区。在 Photoshop 中预设了多个工作区，用户可以通过工作区选择器选择，也可以建立适合自己的工作区或删除自定义的工作区。要恢复 Photoshop 基本功能工作区，可以单击工作区选择器右边的“>>”，从出现的菜单中选择【复位基本功能】命令。

3.2.2　基本操作

Photoshop 的基本操作包括有新建图像文件，打开、存储图像文件，改变图像的大小，改变画布的大小、图像的方向，使用辅助工具，使用快捷键等。

1. 新建图像文件

【案例 2】新建“梅花.psd”图像文件，然后存储、关闭它。

步骤 1　执行【文件】→【新建】命令或按下【Ctrl+N】组合键，打开【新建】对话框，如图 3-5 所示。

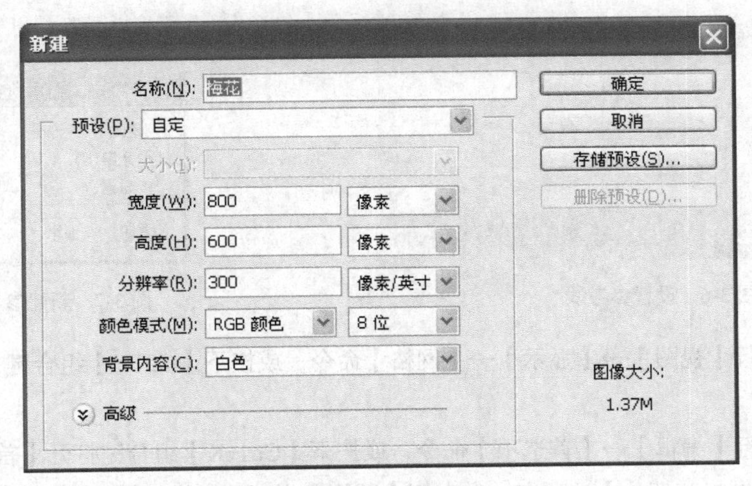

图 3-5　新建文件

在【新建】对话框中键入图像的名称“梅花”。从【预设】菜单选取文档大小，这里设为【自定】。在【宽度】和【高度】文本框中分别输入 800、600，单位选择为【像素】。设置分辨率为 300 像素/英寸，颜色模式为“RGB 颜色”，位深度为 8 位。选择背景内容为“白色”。

在设置背景内容时，可以选择“白色”“背景色”或“透明”。

“白色”表示用白色（默认的背景色）填充背景图层。

“背景色”表示用当前背景色填充背景图层。

“透明”表示使第一个图层透明，没有颜色值。最终的文档内容将包含单个透明的图层。

在【新建】对话框的右边可以看到当前设置的图像文档的大小。这里显示的是 1.37M，表示文件大小为 1.37MB。

单击【确定】按钮，退出新建对话框，出现图像窗口。

2. 设置标尺、网格和参考线

标尺、参考线和网络这些辅助工具，只是起到测量或定位图像等辅助绘图的作用，本身并不能产生效果。

步骤 2　执行【视图】→【标尺】命令，或按下【Ctrl+R】组合键，即可显示出标尺。标尺用于测量图像的大小。在标尺上右键单击，从弹出的快捷菜单中选择【像素】命令，可将标尺单位设置为像素。

步骤 3　单击标尺，按住鼠标左键，拖动鼠标到图像窗口，拉出参考线，如图 3-6 所示。

步骤 4　执行【视图】→【新建参考线】命令，打开【新建参考线】对话框，在【取向】栏中选择【垂直】单选项，在【位置】文本框中设置参考线的位置为“5 厘米”，如图 3-7 所示。

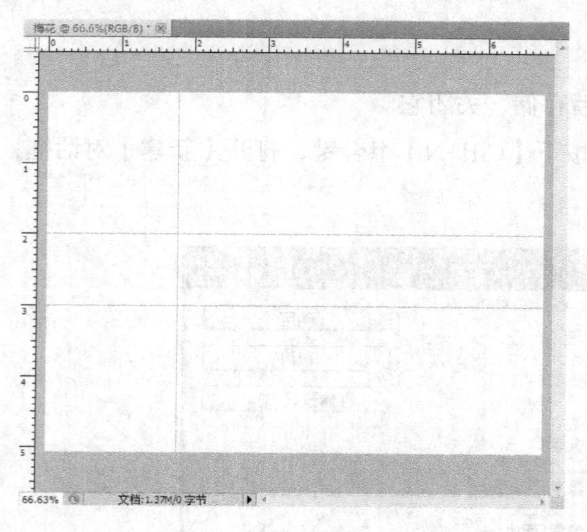

图 3-6　设置参考线

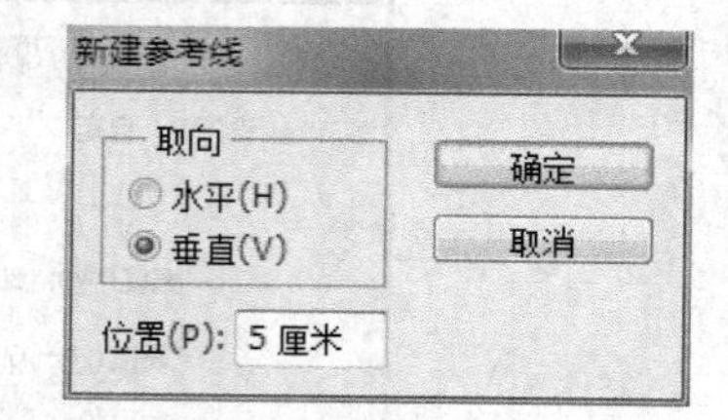

图 3-7　新建参考线对话框

步骤 5　执行【视图】→【显示】→【网格】命令，或按下【Ctrl+'】组合键，可以在图像窗口中显示网格线。

步骤 6　执行【编辑】→【首选项】命令，或按下【Ctrl+K】组合键打开【首选项】对话框，单击【参考线、网格和切片】选项卡，在右侧【网格】栏下可以设置网格的颜色、样式、网格间距和子网格数量，如图 3-8 所示。这里设置参考线颜色为"浅红色"，网格线间距为 15 毫米，效果如图 3-9 所示。

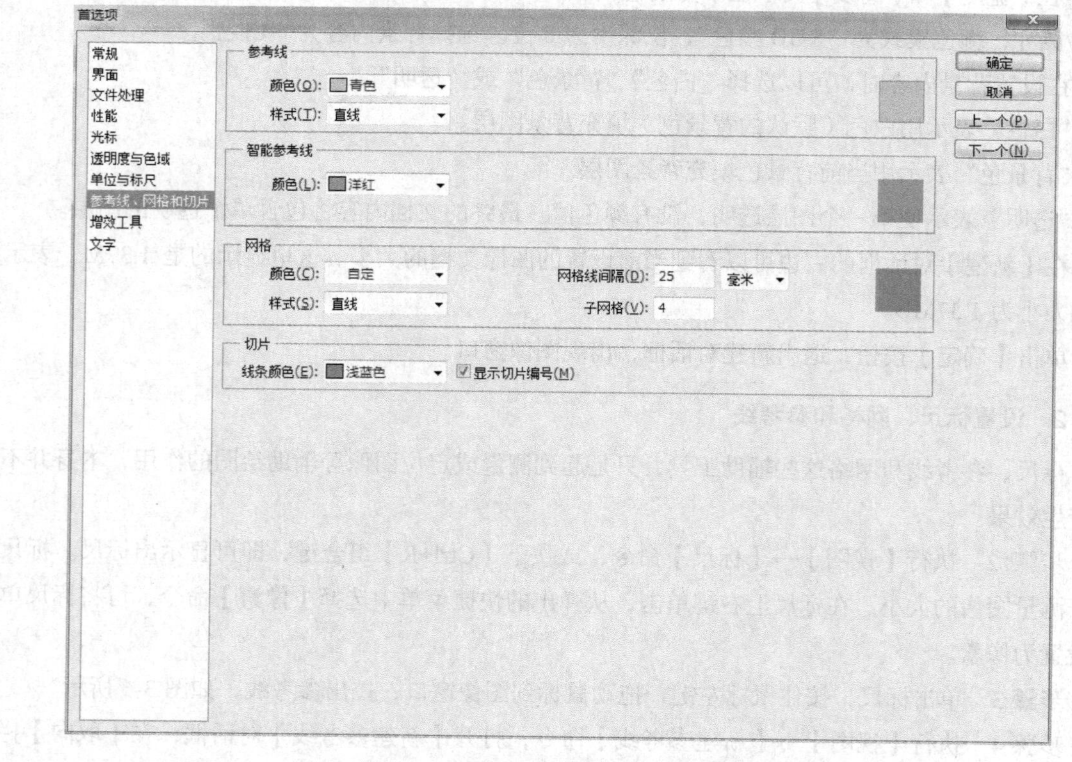

图 3-8　在首选项对话框中设置参考线、网格

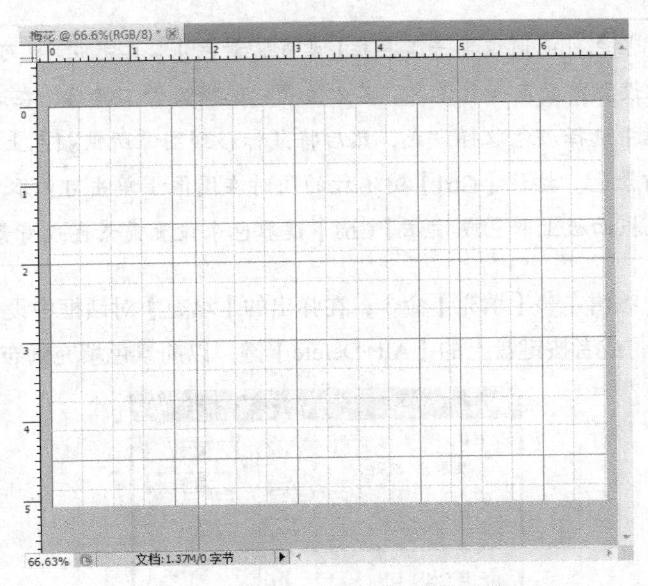

图 3-9　显示参考线、网格效果

步骤 7　执行【视图】→【显示】→【参考线】命令，可以隐藏或显示参考线。执行【视图】→【清除参考线】命令，可以清除参考线。

步骤 8　再次执行【视图】→【显示】→【网格】命令，或按下【Ctrl+'】组合键，可以在图像窗口中隐藏网格线。

3. 设置绘图颜色

绘图颜色一般是通过前景色和背景色来表达。前景色用于显示当前绘图工具的颜色，背景色用于显示图像的颜色，相当于画布本身的颜色。

步骤 9　单击工具栏中的【设置前景色】工具，在弹出的拾色器（前景色）对话框中，设置前景色为#f0f3ea，如图 3-10 所示。单击【确定】按钮，退出拾色器（前景色）对话框。

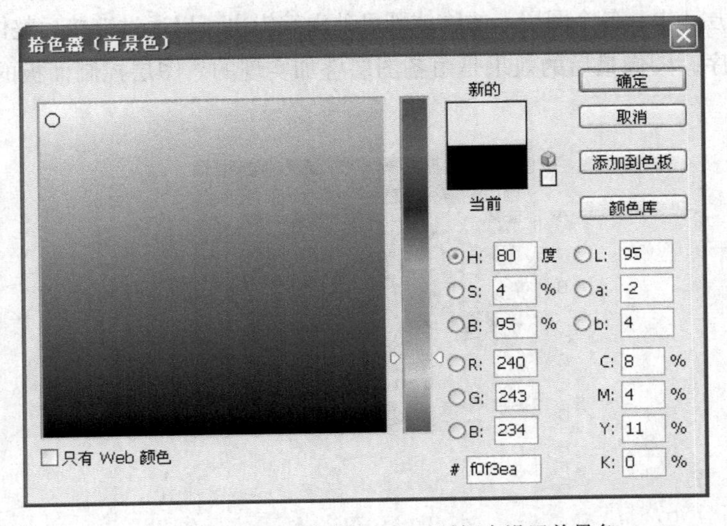

图 3-10　在拾色器（前景色）对话框中设置前景色

设置背景色可以通过单击工具栏【设置背景色】工具完成。也可以通过工具栏的【吸管】工具来设置前景色和背景色。其方法是：选择吸管工具后，在选项栏的【取样大小】下拉列表框中选择颜色取样方式，然后将鼠标移到图像所需颜色上单击，取样的颜色会成为新的前景色。按住【Ctrl】键不放的同时在图像上单击可以取样新的背景色。还可以通过在色板面板上取色或按住【Ctrl】键取色来设置前景色或背景色。

步骤 10　执行【编辑】→【填充】命令，在弹出的【填充】对话框中设置内容为使用【前景色】，如图 3-11 所示，或者按键盘上的【Alt+Delete】键，以前景色填充画布。

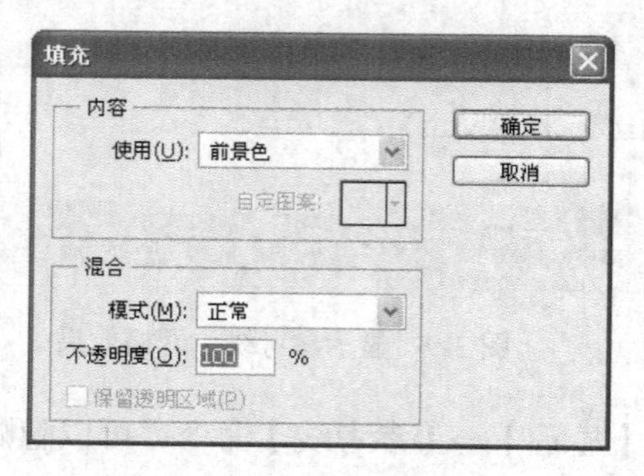

图 3-11　设置填充色

填充背景色，可以使用【填充】对话框的【背景色】选项，或按【Ctrl+Delete】组合键。

步骤 11　单击工具栏中的【默认前景色和背景色】图标，设置前景色为黑色。

4. 图层的基本操作

图层是 Photoshop 图像处理非常重要的概念。所谓“图”指的是图形、图像，“层”指的是层次、分层。图层相当于若干张可调整透明度的“玻璃纸”，把描绘的物体“化整为零”分配在各个不同的“纸”（图层）上，各个图层上的物体既可独立编辑也可以通过链接后整体编辑，图层间也可以随意调整顺序，图像最后的效果是由各图层叠加实现的。图层控制面板的各个组成部分如图 3-12 所示。

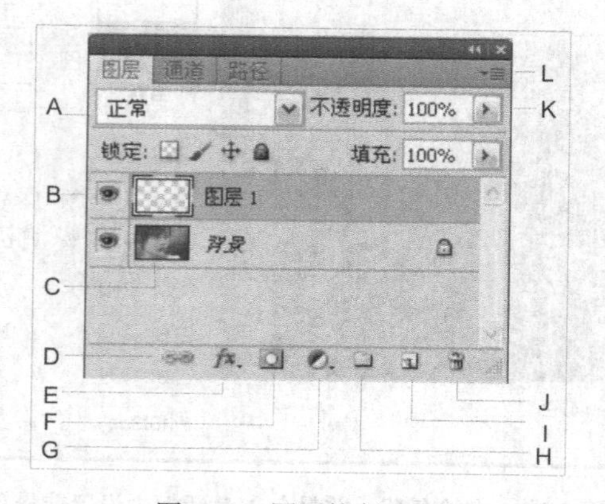

图 3-12　图层控制面板

A　图层色彩混合模式：利用它可以制作出不同的图像合成效果。

B　图层眼睛：控制图层的可见性。

C　图层缩览图：用来显示每个图层上图像的预览。

D　链接图层：选择两个以上的图层单击该图标，建立图层链接。

E　图层效果：为图层添加许多特效的命令，是 Photoshop 图层的强大功能。

F　添加图层蒙版：为图层添加蒙版可以更加方便地合成图像，是图层应用的高级内容。

G　创建新的填充或添加调节图层：这是图层的高级应用部分，是与 Photoshop 的色彩调整命令相结合的功能。

H　图层组：通常我们的文件会有很多个图层，将图层合组可便于我们的管理。

I　新建图层：新建一个普通的图层。

J　删除图层：删除图层或图层组。

K　图层透明度：设定图层的透明程度。

L　图层面板弹出菜单。

图层相关操作的基本方法如下。

（1）创建图层：用鼠标单击图层调板底部的新建图标，在图层面板中就会出现新的普通图层。

（2）复制图层：复制图层可以通过将图层拖放到新建按钮上实现，也可以通过两张图像间的拖曳直接实现等。

（3）删除图层：将图层拖曳到图层调板底部的垃圾桶图标上，就可以删除图层。

（4）图层顺序：在图层面板上直接拖曳图层的位置来改变顺序。

（5）链接图层：按住【Ctrl】键，单击想要链接的图层，单击图标，链接图层会出现链接图标，链接的图层可以进行同时变形、移动、合并等。

（6）删除图层链接：选择链接图层，单击图层面板下边的图标取消链接。

（7）合并图层：在图层处单击鼠标右键可作相应选择合并图层。

（8）设定图层透明度：每一个图层都有自己独立而相关的很多属性，透明度就是一个非常重要的参数。可以从图层面板上直接设定。

（9）创建图层组：单击图层面板下方的按钮，新建一个图层组，图层组是一种“管理”的功能，根据需要可以创建多个图层组，把需要归类的图层拖曳到组里。

（10）删除图层组：将图层组拖曳到垃圾桶内，但图层组所有的图层都会被删掉，如果只想删除组而不删除组里的图层的话，则选择某个图层组，然后单击垃圾桶图标，选择“仅限组”可单独删除图层组。

（11）锁定图层：锁定图层分以下 4 种。

- 锁定透明像素：选中项，对当前图层的透明区域进行了保护，即只能在非透明区域操作。
- 锁定图层画笔：选中项，则对当前图层所有区域进行了保护，当选择毛笔工具试图涂抹时候出现你一个禁止的图标，表示不允着色。

- 锁定位置：选中✥项则不能使用移动工具对当前图层进行移动。
- 锁定全部：选中🔒项即将以上 3 项的地方全部锁定。

（12）图层色彩混合模式：该模式是图层操作极其重要的技术手段之一。这种模式的基本概念是指上一层与下一层的“混合”效果。单击图层面板【色彩混合模式】正常开关，可以选择模式效果。

步骤 12　执行【图层】→【新建】命令，在弹出的【新建图层】对话框中输入图层名称为“梅树”，如图 3-13 所示。建立一个“梅树”图层，如图 3-14 所示。或单击图层面板底部的【创建新图层】按钮。

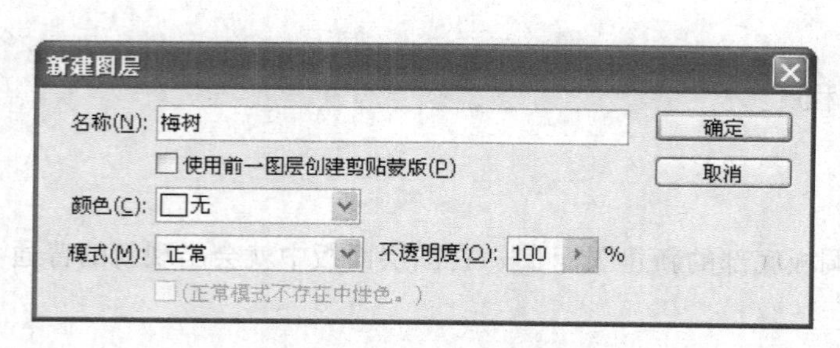

图 3-13　新建图层对话框

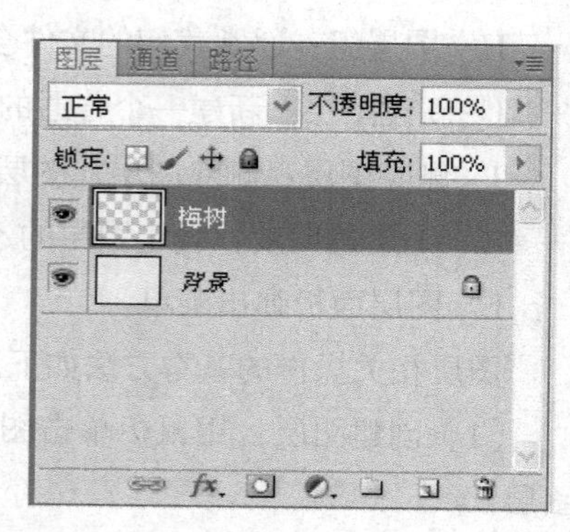

图 3-14　新建“梅树”图层后的图层面板

5. 撤销与重做操作

编辑图像若出现误操作，可以通过相关组合键或【编辑】菜单中的命令撤销操作，或还原被撤销的操作，如表 3-1 所示。

表 3-1　撤销与重做操作有关的快捷键

快　捷　键	对应编辑菜单下的命令	作　用
【Ctrl + Z】	还原	撤销一步操作，再按则重做被撤销的操作
【Ctrl +Alt +Z】	后退一步	向前撤销一步操作
【Ctrl +Shift +Z】	前进一步	向后重做一步操作

如果是对图像进行了误操作，还可以使用【历史记录】面板来恢复图像在某个阶段操作时的效果。

步骤 13　执行【视图】→【历史记录】命令，可以打开【历史记录】面板，在其中可以看到之前对图像的操作，如图 3-15 所示。单击某步操作，这之后的操作将被撤销，这些操作的颜色变成了灰色。

6. 存储图像文件

步骤 14　执行【文件】→【存储为】命令，在弹出的【存储为】对话框中，选择图像文件保存路径，输入文件名为“梅花.psd”，格式为“Photoshop(*.PSD;*.PDD)”，单击【保存】按钮，保存文件为“梅花.psd”。

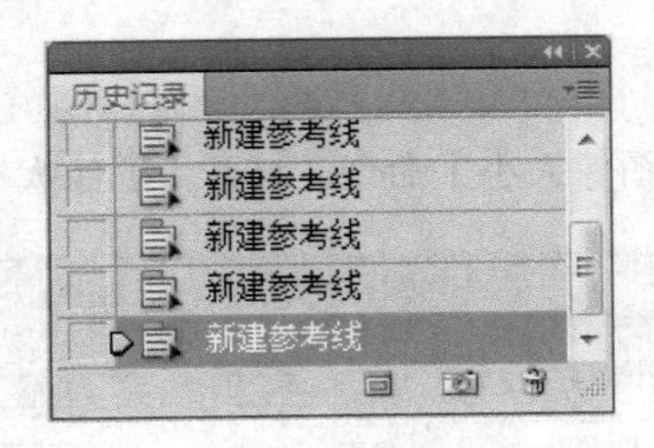

图 3-15　历史记录面板

7. 查看图像的显示效果

【案例 3】查看和调整图像文件。

步骤 1　执行【文件】→【打开】命令，打开 ps03.jpg 文件。

步骤 2　执行【窗口】→【导航器】命令，打开【导航器】面板，如图 3-16 所示。其中显示了当前图像的预览效果，左右拖动其下部的滑块，可以实现图像的缩小与放大。当图像放大超过 100%时，图像预览区中会显示一个红色的矩形线框，表示图像窗口上显示的内容。把光标停到预览区，光标变成抓手形状。按住鼠标左键不放，拖动鼠标，可调整图像的显示区域。

图 3-16　用【导航】面板进行图像查看

步骤 3　单击工具栏上的放大镜工具可以起到放大图像。当选中放大镜工具后选项栏上会出现设定缩放工具的相关参数。选择带加号的放大镜或按住【Shift】键单击可实现图像的成倍放大；选择带减号的放大镜或按住【Alt】键单击可实现图像的成倍缩小。

当图像窗口不能完全显示整幅画面，可以使用抓手工具来拖动画面，以显示图像的不同部位。按下键盘的空格键，可将工具临时切换为抓手工具。

另外，双击放大镜工具，可以实际大小显示图像；双击抓手工具，可以适合屏幕显示大小显示图像。

8. 调整图像大小

步骤 4　选择【图像】→【图像大小】命令，打开【图像大小】对话框，如图 3-17 所示。

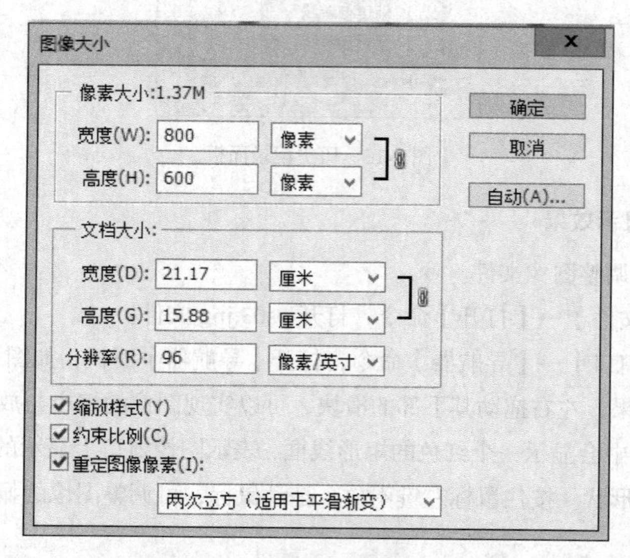

图 3-17 【图像大小】对话框

其中各项含义如下：

- 【像素大小/文档大小】栏：改变图像大小为输入的数值。要输入当前尺寸的百分比值，请选取“百分比”作为度量单位。图像的新文件大小会出现在【图像大小】对话框的顶部，而旧文件大小在括号内显示。
- 【分辨率】数值框：重新设定图像分辨率。在选中【重定图像像素】时，更改文件的分辨率，会相应地更改文件的宽度和高度以便使图像的数据量保持不变。
- 【缩放样式】复选框：选中时，可以保证图像中的各种样式按比例进行缩放。当选中【约束比例】复选框时，该项才能激活。
- 【约束比例】复选框：选中表示要保持当前的像素宽度和像素高度的比例，更改高度时，该选项将自动更新宽度，反之亦然。
- 【重定图像像素】复选框：选中表示可以改变像素的大小。

步骤 5　在【图像大小】对话框中，设置分辨率为 200 像素/英寸，查看图像窗口的变化。

9. 调整画布尺寸

步骤 6　执行【图像】→【画布大小】命令，打开【画布大小】对话框，如图 3-18 所示。

【画布大小】对话框显示了当前画布的宽度和高度，默认【定位】位置为中央，表示增加或减少画布时图像中心的位置，增加或者减少的部分会由中心向外进行扩展。该对话框中各项含义如下：

- 【当前大小】栏：当前画布的实际大小。
- 【新建大小】栏：用于输入希望调整后图像的宽度和高度。

● 【相对】复选框：选中，表示【新建大小】栏中的【宽度】和【高度】在原画布的基础上相对增加或是减少的尺寸。正数表示增加尺寸，负数表示减少尺寸。

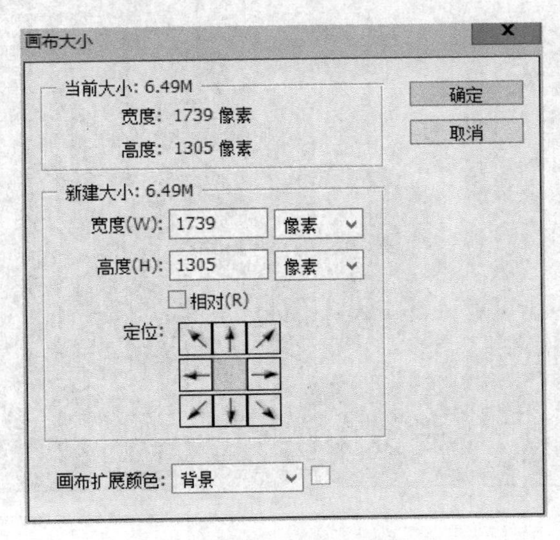

图 3-18 【画布大小】对话框

步骤 7　在【画布大小】对话框中，设置【新建大小】栏中宽度为 2000 像素，查看图像窗口的变化，如图 3-19 所示。

图 3-19　改变画布大小后的效果

10. 裁切图像

步骤 8　单击工具栏的【裁剪工具】按钮，移动鼠标光标到图像窗口，按住鼠标左键拖曳选框，框选要保留的图像区域，如图 3-20 所示。

图 3-20 裁剪图像

提示：

（1）裁剪工具的选项栏在裁剪前后显示的状态不同。裁剪前的选项栏如图 3-21 所示。

图 3-21 裁剪前的选项栏

其中各选项含义如下：

- 【宽度】、【高度】和【分辨率】数值框：分别用于输入裁剪后图像的宽度、高度和分辨率。
- 【前面的图像】按钮：表示裁剪完成的图像尺寸与未裁剪的图像一样。
- 【清除】按钮：表示清除上次操作中设置的高度、宽度、分辨率。

裁剪后的选项栏如图 3-22 所示。

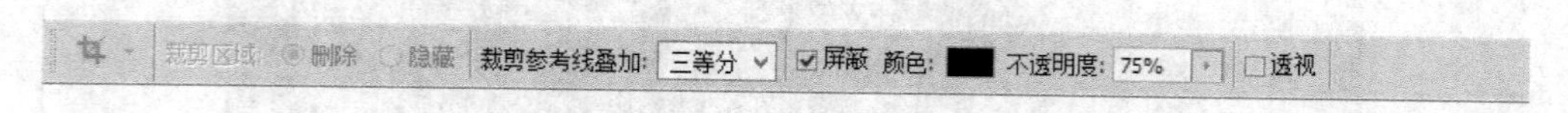

图 3-22 裁剪后的选项栏

其中各选项含义如下：

【裁剪区域】栏：选择其中的【删除】单选按钮，表示裁剪区域以外的部分将被完全删除。若选择【隐藏】项，表示裁剪区域以外的部分将被隐藏。选择【图像】→【显示全部】命令，可以取消隐藏。此外，在【背景】图层中，【裁剪区域】栏将不可选。

【裁剪参考线叠加选择】栏：【三等分】，表示可以添加参考线，以帮助以 1/3 增量放置组成元素。【网格】，表示可以根据裁剪大小显示具有间距的固定参考线。

【屏蔽】复选框：裁剪屏蔽可以遮蔽要删除或隐藏的图像区域。选中【屏蔽】时，可以为屏蔽指定颜色和不透明度。取消选择【屏蔽】后，裁剪选框外部的区域即显示出来。

【颜色】：用于设置被裁剪部分的显示颜色。

【不透明度】：设置裁剪区域的颜色阴影的不透明度，其数值范围为 1 ~ 100。

【透视】复选框：可以改变裁剪区域的形状，变换图像的透视效果。

（2）如果要缩放选框，可直接拖动手柄。如果要约束比例，需要在拖动角手柄时按住【Shift】键。

步骤 9　拖动手柄调整裁剪区域大小，按键盘上的回车键对图像进行裁剪，效果如图 3-23 所示。

图 3-23　裁剪后的图像

11. 关闭图像文件

步骤 10　执行【文件】→【存储为】命令，在弹出的【存储为】对话框中，选择图像文件保存路径，输入文件名为“樱桃.jpg”，格式为“JPEG(*.jpg;*.jpeg;*.jpe)”，单击【保存】按钮，保存文件为“樱桃.jpg”。

步骤 11　单击图像窗口右侧的【关闭】按钮，或执行【文件】→【关闭】命令关闭当前图像文件，或者执行【文件】→【关闭全部】命令，关闭所有打开的图像文件。

12. 使用快捷键

熟练使用快捷键是提高工作效率的必要手段，这里列举部分快捷键及其作用，见表 3-2。

表 3-2　快捷键操作及其作用

快　捷　键	作　用
Tab	隐藏工具栏和面板
Shift + Tab	隐藏面板
空格键+Ctrl	放大
空格键+Ctrl +Alt	缩小
空格键	手形工具

续表

快　捷　键	作　　用
Ctrl +N	新建文件
Ctrl +Z	撤销一步操作
Ctrl +Shift +Z、Ctrl +Alt +Z	撤销多步操作，也可以结合历史记录面板进行恢复操作步骤
双击手形工具	满画布显示
双击放大镜工具	实际尺寸显示
Alt +Backspace、Alt +Delete	前景色填充
Ctrl +Backspace、Ctrl +Delete	背景色填充
Ctrl +D	取消选区
Shift +Ctrl +I	反向选取

3.2.3　实训案例

实例 1　绘制水墨图“梅花”

设计要求：绘制水墨图“梅花”，掌握 Photoshop 中新建图像文件，铅笔工具、画笔工具的使用，图层的应用。

设计步骤：

步骤 1　执行【文件】→【打开】命令或按下【Ctrl+O】组合键，打开“梅花.psd”文件。

步骤 2　单击工具栏中的【设置前景色】工具，在弹出的拾色器（前景色）对话框中，设置前景色为#f0f3ea，如图 3-24 所示。单击【确定】按钮，退出拾色器（前景色）对话框。

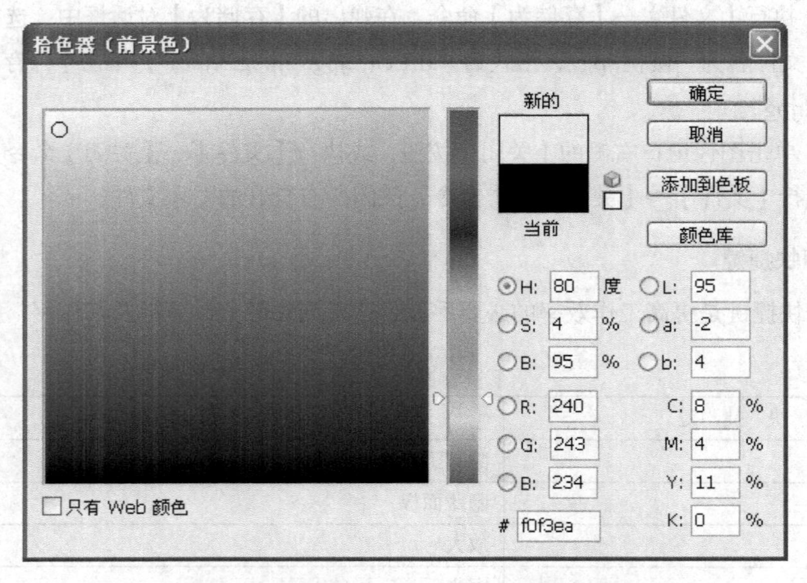

图 3-24　在拾色器（前景色）对话框中设置前景色

步骤 3　执行【编辑】→【填充】命令，在弹出的【填充】对话框中设置内容为使用“前景色”，如图 3-25 所示，或者按键盘上的【Alt+Delete】键，以前景色填充画布。

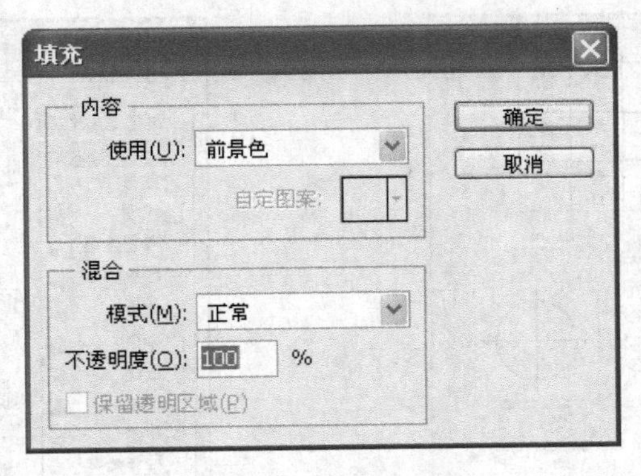

图 3-25　设置填充色

步骤 4　单击工具栏中的【默认前景色和背景色】图标，设置前景色为黑色。

步骤 5　执行【图层】→【新建】命令，在弹出的【新建图层】对话框中输入图层名称为“梅树”，如图 3-26 所示。建立一个“梅树”图层，如图 3-27 所示。或单击图层面板底部的【创建新图层】按钮，

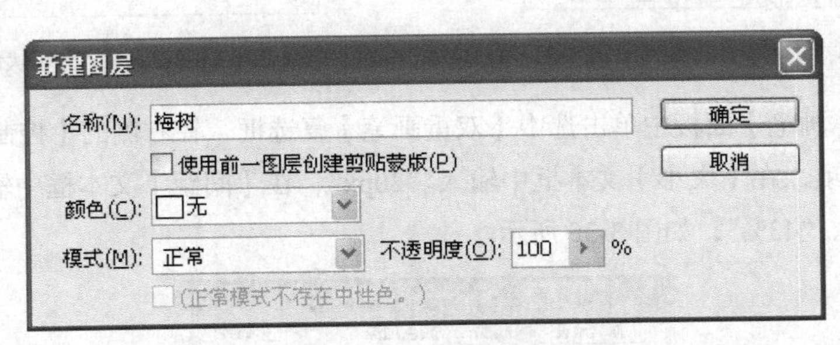

图 3-26　新建图层对话框

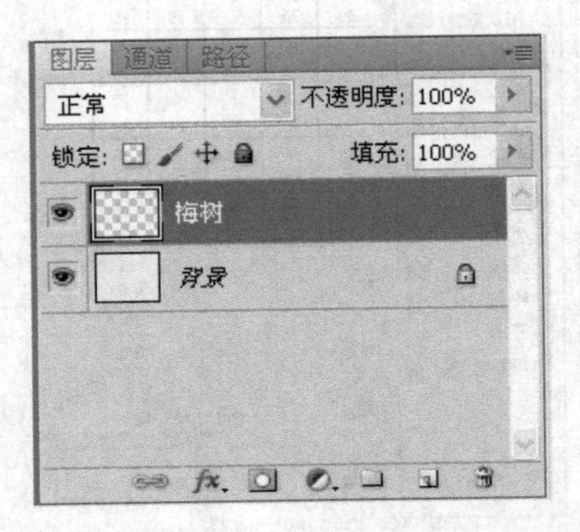

图 3-27　新建“梅树”图层后的图层面板

步骤 6　单击工具栏中的【画笔】工具，在选项栏中单击【切换画笔面板】按钮，在打开的【画笔】面板中选择“柔角 21”笔刷，如图 3-28 所示。

步骤 7　在【画笔】面板中单击选中【形状动态】复选框，在右侧的【控制】下拉列表中选

择“渐隐”选项，并在其后输入“25”，在【最小直径】文本框中输入“35%”，其他不变，如图 3-29 所示。

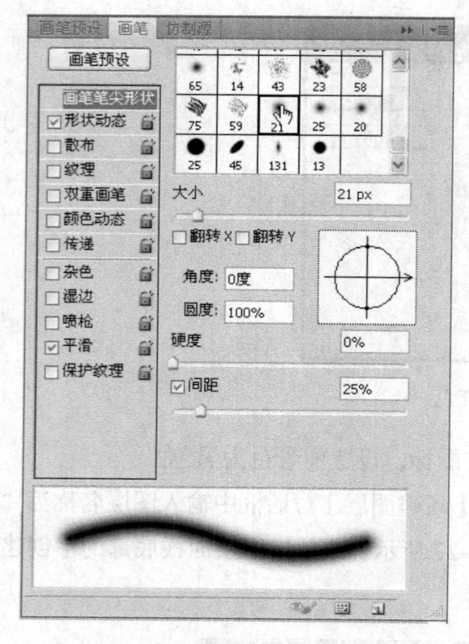

图 3-28 【画笔】面板

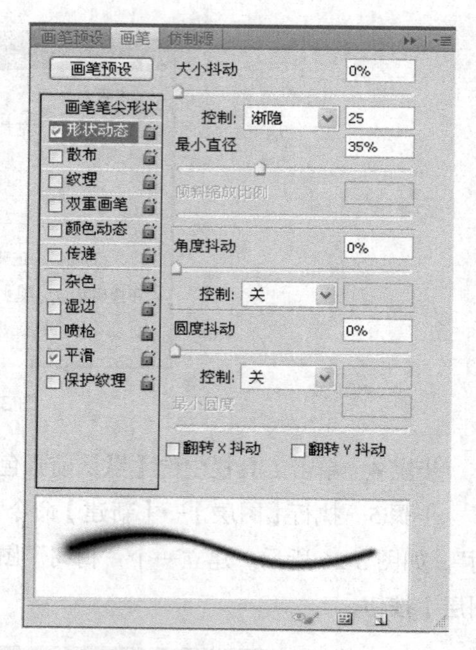

图 3-29 设置形状动态

步骤 8 在【画笔】面板中单击选中【双重画笔】复选框，在右侧的【控制】下拉列表中选择“滴溅 24”选项，在【大小】文本框中输入“20px”，在【间距】文本框中输入“28%”，【散布】文本框中输入“43%”，如图 3-30 所示。

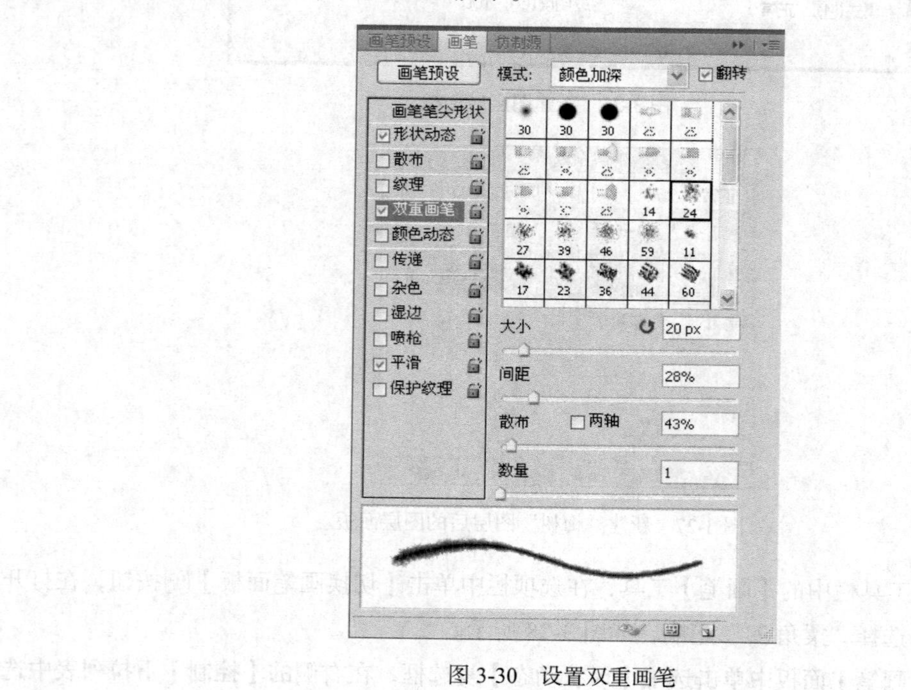

图 3-30 设置双重画笔

步骤 9　在图像区域拖动鼠标绘制梅树的枝干，效果如图 3-31 所示。

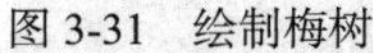
图 3-31　绘制梅树

图 3-32　绘制枝干

步骤 10　单击图层面板底部的【创建新图层】按钮，再新建一个图层，双击图层名，修改图层名为“梅树树枝”。

步骤 11　调整画笔的大小，继续在图像中绘制一些枝干和细节，从而突出枝条之间的层次感，如图 3-32 所示。

步骤 12　在选项栏中设置画笔的不透明度为“43%”，然后设置前景色为（R：105，G:108，B:102），使用不同直径的画笔进行更细小枝条的绘制，如图 3-33 所示。

图 3-33　绘制枝干

图 3-34　绘制花瓣

步骤 13　再新建一个图层，命名为“梅花”。

步骤 14　在选项栏中设定画笔的笔刷为“干画笔尖浅描 66”，不透明度与流量都为“50%”，前景色设定并填充成＃fc0516，在图像区域涂抹绘制花瓣，如图 3-34 所示。

步骤 15　在【画笔】面板中，从画笔面板菜单中选取【清除画笔控制】命令，如图 3-35 所示，清除为画笔预设更改的所有选项。然后，在画笔面板中选取“柔角 45 象素”画笔样式，并把其主直径设定为“5px”。选中【外形动态】复选项框，并把设定【控制】为“渐隐”模式，渐隐范围为“25 步”。

步骤 16　在选项栏中设定画笔的不透明度为“80%”，放大显示花瓣，前景色设定并填充成＃f2e961，之后移动鼠标绘制 4 条渐隐线条，以获得花蕊的效果。如图 3-36 所示。

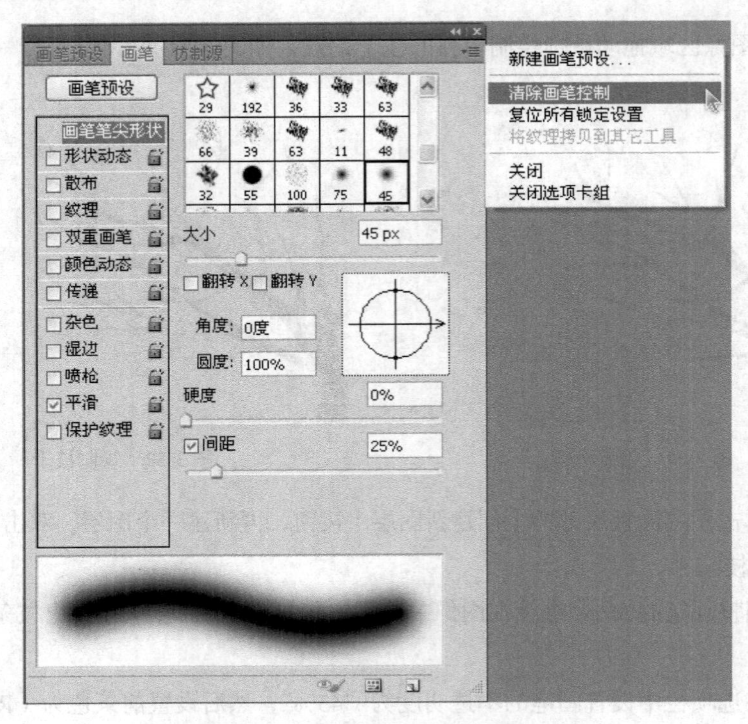

图 3-35　选择【清除画笔控制】命令

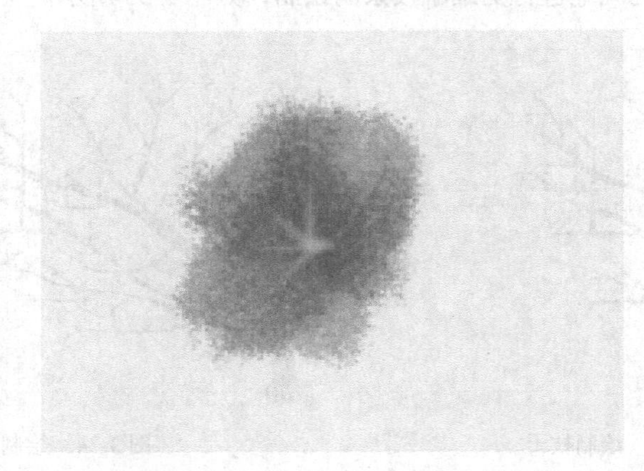

图 3-36　绘制花蕊

步骤 17　按住【Ctrl】键的同时，在图层缩略图上单击，创建花朵选区。

步骤 18　选择【编辑】→【定义画笔预设】命令，打开【画笔名称】对话框，在其中输入名称为“梅花”，如图 3-37 所示。单击【确定】按钮，退出画笔名称对话框。

图 3-37　定义预设画笔

步骤 19　新建一个图层，命名为“花朵”。在选项栏中选择定义好的“梅花”笔刷，设置笔刷大小为“20px”。设置前景色为#fc0516，在枝干周围单击绘制花朵。

步骤 20　在图层面板中选择“梅花”图层，将其拖动到图层面板底部的垃圾桶，删除“梅花”图层。最后效果如图 3-38 所示。

图 3-38　绘制花朵及最终效果图

步骤 21　执行【文件】→【存储】命令，保存文件。

实例 2　制作相框

设计要求：为照片“star.jpg”制作相框。掌握等宽裁剪框及设置图层样式的方法。

设计步骤：

步骤 1　打开照片“star.jpg”，如图 3-39 所示。

图 3-39　打开照片

步骤 2　双击背景图层，把背景转换为图层 0。

步骤 3　新建图层 1。

步骤 4　单击【裁剪工具】，按照片大小拖出一个裁剪框。

步骤 5　按住【Alt】键的同时拖动裁剪框边线，使左右两边的宽度相等，上下也如此，如图 3-40 所示。

步骤 6　双击鼠标，可以看到照片四周出现透明边框。

步骤 7　在图层控制面板中，移动图层 1 到图层 0 下面。

步骤 8　单击【渐变工具】，选择一种渐变，应用此渐变。如在这里设置渐变类型为“线性渐变”，渐变样式为“橙、黄、橙渐变”，如图 3-41 所示。选择图层 1，在图层 1 上拉出渐变，如图 3-42 所示。

图 3-40　添加裁剪框

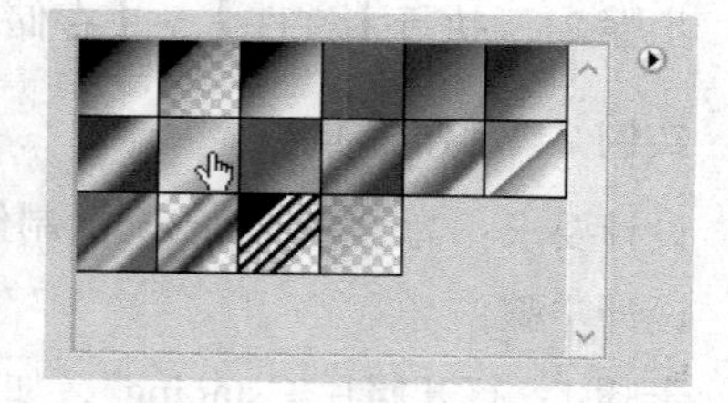

图 3-41　选择渐变样式

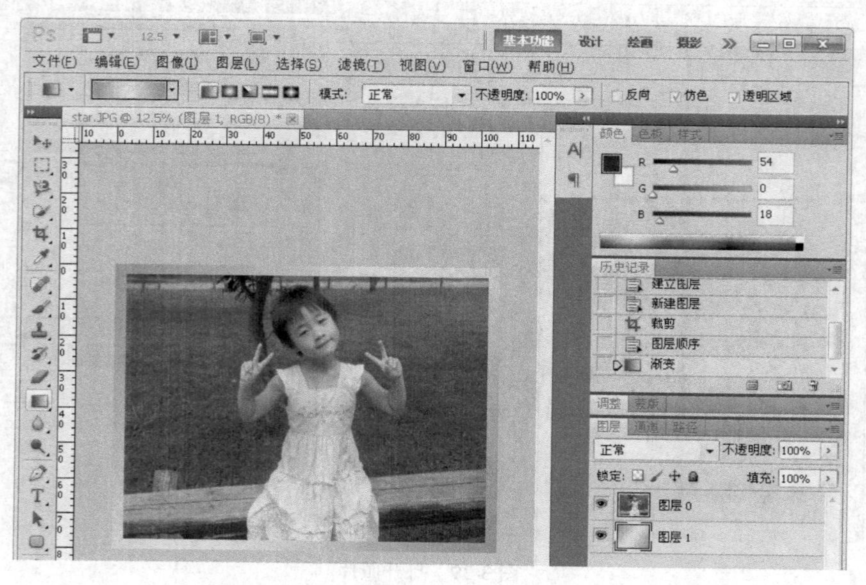

图 3-42　设置渐变后的图像效果

步骤 9　选择图层 1，单击【矩形选框工具】，沿着照片边缘拉出一个矩形，按下键盘上的【Delete】键，删除矩形区域，使成为真正相框。再按下【Ctrl+D】，取消选区。

步骤 10　双击图层 1 的缩览图，打开【图层样式】对话框，修改图层样式，如斜面和浮雕，图案叠加等。完成效果参考图 3-43 所示。保存文件。

图 3-43　相框制作效果图

3.3　选区、蒙版与通道

3.3.1　选区与选区操作

1. 选区与选择区域

在处理图像时，经常是要针对某一局部进行操作，这时就要利用 Photoshop 的一个很重要的概念——选区。选区就好比画画要打轮廓一样，如何打轮廓决定画家的绘画方法和能力，如何建立图像编辑选区则是我们对选区的理解。选区就是绘画中的轮廓，选择区域就是被"轮廓包围"的区域、可以编辑的区域。创建选区的方法很多（如同绘画方法一样），可以通过如图 3-44 所示的选择工具来创建简单选区，也可用钢笔工具建立路径选区（一般用钢笔工具建立精确或复杂路径，再将路径转为选区）。还可以通过色彩范围、蒙版、通道等方法建立选区。

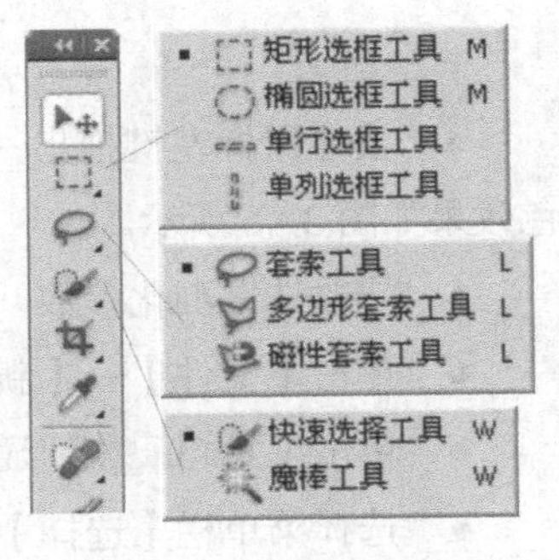

图 3-44　选择工具类型

提示

消除选区的快捷键【Ctrl+D】。

2. 创建选区

（1）创建矩形、圆形和不规则的选框

打开 Photoshop CS 5 软件，单击【文件】→【新建】，在【预设】对话框中选【默认 Photoshop 大小】，确定，操作步骤如下。

- 单击工具箱矩形选框工具，按住鼠标左键在窗口适当的位置拖出一矩形选区，按【Ctrl+D】键取消选区。单击工具箱矩形选框工具，按住【Shift】键，按住鼠标左键在窗口适当的位置拖出一正方形选区。
- 单击工具箱椭圆选框工具，按住左键在窗口适当的位置拖出一椭圆形选区，按【Ctrl+D】键取消选区。选择工具箱椭圆选框工具，按住【Shift】键，按住鼠标左键在窗口适当的位置拖出一圆形选区。
- 单击工具箱套索工具，按住左键在窗口适当的位置任意拖出不规则选区，按【Ctrl+D】键取消选区。
- 单击工具箱多边形套索工具，在窗口适当的位置单击左键再移动位置，再单击左键再移动位置，任意建立一不规则的直线多边形选区，按【Ctrl+D】键取消选区。

（2）创建羽化选区

默认情况下，选区边缘状态是生硬的，有绝对的界限，不利于图像的自然合成。"羽化"就是将选区边缘变得柔和、虚化，羽化的方法有两种，具体操作如下。

- 设置选区羽化参数
- 单击【文件】→【新建】，在【预设】对话框中选【默认 Photoshop 大小】，确定。
- 单击工具箱矩形选框工具，在【工具选项调板】处设置【羽化】参数，将默认值"0"改为"10"，如图 3-45 所示。

图 3-45 设置羽化值

- 按住鼠标左键拖出一选框，这时的选框不再是生硬的边缘，边缘是虚化的，如果填充颜色效果如图 3-46 所示。
- 修改选区羽化参数
- 单击【文件】→【新建】，在【预设】对话框中选【默认 Photoshop 大小】，确定。
- 单击工具箱矩形选框工具，按住鼠标左键在窗口适当的位置拖出一矩形选区。
- 选择菜单栏【选择】选项，选【修改】，在弹出的对话框中设置羽化值为"5"，确定，选区已改变原来生硬的边缘。如图 3-47 所示。

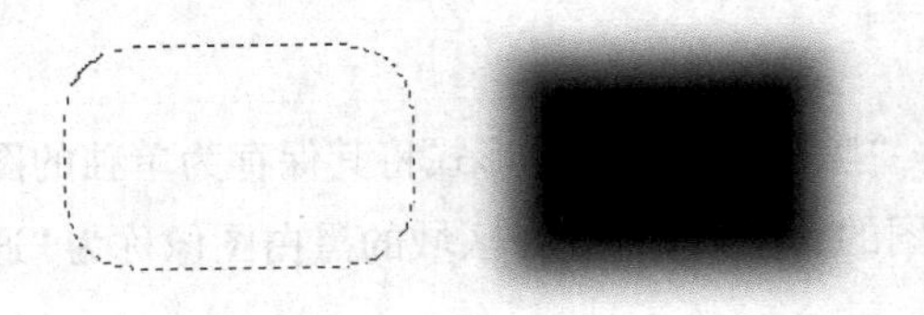

图 3-46　羽化效果

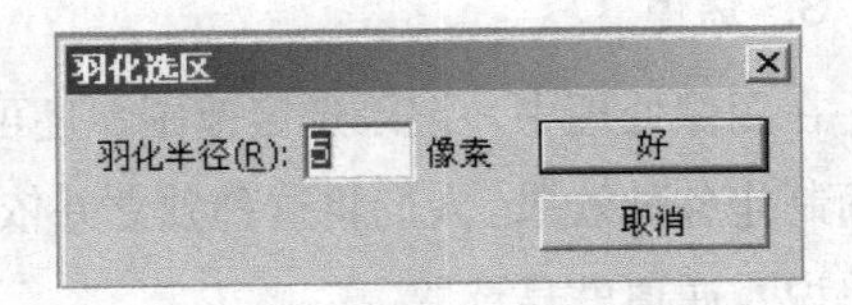

图 3-47　羽化选区对话框

3. 选区的运算与修改

（1）选区的运算

选区有一个基本的且非常重要的属性就是可以进行选区的加、减、交叉的运算，基本的方法是：先得一个基本的选区，然后再创建选区时可以单击工具属性栏中对应的运算方式，分别为添加、减去和交叉。也可以通过快捷键来实现，即按住【Alt】键为减，按住【Shift】键为加，同时按住【Alt】和【Shift】键为交叉。

（2）选区的修改

当创建的选择区需要修改的时，可以执行【选择】菜单中【修改】命令下的【边界】、【平滑】、【扩展】、【收缩】4 个命令进行相应的修改。如图 3-48 所示。

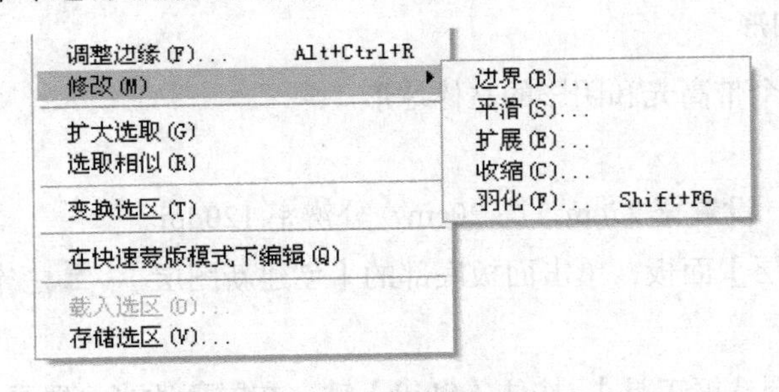

图 3-48　修改选区命令

3.3.2　蒙版与通道

1. 蒙版的概念

"蒙版"指将图片中不需要编辑的区域"蒙"起来，以避免这些区域受到任何操作影响的一种功能。在蒙版中黑色区域表示被蒙起来的地方，白色区域表示可以编辑的区域。

2. 图层蒙版操作

- 创建蒙版：在 Photoshop 中可以通过多种方式生成蒙版，如通过菜单命令、图层面板的添加图层蒙版按钮 等，也可以直接将选区转换为蒙版。
- 蒙版的停用：将鼠标光标放置在图层蒙版的缩览图上单击鼠标左键，会出现蒙版操作对话框，选【停用图层蒙版】，图层蒙版功能被暂时停用。
- 蒙版的删除和应用：将图层蒙版的缩览图拖到图层面板的垃圾桶图标 上即可删除蒙版。注意弹出的面板会提示在删除蒙版之前决定是否将蒙版效果应用到图层中。

3. 通道

在图像处理中，记录选区范围，还可以通过“黑”与“白”的形式将其保存为单独的图像，进而制作各种效果。人们将这种独立并依附于原图的、用以保存选择区域的黑白图像称为“通道”，简单说，通道就是选取。

通道是基于色彩模式这一基础上衍生出的简化操作工具。一幅 RGB 三原色图有 3 个默认颜色通道：红、绿、蓝。一幅 CMYK 图像，有了 4 个默认颜色通道：青、品红、黄和黑。由此看出，每一个通道其实就是一幅图像中某一种单色的独立通道。通道的可编辑性很强，色彩选择、套索选择、笔刷等都可以通过通道进行编辑，几乎可以把通道作为一个位图来处理，而且还可以实现不同通道相互交集、叠加、相减的动作来实现对所需选区的精确控制。当选定一个通道时，调色器和色盘将变成黑白灰色阶，用黑白色可以增删选区，而独特的是灰色，灰色所创建的是一块半透明的区域，因为灰色有 253 级阶度，可以组成色阶渐变，因而可以创建渐变透明的效果。

3.3.3 实训案例

实例 3 绘制立体图形

设计要求：绘制一个带高光和阴影的立体球形。

设计步骤：

步骤 1 新建文件，设置宽 27cm，高 20cm，分辨率 120dpi。

步骤 2 选择【图层】面板，单击面板底部的【创建新图层】按钮，新建一个图层“图层 1”。

步骤 3 单击【椭圆选框工具】，按住【Shift】键，在屏幕适当位置画出一个正圆来。

步骤 4 设定前景为白色，背景为黑色。选择【渐变工具】，在选项栏，设置渐变类型为径向渐变。从圆中左上到右下拖动填充由白到黑的渐变，如图 3-49 所示。

图 3-49 为圆填充渐变

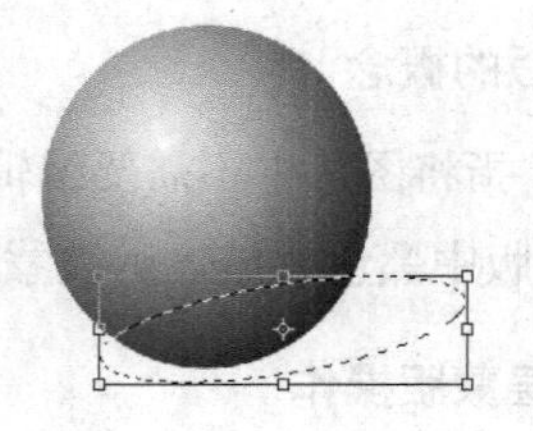

图 3-50 建立并调整选区

步骤 5 按住【Ctrl】键，同时单击图层缩览图，建立圆形选区。选择【选择】→【变换选区】命令，选择【编辑|变换|扭曲】命令，调整选区，如图 3-50 所示。按下【Enter】键，确定变换。

步骤 6 新建图层“图层 2”，移动到图层 1 下。选择【选择】→【修改】→【羽化】命令，设置羽化半径为“8”，用油漆桶填充深灰色。

步骤 7　选择加深工具，大小适当，硬度为 0，在球与阴影接触处单击光标加深局部颜色，【Ctrl+D】取消选区。完成效果如图 3-51 所示。

图 3-51　立体图效果

步骤 8　存储文件为“立体图形.psd”。

实例 4　制作“可爱的小伙伴”图像

设计要求：通过实例掌握路径、套索、通道、魔棒、色彩范围、选框等多种创建选区的方法，选区运算、复制选择区域的方法、羽化选区，调整变换选区的方法，设置图层混合模式、图层显示、隐藏的方法、盖印图层的方法，调整图像及添加文字、设置文字效果的方法。

设计步骤：

步骤 1　执行【文件】→【打开】命令，在打开对话框中，选择素材文件所在路径，按【Ctrl】键不放，单击“浅蓝底泡泡图.jpg”“向日葵.jpg”“蒲公英.jpg”“藤蔓.jpg”和“合影.jpg”，同时选中这 5 个图像文件，然后单击【打开】按钮。在 Photoshop 中同时打开这 5 张图。

步骤 2　单击“向日葵.jpg”选项卡，切换到“向日葵.jpg”图像文件窗口。

步骤 3　选择工具栏【缩放工具】放大图像，再选择【钢笔工具】，在大花朵图像边缘单击鼠标创建节点，沿着花朵的边缘，在关键位置单击鼠标，建立线段和锚点。当钢笔工具回到起点时，可以看到光标图标右下角带一个小圆时，单击鼠标，建立路径，如图 3-52 所示。

提示

在建立路径时若要删除刚建立的锚点，可按【Delete】键。在路径闭合后，可以通过【添加锚点工具】在路径上增加锚点。或【删除锚点工具】去掉锚点。在建立锚点时，拖动鼠标可得到曲线路径。

步骤 4　打开路径面板，在其底部单击第 3 个【将路径作为选区载入】图标，创建路径选区，如图 3-53 所示。

图 3-52　建立路径

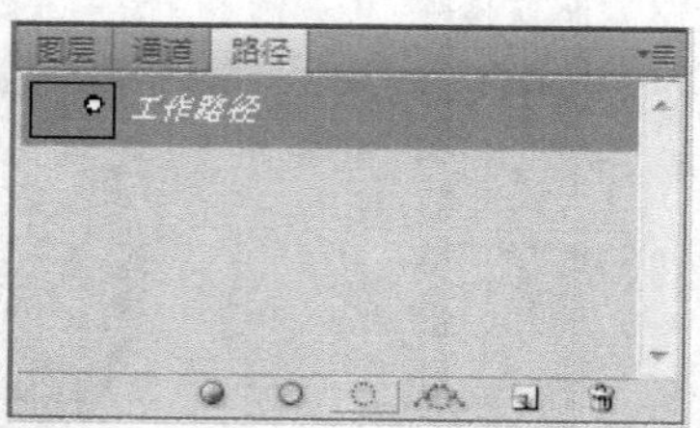

图 3-53　路径面板

步骤 5　按下【Ctrl+C】组合键，复制选择区域。

步骤 6　单击“浅蓝底泡泡图.jpg”，切换到此图像窗口，按下【Ctrl+V】组合键，可以看到在“浅蓝底泡泡图.jpg”的图层面板中建立了一个新的图层，并粘贴上了葵花图像。拖曳图像到泡泡图左下角，如图 3-54 所示。

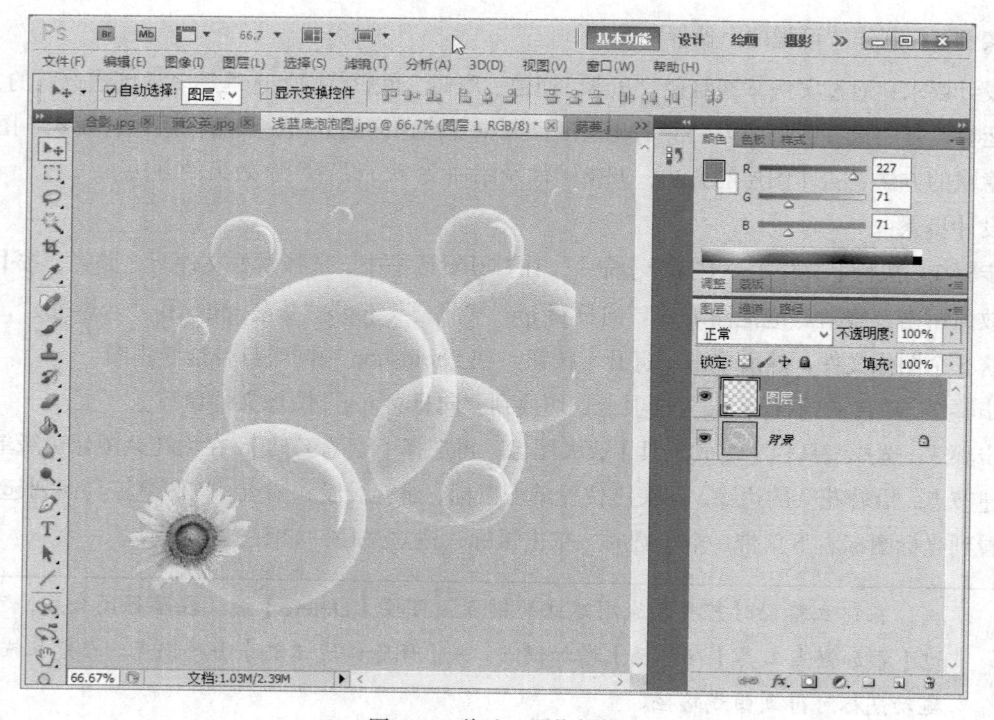

图 3-54　将选区图像复制

步骤 7 再切换回“向日葵.jpg”图像文件窗口。按【Ctrl+D】取消选区。

步骤 8 选择工具栏的【磁性套索工具】，在选项栏设置，修改频率为 100。在右边的花朵边缘单击鼠标创建节点，沿着花朵边缘移动鼠标，系统自动捕捉图像边缘区域并自动产生节点。当光标移到起点上时，光标图标右下角带一个小圆时，单击鼠标，建立选区。

提示：(1）磁性套索工具选项栏中各项意义如下：

- 宽度表示检测宽度。磁性套索工具只检测从指针开始指定距离以内的边缘。
- 对比度要指定套索对图像边缘的灵敏度，请在对比度中输入一个介于 1%和 100%之间的值。较高的数值将只检测与其周边对比鲜明的边缘，较低的数值将检测低对比度边缘。
- 频率表示设置紧固点的频度。

(2）磁性套索工具建立的是一个大致的区域，要得到更精确的区域，可以利用套索工具或多边形套索工具。通过单击选项栏中的“添加到选区”图标或按住【Shift】键，利用套索或多边形套索描出一个区域，可以增加选区。通过单击选项栏中的【从选区减去】图标或按住【Alt】键，利用套索或多边形套索描出一个区域，可以减少选区。

步骤 9 按下【Ctrl+C】，复制选择区域。切换到“浅蓝底泡泡图.jpg”图像窗口，按下【Ctrl+V】，拖曳图像到泡泡图左下角。

步骤 10 再切换回“向日葵.jpg”图像文件窗口，按【Ctrl+D】取消选区。

步骤 11 打开【通道】面板，单击各通道查看。根据对比，通道的红色和蓝色通道对比最强，点选“红”色通道。

步骤 12 选择菜单【图像】下的【计算】命令，确定后得到一个新的“Alpha”通道，如图 3-55 所示。

步骤 13 将前景色设置为黑色，选择画笔工具，设置画笔大小为 150，不透明度 100%，在除左边花的区域内涂抹，在花周围时按下键盘上的【[】减小画笔大小或按下【]】增加画笔大小，继续涂抹，直到除花外都填满黑色，如图 3-56 所示。

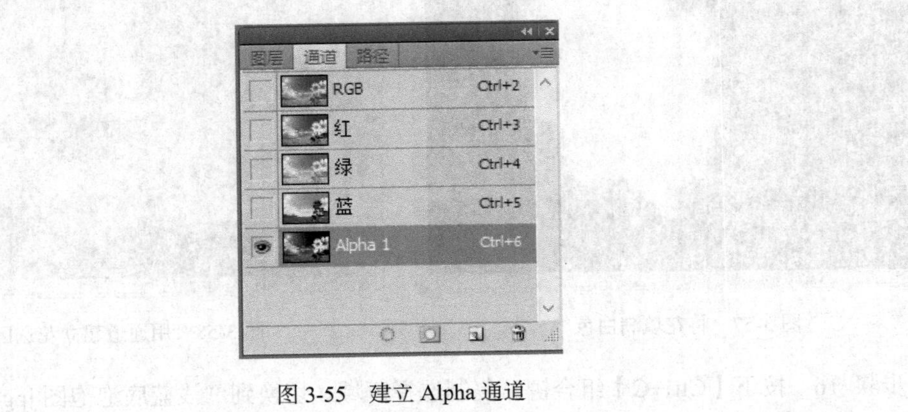

图 3-55 建立 Alpha 通道

图 3-56　用黑色画笔填充花以外区域

步骤 14　将前景色设置为白色，适当设置画笔大小，在花内涂抹，直到花填满白色，如图 3-57 所示。

步骤 15　单击通道面板下的【将通道作为选区载入】，单击通道面板的【RGB】通道。再切换到图层面板，会看到花被选区完全选择，如图 3-58 所示。

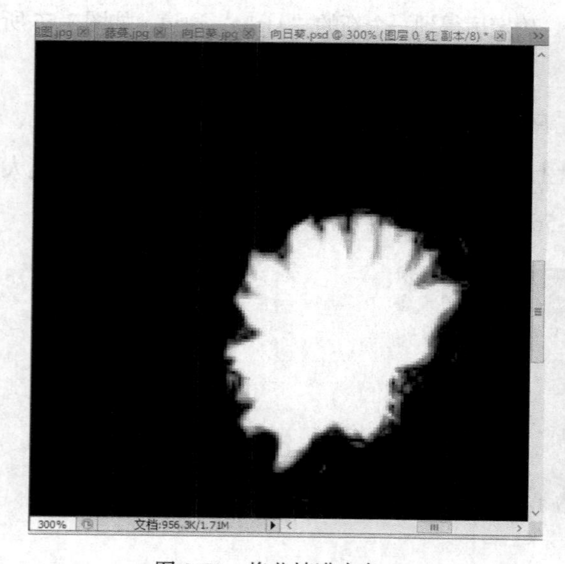

图 3-57　将花填满白色

图 3-58　用通道建立花选区

步骤 16　按下【Ctrl+C】组合键，复制选择区域。切换到“浅蓝底泡泡图.jpg”图像窗口，按下【Ctrl+V】组合键，拖曳图像到泡泡图左下角，如图 3-59 所示。

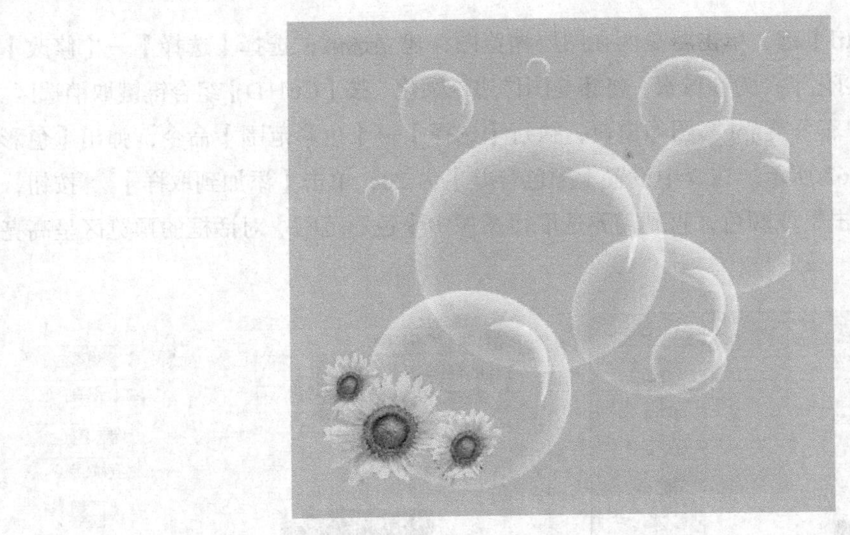

图 3-59　粘贴第三朵花后的效果

步骤 17　切换到“藤蔓.jpg”图像窗口，选择工具栏的【魔棒工具】，在选项栏设置【容差】为 150，然后在藤蔓图的绿叶上单击，可以看到藤蔓被选中，如图 3-60 所示。

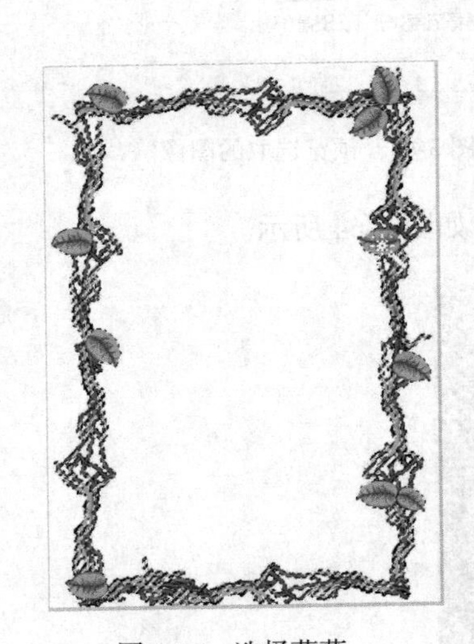

图 3-60　选择藤蔓

图 3-61　藤蔓图像变换后的效果

步骤 18　按下【Ctrl+C】组合键，复制选择区域。切换到“浅蓝底泡泡图.jpg”图像窗口，按下【Ctrl+V】组合键，粘贴图像。由于藤蔓图像比较大，在图像窗口只能看到一部分，因此要进行变换。

步骤 19　按下【Ctrl+T】组合键或选择【编辑】→【自由变换】命令，将看到藤蔓图四周出现变换框。单击选中左上角的控制点，按下【Shift】键，拖动鼠标，等比例的缩小藤蔓图像大小。

步骤 20　选择【编辑】→【变换】→【旋转 90 度（逆时针）】命令，对图像做逆时针旋转。再选择【编辑】→【变换】→【垂直翻转】命令，将有两片叶子的一角置于花朵一端，并对图像大小再做适当调整，按下【Enter】键结束调整，效果如图 3-61 所示。

步骤 21　按住【Ctrl】键，单击藤蔓所在图层缩览图，建立选区，选择【选择】→【修改】→【羽化】命令，设置羽化半径为 5 像素，将藤蔓图像边缘柔化，按【Ctrl+D】组合键键取消选区。

步骤 22　切换到“蒲公英.jpg”图像窗口，执行【选择】→【色彩范围】命令，弹出【色彩范围】对话框，如图 3-62 所示。在其中设置【颜色容差】为 20，单击【添加到取样】按钮，然后在蒲公英图像上单击拾取颜色，直到需要选取得图像中【色彩范围】对话框的预览区呈高亮显示，如图 3-63 所示。

图 3-62 【色彩范围】对话框

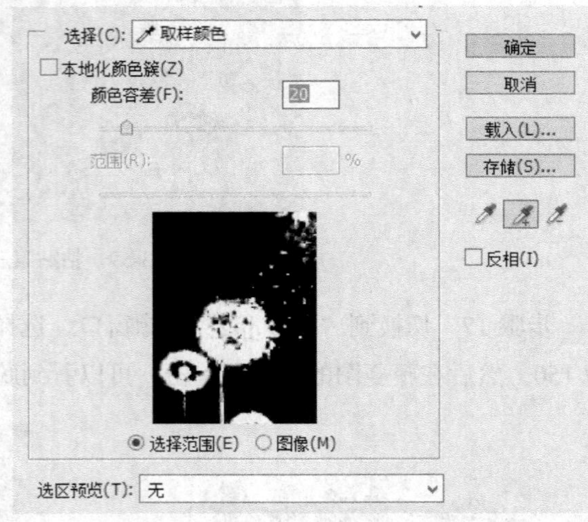

图 3-63　预览选取的图像

步骤 23　单击【确定】按钮返回，图像窗口显示选区，如图 3-64 所示。

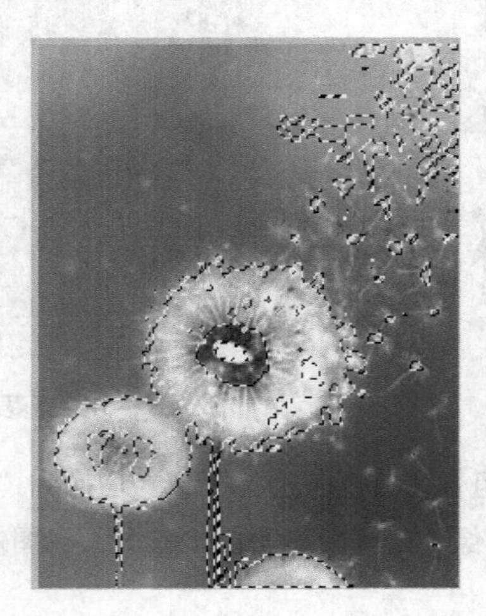

图 3-64　建立蒲公英选区

步骤 24　按下【Ctrl+C】组合键，复制选择区域。切换到“浅蓝底泡泡图.jpg”图像窗口，按下【Ctrl+V】组合键，粘贴图像。

步骤 25　选择【编辑】→【自由变换】→【水平翻转】命令，将蒲公英图像水平翻转，并移动到泡泡图像右下角。

步骤 26　选择【图层】面板，单击【设置图层的混合模式】正常开关，如图 3-65 所示，可以看到很多模式效果，从中选择【叠加】模式，效果如图 3-66 所示。

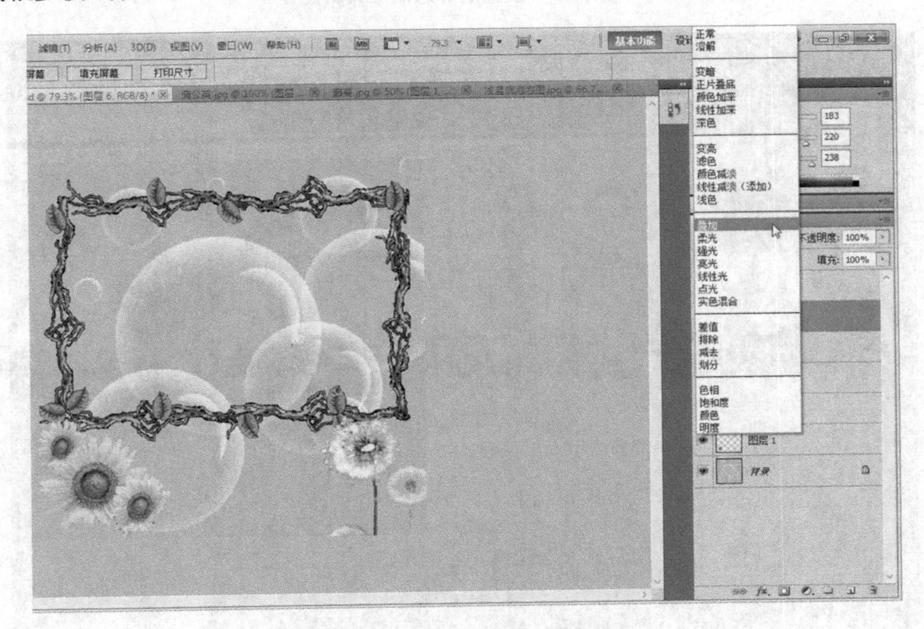

图 3-65　复制蒲公英图像后的效果

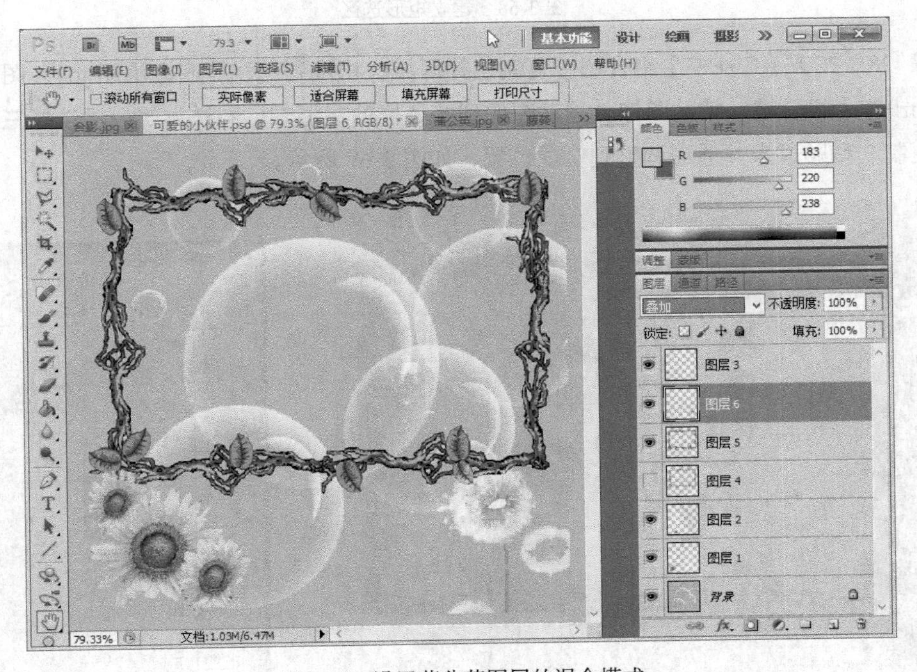

图 3-66　设置蒲公英图层的混合模式

步骤 27　切换到“合影.jpg”图像窗口，选择工具栏的【矩形选框工具】，在选项栏设置【样式】为“固定大小”，【宽度】为“320px”，【高度】为“400px”，如图 3-67 所示。在某个小朋友左上角单击鼠标，建立矩形选区，通过键盘上的方向箭头移动选区到适当位置，如图 3-68 所示。

羽化: 0 px　消除锯齿　样式: 固定大小　宽度: 320 px　高度: 400 px　调整边缘...

图 3-67　设置矩形选框工具属性

图 3-68　建立矩形选区

步骤 28　按下【Ctrl+C】组合键，复制选择区域。切换到“浅蓝底泡泡图.jpg”图像窗口，按下【Ctrl+V】组合键，粘贴图像，移动图像到藤蔓框的左上方。同样方式，再选择三个小朋友的图像复制、粘贴过来并适当调整到合适位置，如图 3-69 所示。

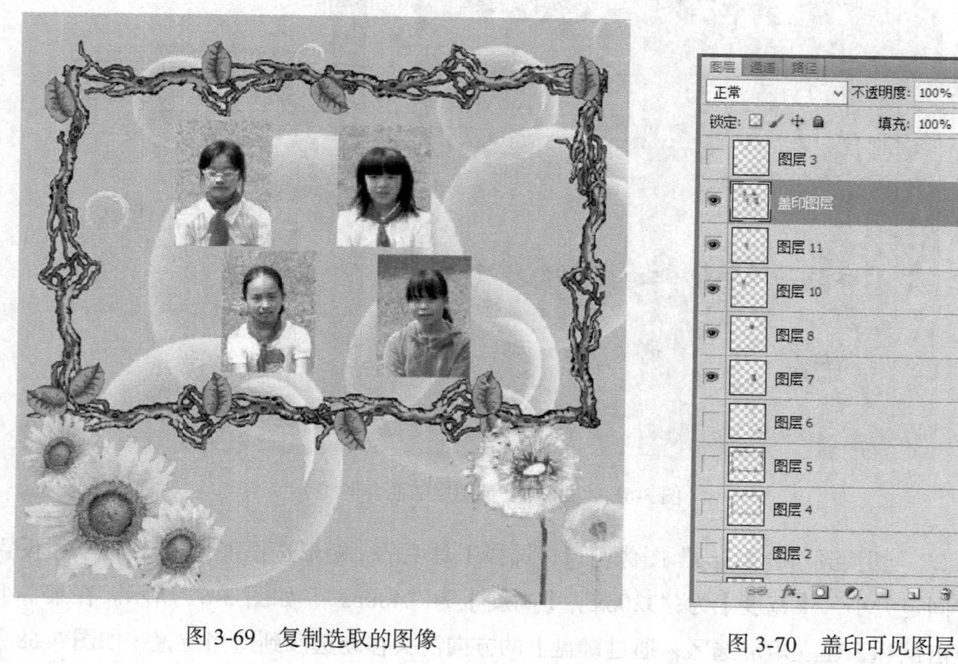

图 3-69　复制选取的图像

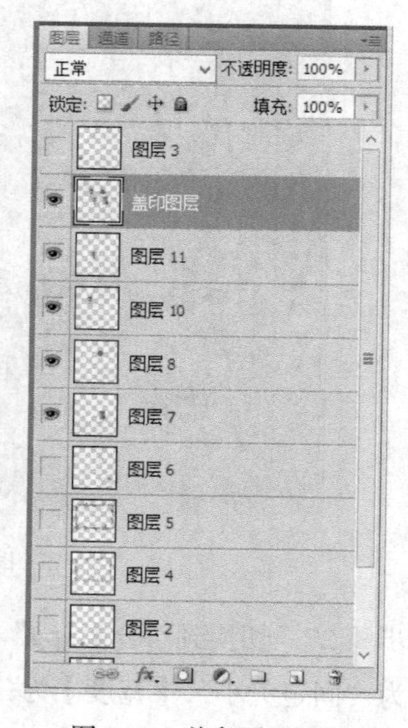

图 3-70　盖印可见图层

步骤 29 在图层面板中，选择某个小朋友所在图层，按下【Alt】键的同时单击图层前的眼睛，隐藏其他图层。单击其他三个小朋友所在图层前的眼睛，显示这三个图层。

步骤 30 按下【Ctrl】键，在四个小朋友所在图层上单击，选中这四个图层。按下【Ctrl+Shift+Alt+E】组合键，生成可见图层的盖印图层，双击图层名，修改图层名为“盖印图层”，图层面板如图 3-70 所示。

盖印图层是建立一个新图层，并可见图层合并后的效果盖印到新的图层上。盖印图层不会影响之前所处理的图层。这样做的好处是，如果盖印后的效果不满意，可以删除盖印图层，而不影响之前的图层。

步骤 31 选择新建立的盖印图层，打开【调整面板】，选择创建【新的色阶调整图层】按钮，设置中间调为“1.20”，如图 3-71 所示，提亮图像。打开【图层】面板，见到在盖印图层上增加了一个调整图层，调节色阶，如图 3-72 所示。

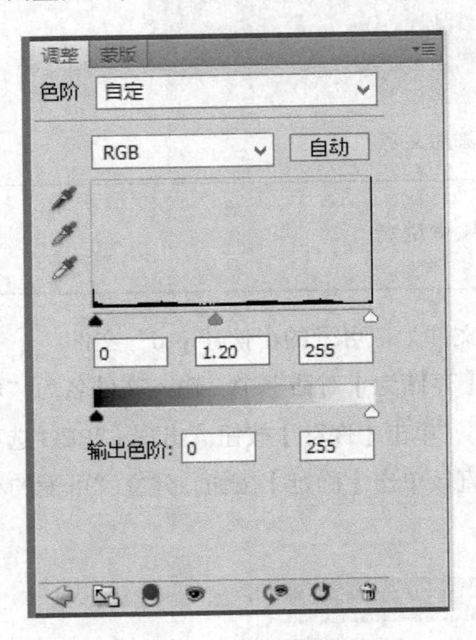

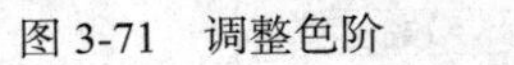

图 3-71 调整色阶

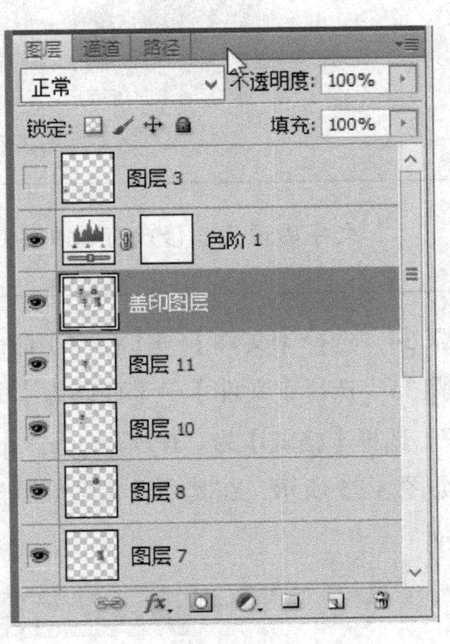

图 3-72 添加调整图层

步骤 32 单击其他隐藏了的图层前的眼睛，显示所有图层。

步骤 33 选择工具栏中的【文字工具】，在选项栏上设置字体为“微软雅黑”，字形为“Bold”，字号为“30 点”，单击颜色按钮，设置颜色为#953e1e，如图 3-73 所示。在图像窗口花的右边单击，并输入文字“可爱的小伙伴”，如图 3-74 所示。

图 3-73 字体选项栏设置

图 3-74　为图像添加文字

文字的设置、修改可以在【字符】面板中进行。

步骤 34　选择【文件】→【存储】命令，保存文件为“可爱的小伙伴.psd”文件。

步骤 35　选择【文件】→【存储为】命令，在【存储为】对话框中，输入文件名为“可爱的小伙伴”，选择【格式】为“JPEG(*.jpg;*.jpeg;*.jpe)”，单击【保存】按钮。出现【JPEG 选项】对话框，如图 3-75 所示，在其中设置图像品质，这里直接单击【确定】按钮，建立“可爱的小伙伴 jpg”文件。

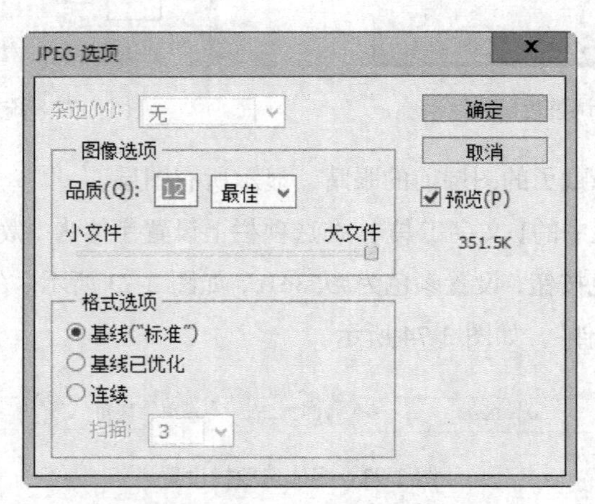

图 3-75 【JPEG 选项】对话框

实例 5　去掉照片多余东西

设计要求：通过实例掌握选区、内容识别等方法的应用、图层的相关操作及图像调整的方法。

设计步骤：

步骤 1　打开“去掉多余东西.jpg”文件，如图 3-76 所示。

图 3-76　去掉多余东西图

步骤 2　打开选择工具箱中的多边形套索工具，在人物右边的多余物品上建立选区。

步骤 3　选择【编辑】→【填充】菜单命令，打开【填充】对话框，设置【使用】为内容识别，如图 3-77 所示。单击【确定】按钮，退出填充对话框，图像效果如图 3-78 所示。

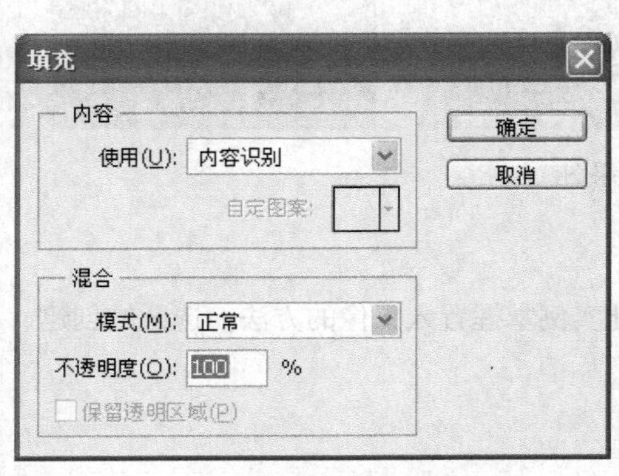

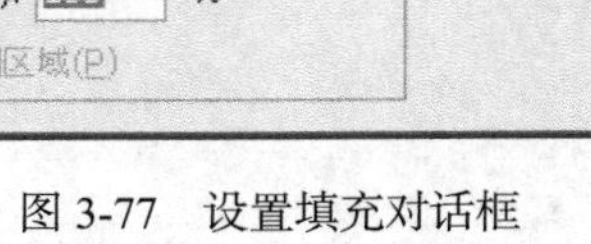

图 3-77　设置填充对话框

图 3-78　内容识别效果图

步骤 4　右击背景图层，从快捷菜单中选择【复制图层】命令，复制背景图层。

步骤 5　执行【图像】→【调整】→【阴影/高光】命令，在打开的【阴影/高光】对话框中设置阴影数量为 56%，如图 3-79 所示。

步骤 6　单击图层面板下的【创建新的填充或调整图层】按钮，选择【色相/饱和度】命令。设置饱和度为 13，明度为 5。

步骤 7　在调整面板中单击【曲线】按钮，设置【线性对比度】，输出“66”，输入“80”，如图 3-80 所示。保存文件。

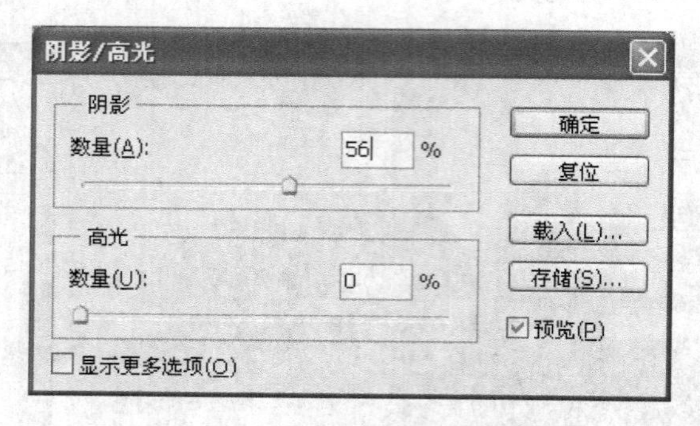

图 3-79　设置阴影/高光

图 3-80　调整后效果图

实例 6　婚纱照制作

设计要求：制作人物婚纱照，背景为风景。通过此实例掌握置入图像的方法，选区的创建、羽化，图层蒙版的使用方法等。

设计步骤：

步骤 1　打开“婚纱照.jpg”。

步骤 2　选择【文件】→【置入】命令，弹出【置入】对话框，选择“风景.jpg”，单击【置入】命令。置入风景文件，如图 3-81 所示。

图 3-81　置入风景图

步骤 3　拖动图片周围的小黑方框控制点，调整风景文件到合适大小，键入回车。效果如图 3-82 所示。

图 3-82　调整置入的风景图

步骤 4　选择背景图层，复制 2 次，分别生成“背景 副本”和“背景 副本 2”图层。如图 3-83 所示。选择风景图层，拖动到背景图层和背景副本 2 图层之间，如图 3-84 所示。

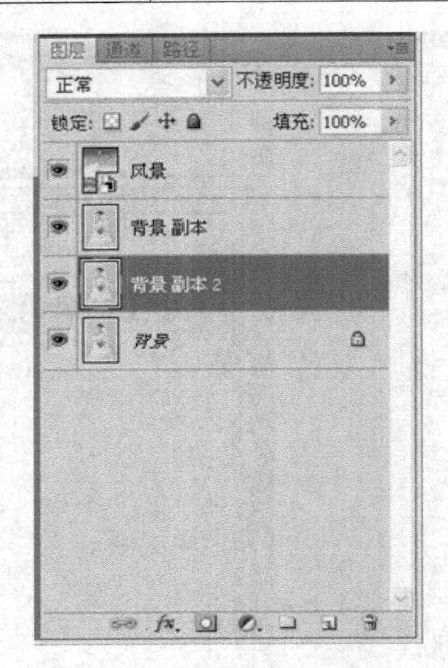

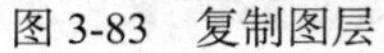
图 3-83 复制图层

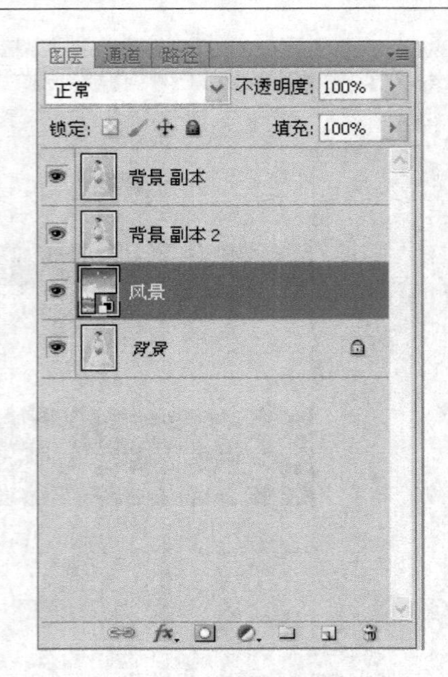

图 3-84 移动风景图层

步骤 5 选择“背景 副本”图层，执行【图像】→【调整】→【去色】命令，把背景副本图层转为灰度图像。选择快速选择工具，设置好画笔大小，选取出头纱，配合多边形套索等工具较精确得到头纱选区，如图 3-85 所示。

图 3-85 图像去色

步骤 6 单击图层面板底部的【添加图层蒙版】按钮，为背景副本图层添加像素蒙版。版上的白色区域表示可见部分。要精确选出头纱，可以放大图像，单击蒙版缩览图，用白色画笔涂抹蒙版，显示可见部分。若涂抹过度，可转换画笔颜色为黑色涂抹。打开“蒙版”图层，设置羽化为 3px，如图 3-86 所示。

图 3-86　为背景副本图层添加蒙版

步骤 7　选择背景副本 1 图层，用魔棒或快速选取工具选取出背景部分，如图 3-87 所示。

图 3-87　选取背景副本 2 图层的人物背景区域

步骤 8　单击图层面板底部的【添加图层蒙版】按钮，为背景副本 2 图层添加像素蒙版。如图 3-88 所示。

图 3-88　为背景副本 2 图层添加蒙版

步骤 9　按住【Ctrl】键，单击背景副本图层的蒙版缩览图，再选择背景副本 2 图层的蒙版，按下【Delete】键，去掉蒙版上的头纱部分，如图 3-89 所示。

图 3-89　去掉背景副本 2 图层蒙版的头纱部分

步骤 10　按下【Ctrl+D】组合键，取消选取，单击蒙版图层的【反向】按钮。效果如图 3-90 所示。

图 3-90　反向蒙版

步骤 11　选择背景副本图层，设置混合模式为柔光，得到最终效果图，如图 3-91 所示。

图 3-91　最终效果图

3.4 图像色彩调整与修饰

在 Photoshop 中所有有关色彩、色调调整的命令基本上集中在【图像】菜单命令中【调整】下的子级菜单中。或者在调整面板中可以选择相应按钮，创建调整图层。可以直接调整整个图层的图像，也可以选取范围内的部分图像调整。

3.4.1 图像调整

1. 图像变换调整

Photoshop 可以对图像进行任意变换，一般来说变形应该在普通的图层中进行，背景层由于默认被锁定，所以是不能执行变形类的命令的。

执行【编辑】→【自由变换】命令或者使用快捷键【Ctrl+T】就可启动“自由变换”，在图像中是用一个有 8 个控制手柄的变换框围绕当前图层需要变形的图像的周围。在变换框中间单击鼠标右键可启动相关的命令，如图 3-92 所示。

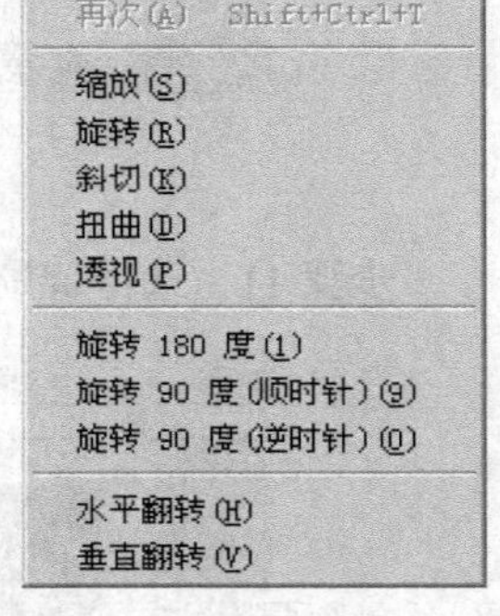

图 3-92 【自由变换】命令

- 缩放：拖动 8 个手柄的中的一个，就可以对图像进行缩放。要按比例缩放，就按住【Shift】键不放，然后拖动其中一个手柄。如果要以中间的点为中心缩放，可按住【Shift+Alt】组合键不放，然后拖动手柄。
- 旋转：把鼠标光标放到框外，然后拖动，就可以旋转图层。按住【Shift】键不放拖动，则每次旋转 15°，也可通过快捷菜单中的【旋转 180°】等命令来实现。
- 斜切：按住【Ctrl+Shift】组合键不放，拖动变换框的一个边线就可以产生倾斜的效果。
- 扭曲：按住【Ctrl】键不放，拖动一个手柄，就会产生变形和扭曲效果。拖动中间的手柄则做平行四边形变。
- 透视：按住【Ctrl+Shift+Alt】组合键不放，拖动一个角的手柄，就可以产生透视效果。
- 水平和垂直翻转：在变换框内右击可调用水平和垂直翻转命令对图像进行翻转操作。
- 改变图像变换的中心点：在对图像进行变形的所有操作中，默认的中心点是在变换框的中间，在选项栏中，可以用鼠标单击图标上不同的点来改变中心点的位置，如图 3-93 所示。图标上的点和变换框上的点一一对应。还可以直接从变换框中拉出中心点到人们想要的位置，然后进行相应的变形过程。

图 3-93 改变中心的位置

2. 色调和色彩调整

在 Photoshop 中所有有关色彩、色调调整的命令基本上集中在【图像】菜单命令中【调整】下的子级菜单中，如图 3-94 所示。使用这些色彩调整指令，可以直接调整整个图层的图像或是选取范围内的部分图像。

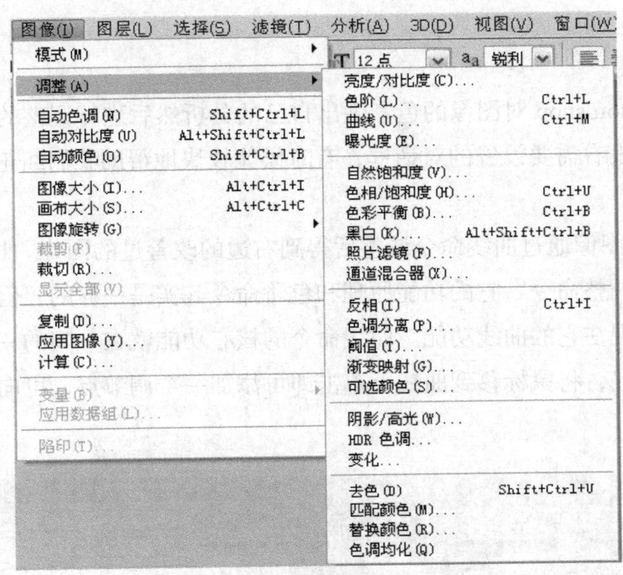

图 3-94　色彩调整命令

（1）色阶和自动色阶调整

图像的亮调、中间调和暗调的层次不分明，可通过【色阶】命令进行调整得到改善后的右边图像。色阶命令的特长是调整图像的亮调、中间调和暗调的层次分布。

在色阶命令对话框上有一个【自动】按钮，单击 Photoshop 会对图像自动进行调整，有时会显得比较方便，如图 3-95 所示。其实在这里单击【自动】按钮和选择【调整】菜单下的【自动色阶】命令的作用是一样的。

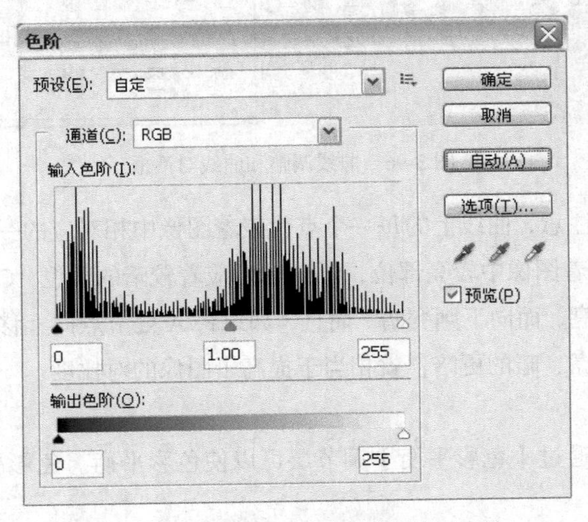

图 3-95　用“自动”命令调整图像的色阶

自动色阶命令虽然方便，但并不适合所有图像，自动色阶命令一般可先尝试使用，如果结果不满意的话，就选择手动。

- 亮度、对比度和自动对比度调整

【亮度/对比度】命令主要是针对图像的亮度和明暗对比程度来调整的，它是一个比较简单和粗糙的调色工具。

- 自动色彩调整

【自动色彩】是 Photoshop 对图像的色彩做出自己的分析然后进行调整的，和【自动色阶】、【自动对比度】命令一样没有需要设置的对话框，有时候能较快地帮助我们纠正偏色现象。

（2）曲线调整

如图 3-96 所示的图像通过曲线命令调整后得到右边的改善过的图像。曲线命令是一个非常专业而精细的色彩色调调整命令，它的功能原理和色阶命令其实是一样的，但是它的优势在于更加精细地调整，具体体现在它的曲线功能。曲线命令的核心功能就在中间的一根曲线上，默认情况下它是一个对角的直线，将鼠标移到曲线上单击即可添加一个调节点，可向上或向下移动它，图像即相应发生变化。

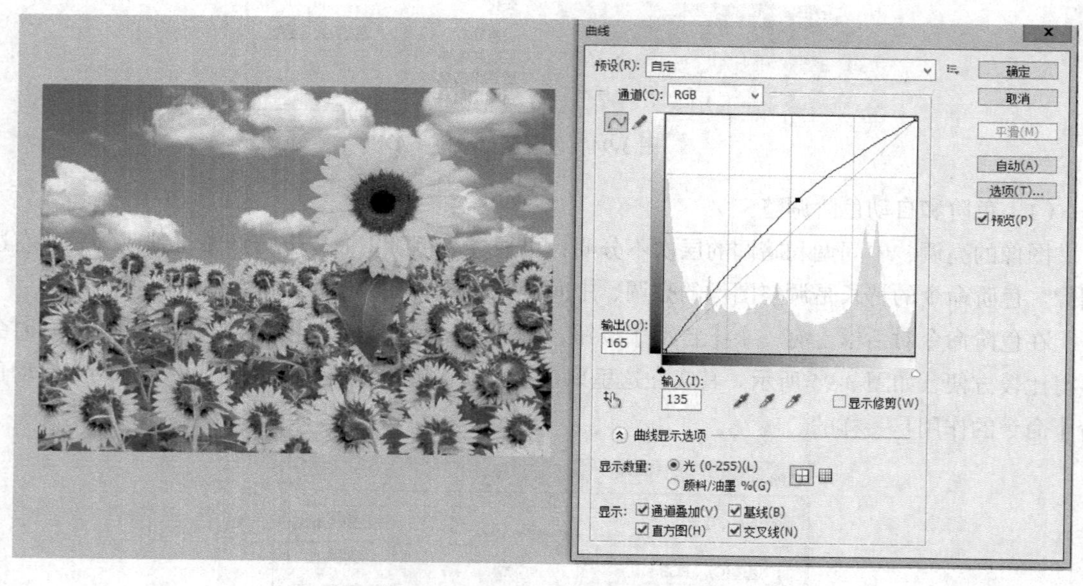

图 3-96　曲线调整和曲线对话框

使用曲线命令时需注意，曲线上的每一个点代表着图像中相对应的一个色阶层次，如图 3-97 所示中 A 处的节点对应着图像中较亮部位，而 B 则对应着较暗的部位，C 对应灰调。选中节点向上移动发现图像整体变亮，而向下则变暗。而且，如果将 A 处节点向上移动，再将 B 处节点向下移动图像应该是亮的更亮、暗的更暗，就相当于提高了图像的对比度。

（3）色彩平衡调整

当图像有偏色时，通过【色彩平衡】调节层可以使色彩平衡。色彩平衡调整面板如图 3-98 所示。

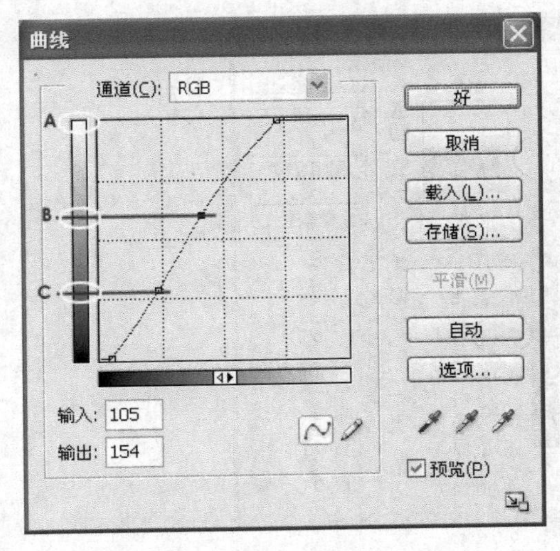

图 3-97 曲线对话框

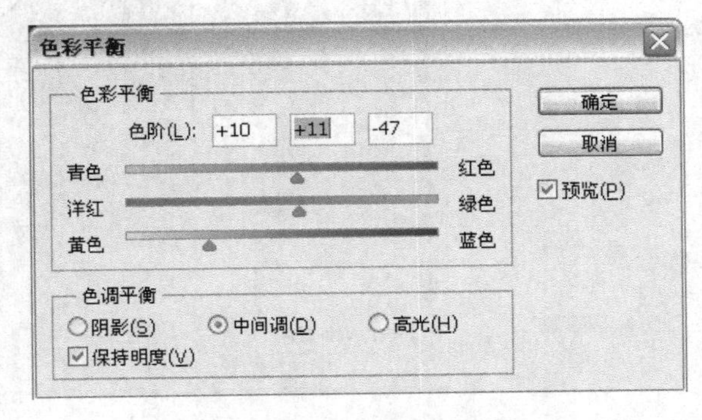

图 3-98 色彩平衡调整面板

（4）色相饱和度调整

色相：指的是色彩的相貌，就是通常意义上的红、橙、黄、绿、青、蓝、紫，读者可以打开 Photoshop 的拾色器，如图 3-99 所示，单击 H 项以色相的方式调整色彩，发现色彩随着小三角标（B 处）的上下游动而发生色相的变化。

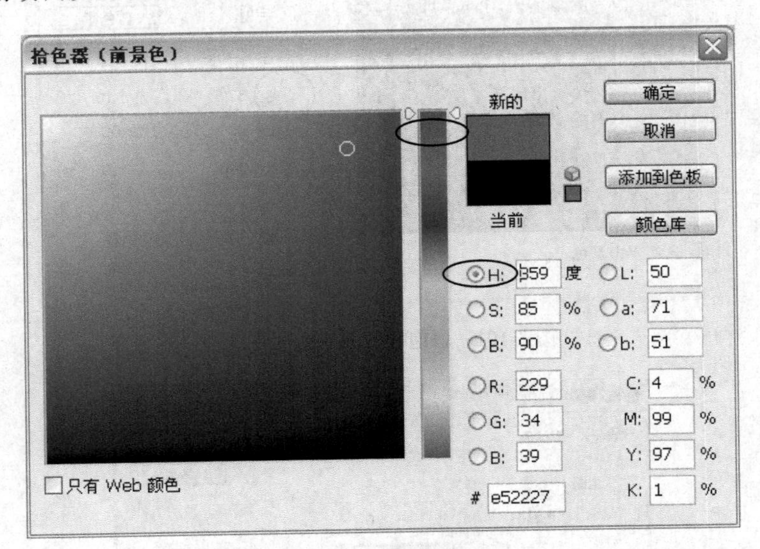

图 3-99 以色相方式调整色彩

亮度：亮度指的是一种颜色在明暗上的变化。用如图 3-100 所示的方法，单击 B 项以亮度的方式调整色彩，发现色彩随着小三角标（B 处）的上下游动面发生亮度的变化。

饱和度：饱和度指的是色彩的鲜艳程度，如图 3-101 所示的方法，单击 S 项以饱和度的方式调整色彩，发现色彩随着小三角标（B 处）的上下游动而发生色彩纯度的变化。

色相饱和度命令就是专门针对色彩的三要素进行调整的命令，可以说是一个比较直观易学的命令，如图 3-102 所示。

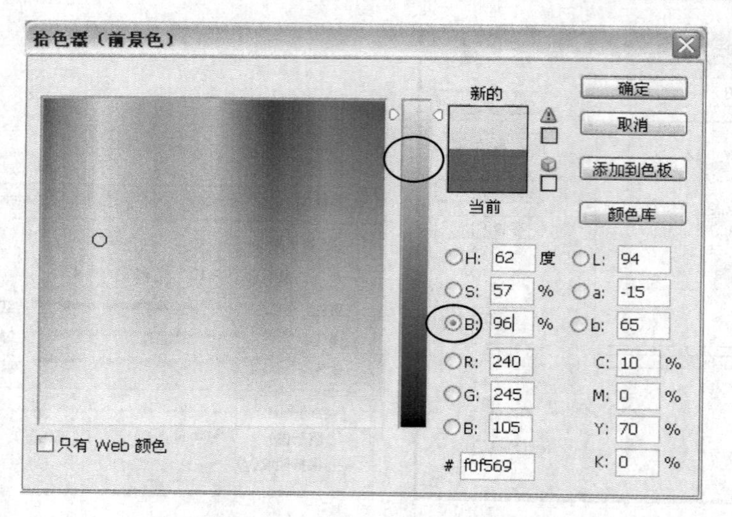

图 3-100　以亮度的方式调整色彩

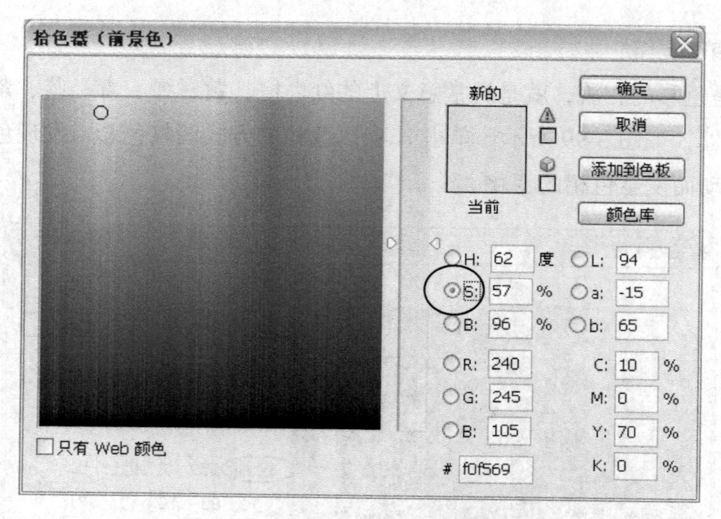

图 3-101　以饱和度的方式调整色彩

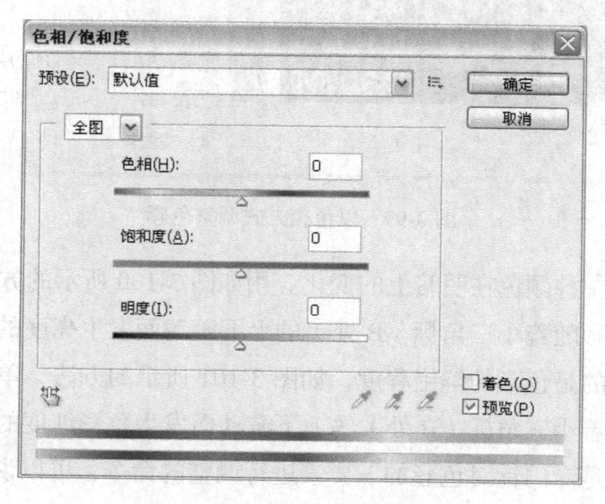

图 3-102　色相饱和度调整面板

（5）创建新的填充或调整图层

单击图层面板下的 【创建新的填充或调整图层】按钮，在弹出的下拉菜单，如图 3-103 所示，选中【色阶】命令。此时在图层面板里会出现一个新的调节层。打开【调整】面板，可对色阶进行调节，如图 3-104 所示。

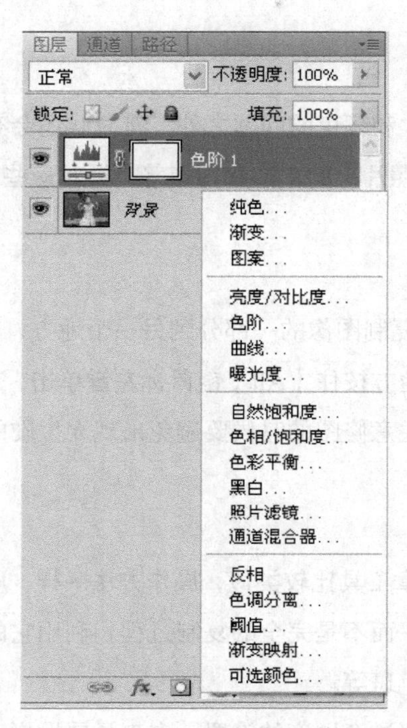

图 3-103　调节层的创建

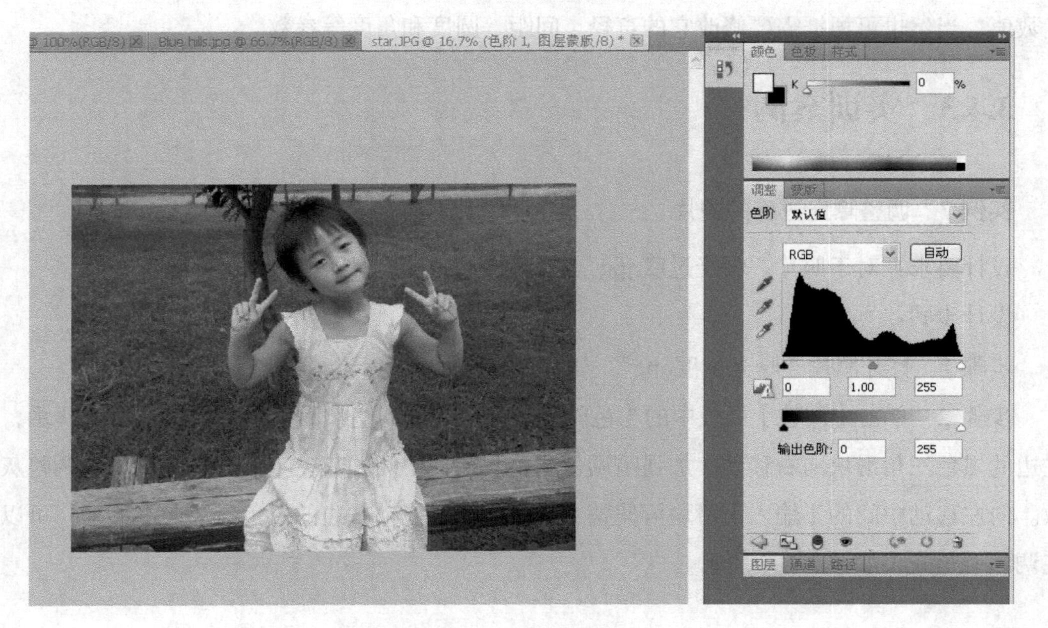

图 3-104　色阶调节层

使用【图像】菜单下的调整命令，调整好后若觉得不满意，通常的方法会按【Ctrl+Z】恢复一步重新来做，但是使用“调节层”就不用那么麻烦了，可以直接单击调节层的缩览图，再次调出它的对话框进行调整。这是调节层调整图像比直接使用色阶命令优越的一点。

3.4.2 图像修复

图像除了会存在色调、层次和颜色的问题之外，有时候还会有一些细节上的问题，如人物照片中的“红眼”、年长日久的老照片上的墨迹和污点等。针对这些 Photoshop 提供了一系列的修图工具，具体操作如下。

（1）仿制图章工具

仿制图章工具可精确地复制图像的一部分到另一个地方，如可用来修复照片中的污点等。使用的技巧是：在准备复制的地方按住【Alt】键鼠标左键单击，以得到原始取样点的像素信息，然后挪到目标位置进行复制。注意修图的时候要避免出现太生硬的边缘，关键是要调整画笔工具的硬度大小。

（2）修复画笔工具

修复画笔工具和仿制图章工具比较类似，操作方法一样，所不同的在于它在修复图像的时候会保留目标区域颜色的明度，而不是完全的复制过程。利用它的特点可以轻易修复一些复杂的图像区域，如人脸上的皱纹和色斑等。

使用修复画笔工具同样需要注意硬度的设置，在工具属性栏上单击画笔的地方可修改它的硬度数值。当然也可根据需要修改它的直径、间距、圆度和角度等参数。

3.4.3 实训案例

实例 7　调整曝光过度的照片

设计要求：对于照片“曝光过度.jpg”进行处理，掌握应用色阶调整图像的方法。

设计步骤：

步骤 1　打开照片“曝光过度.jpg”。如图 3-105 所示。

步骤 2　单击【调整】面板中的【色阶】按钮。在【调整】面板中，如图 3-106 所示，拖动左边的黑色三角滑块向右移动，加强暗调色调整。拖动中间的灰色【输入】滑块可以调整灰度系数。向左移动中间的【输入】滑块可使整个图像变亮。拖动右边的白色滑块向左移动，可以增加亮调。调整效果如图 3-107 所示。

图 3-105　曝光过度的照片调整前

图 3-106　设置色阶

图 3-107　曝光过度的照片调整后

实例 8　美容

设计要求：对于“美容.jpg”文件，进行美容处理，去除额头的压痕，提亮肤色，涂上红的唇色。掌握修补工具的使用，【亮度/对比度】、【色阶】、【色相/饱和度】调整图像的方法，路径选区的建立及图层的使用。

设计步骤：

步骤 1　打开“美容.jpg”文件。

步骤 2　按住【Ctrl+J】组合键，复制背景图层。

步骤 3　要去掉额头上的压痕，可单击工具箱中的修补工具 ，在选项栏设置修补方式为【目标】。在额头上选一处没有压痕处，单击并拖动鼠标创建一个选区，如图 3-108 所示。鼠标拖曳选区至有压痕处，鼠标松开，以修补图像。完成效果如图 3-109 所示。

图 3-108　修补前　　　　图 3-109　修补后

步骤 4　在调整面板中单击【亮度/对比度】按钮，创建新的亮度/对比度图层，设置亮度为37，对比度-27，如图 3-110 所示。

图 3-110　调整亮度/对比度

图 3-111　调整色阶

步骤 5 单击背景图层，再在调整面板中单击【色阶】按钮，设置高光为 226，如图 3-111 所示。

步骤 6 打开图层面板，新建图层 1，按下【Ctrl+Shift+Alt+E】组合键，生成盖印图层 1，调整图层 1 到最上方，并重命名为“盖印图层”。

步骤 7 选择“盖印图层”，右键单击，从快捷菜单中选择【复制图层】命令，创建“盖印图层 副本”图层。

步骤 8 选择【钢笔工具】，沿着人物唇线单击，建立路径，如图 3-112 所示。

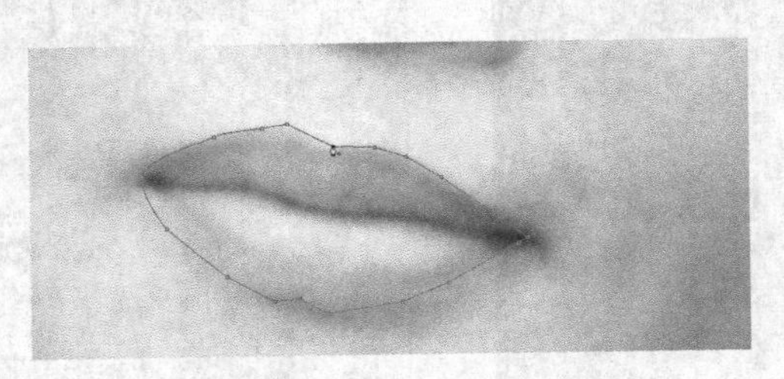

图 3-112 调整亮度/对比度

步骤 9 打开【路径】面板，单击其底部的【将路径载入选区】按钮，建立选区。按住【Ctrl+J】组合键，建立包含选区图像的新图层，重命名为“嘴唇”图层。

步骤 10 按住【Ctrl】键的同时，单击“嘴唇”图层的缩略图，得到嘴唇选区。打开【调整】面板，单击【色相/饱和度】按钮，设置“色相”为“-9”，【饱和度】为“55”，【明度】为“-8”，效果如图 3-113 所示。保存文件。

图 3-113 完成效果图

实例 9 消除红眼

设计要求：对于照片“消除红眼.jpg”，消除小朋友的红眼。

设计步骤：

步骤 1 打开图像文件“消除红眼.jpg”。

步骤 2 使用缩放工具放大小朋友脸部，如图 3-114 所示。

步骤 3 选择【修复工具组】中的【红眼工具】，在小朋友的右眼的红眼部分单击，效果如图 3-115 所示。

图 3-114 红眼图像

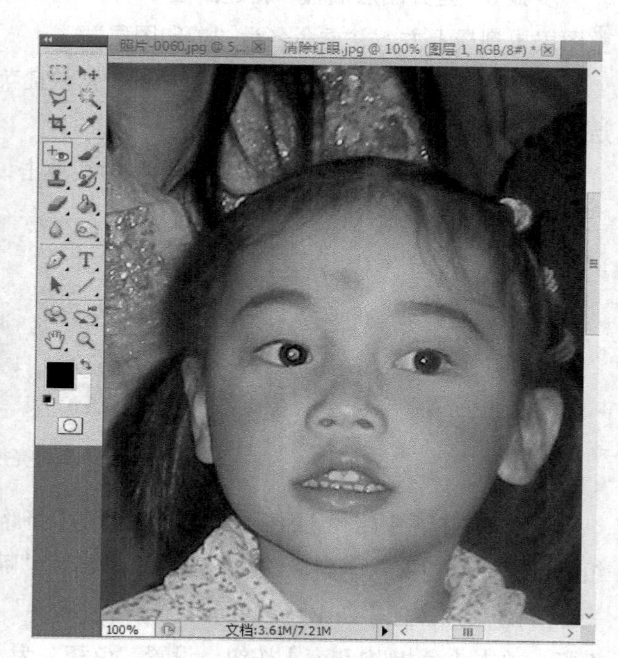

图 3-115 修复后的图像

步骤 4 保存文件。

3.5 文字与滤镜

3.5.1 文字与滤镜

在 Photoshop 中可以通过“文字”工具输入文字，通过【字符】、【段落】面板进行文字的设置和编排。结合 Photoshop 提供的图层、通道、滤镜实现所需要的特殊文字效果。

1. 文字

选择 T 横排文字工具或按键盘上的【T】键，即可使光标形状变为文本插入点，同时在选项栏出现文本属性设置的相关选项，如图 3-116 所示。

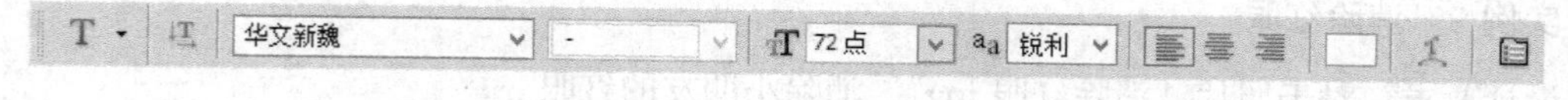

图 3-116 文字选项栏

：用于选择文字输入的方向。

某些命令和工具（如滤镜效果和绘画工具）不可用于文字图层。必须在应用命令或使用工具之前栅格化文字。栅格化将文字图层转换为正常图层，并使其内容不能再作为文本编辑。如果选取了需要栅格化图层的命令或工具，则会出现一条警告信息。某些警告信息提供了一个【确定】按钮，单击此按钮即可栅格化图层。

栅格化文字图层的方法：选择文字图层并选取【图层】→【栅格化】→【文字】。

2. 滤镜

Photoshop 提供了一系列滤镜，可以实现一些奇妙的效果。添加滤镜的操作在【滤镜】菜单中选择相应命令实现。

3.5.2　实训案例

实例 10　黄金字

设计要求：制作黄金字。通过实例掌握文本输入、图层样式等方法的应用。

设计步骤：

步骤 1　新建一个文件，RGB 模式，白色背景，宽 28cm，高 14cm，分辨率 200dpi，如图 3-117 所示。填充背景图层为黑色。

步骤 2　单击工具箱中的【横排文字工具】T。在属性栏中单击【切换字符和段落面板】图标，在字符面板中设置字体为【华文琥珀】，字号为“120 点”，颜色为“红色”，如图 3-118 所示，单击【确定】按钮。

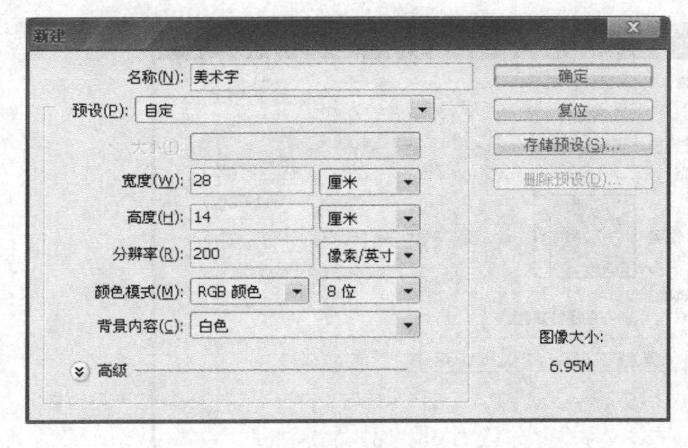

图 3-117　新建文件

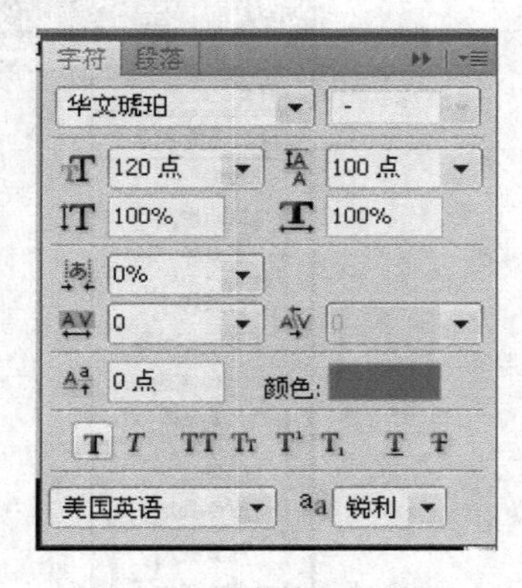

图 3-118　字符面板设置

步骤 3　在画布上输入“文字处理”四个字，如图 3-119 所示。

图 3-119　输入文字

步骤 4　选择图层面板底部的【添加图层样式】按钮，单击【斜面和浮雕】命令，在【图层样式】对话框中设置【样式】为“枕状浮雕”,【方法】为“雕刻清晰”，如图 3-120 所示。

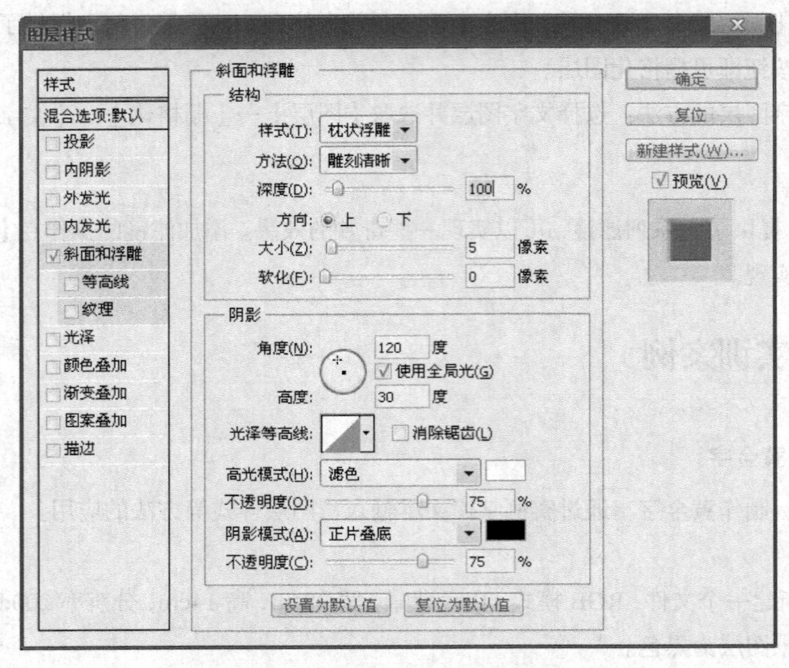

图 3-120　斜面和浮雕效果设置

步骤 5　勾选【图案叠加】复选框，设置图案为第 1 种图案，设置缩放比例到自己满意，如图 3-121 所示。

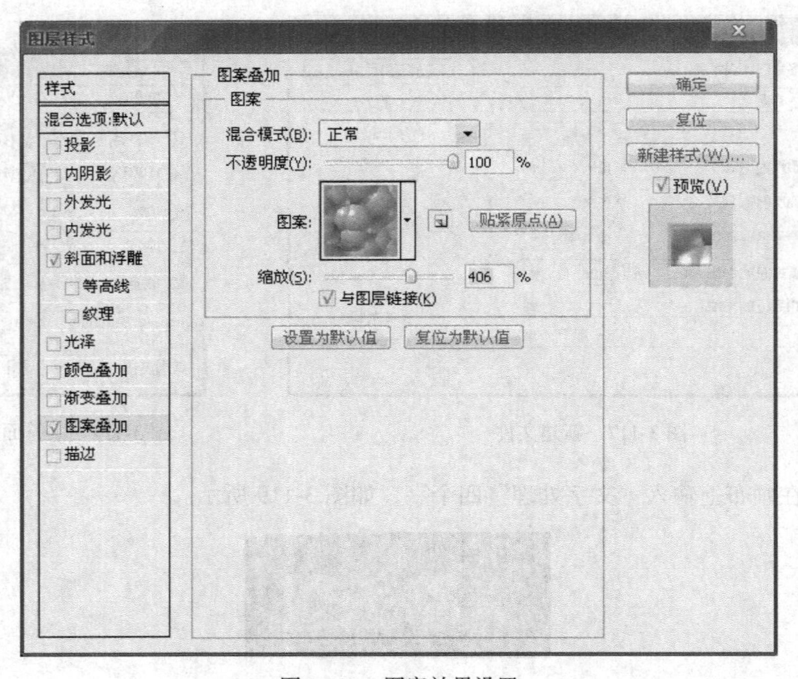

图 3-121　图案效果设置

步骤 6　勾选【光泽】复选框，设置混合模式为【线性光】，颜色为金黄色（参考 RGB 值为 245、209、10）。单击【等高线】图标右边的小三角，从弹出的等高线样式中选择“锯齿 1”，距离为 13，大小为 10，角度为 19，不透明度为 67%，如图 3-122 所示。

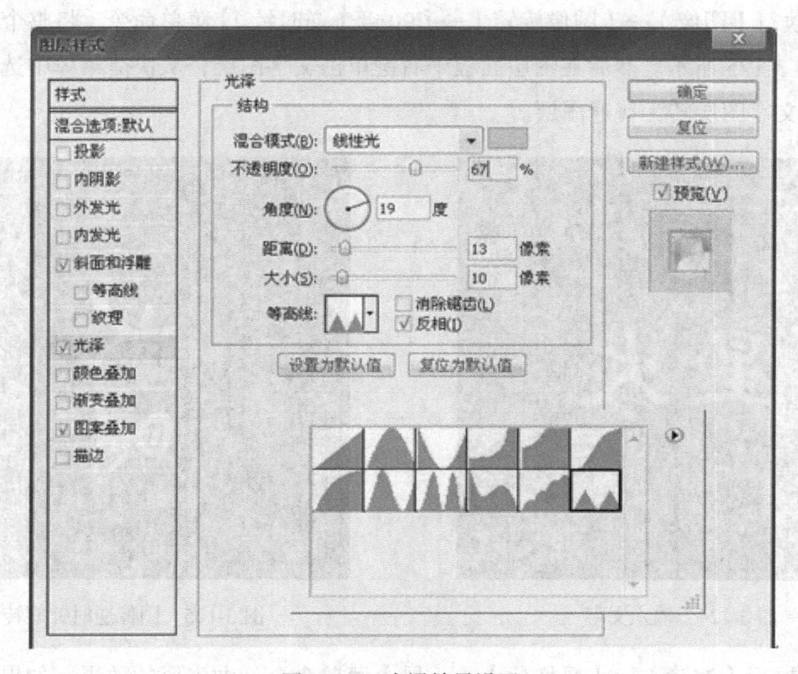

图 3-122　光泽效果设置

步骤 7　单击【确定】按钮退出设置，最终效果如图 3-123 所示。保存文件为“黄金字.psd”。

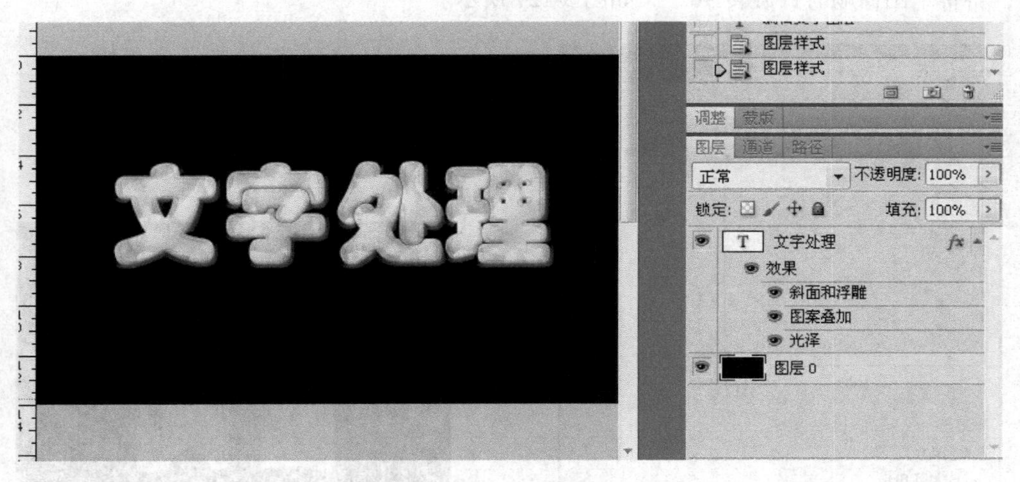

图 3-123　黄金字效果

实例 11　火焰字

设计要求：制作火焰字。通过实例掌握新建文件设置、文本输入、画布旋转、图层设置、风滤镜、灰度调整等方法的应用。

设计步骤：

步骤 1　新建 RGB 模式的文件，背景填充为黑色，然后用文本工具输入“星火”两字，字体为“华文新魏”，字号为“72”，颜色为“白色”，如图 3-124 所示。

步骤 2　执行【图像】→【图像旋转】→【90 度（逆时针）】菜单命令，将整个图像逆时针旋转 90°，如图 3-125 所示。然后在图层面板中右键单击文字图层，从快捷菜单中选择【栅格化文字】命令，将文字图层转为普通图层。

图 3-124　输入文字

图 3-125　图像逆时针旋转

步骤 3　执行【滤镜】→【风格化】→【风】菜单命令，做出风的效果，如果让火焰大些，可多次使用此滤镜，如图 3-126 所示。执行【图像】→【图像旋转】→【90 度（顺时针）】菜单命令，将整个图像顺时针旋转 90°，如图 3-127 所示。

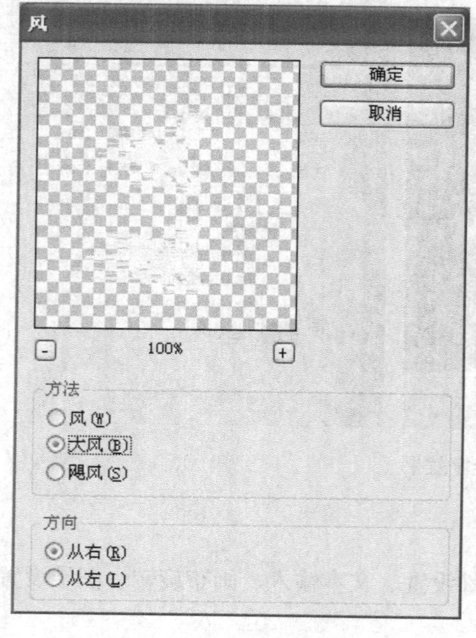

图 3-126　风的效果

图 3-127　图像顺时针旋转

步骤 4　然后执行【滤镜】→【扭曲】→【波浪】命令，制作出图像抖动效果，如图 3-128 所示。

步骤 5　执行【图像】→【模式】→【灰度】命令将图像模式转为灰度模式，再执行【图像】→【模式】→【索引颜色】命令，将图像模式转为索引模式。最后执行【图像】→【模式】→【颜色表】命令，打开颜色表对话框，在颜色表列表框中选择“黑体”。将图像转为 RGB 格式，完成火焰字制作，效果如图 3-129 所示。

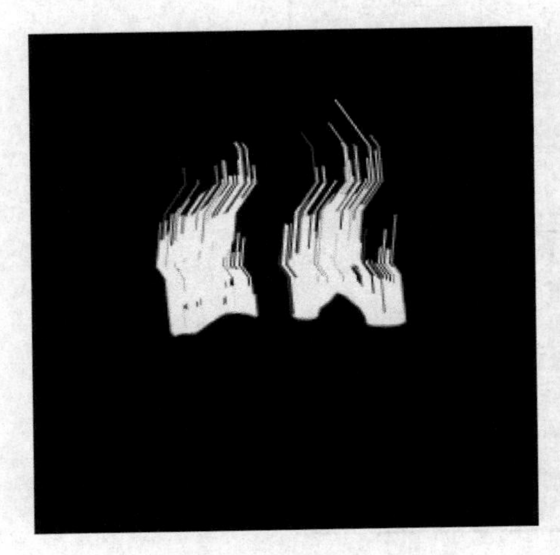

图 3-128　图像抖动效果

图 3-129　火焰字效果

实例 12　天体爆炸效果

设计要求：制作天体爆炸效果。通过实例掌握杂色滤镜、模糊滤镜、图层、径向渐变、画面尺寸改变的方法。

设计步骤：

步骤 1　执行【文件】→【新建】命令，新建一个文件，设置宽高为 425*425 像素，分辨率为 72dpi，RGB 颜色模式，8 位深度，背景为白色，如图 3-130 所示。

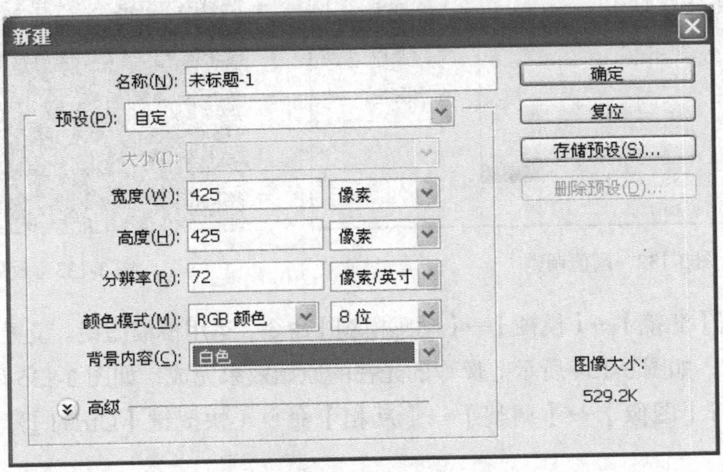

图 3-130　新建文件

步骤 2　使用杂色滤镜，给背景增加杂色。其中：数量为“15%”，分布为“均匀”，选择复选框“单色”。具体设定如图 3-131 所示。

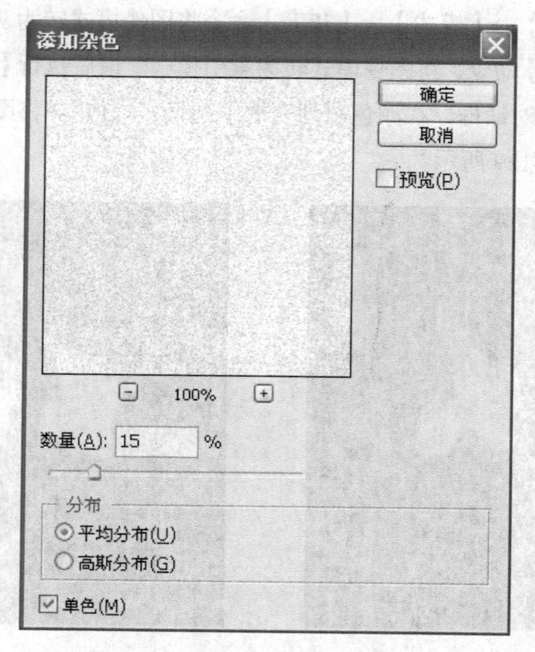

图 3-131　杂色滤镜设置

步骤 3　设置杂点数量。执行【图像】→【调整】→【阈值】命令，打开【阈值】对话框。设置阈值色阶为“241”，如图 3-132 所示。设置后的效果如图 3-133 所示。

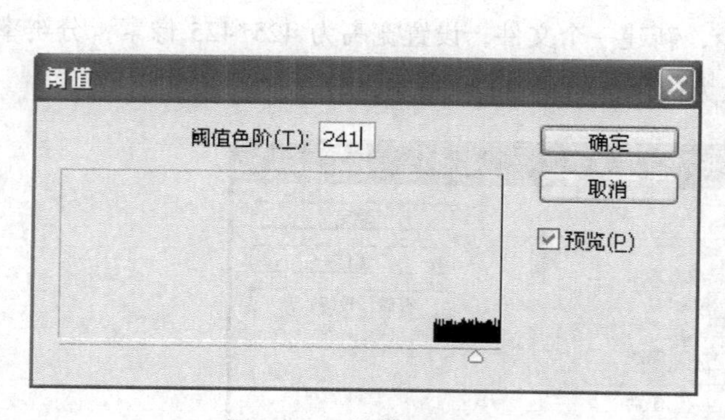

图 3-132　阈值调整

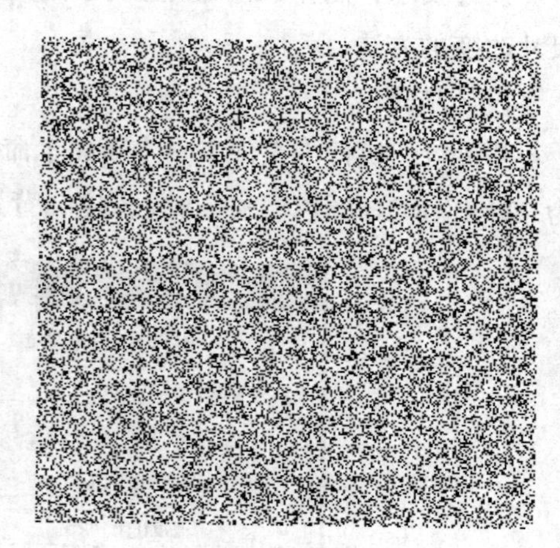

图 3-133　效果图

步骤 4　执行【滤镜】→【模糊】→【动感模糊】命令，运用模糊滤镜。设置【角度】为“90”，【距离】为“400”，如图 3-134 所示。爆炸的光芒的原始效果完成，如图 3-135 所示。

步骤 5　执行【图像】→【调整】→【反相】命令（快捷键【Ctrl+I】），效果如图 3-136 所示。

步骤 6　在背景上新建一个图层并命名为 fires。这一图层将用于产生爆炸轮廓的效果。

步骤 7　选择线性渐变工具，设置类型为径向渐变。设定前景为白色，背景为黑色，在 fires 图层中，拉动产生由白到黑的渐变，如图 3-137 所示。

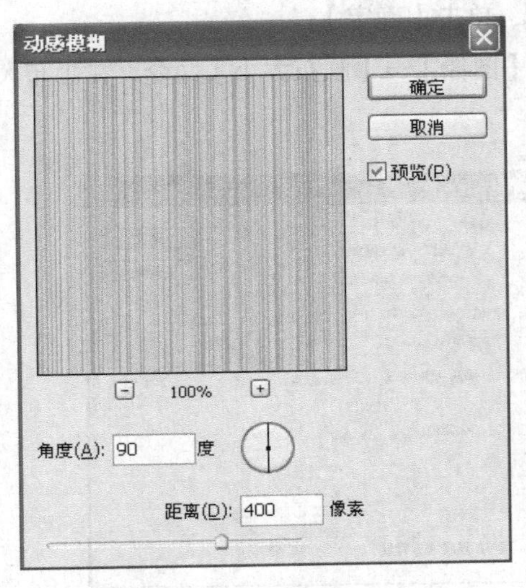

图 3-134　动感模糊

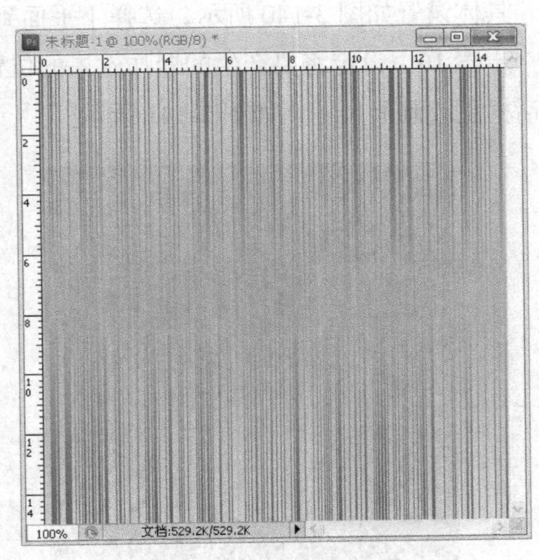

图 3-135　原始效果

图 3-136　反选效果图

图 3-137　径向渐变效果

步骤 8　设定 fires 图层的混合模式滤色，如图 3-138 所示。图像效果如图 3-139 所示。

图 3-138　设定图层混合模式

图 3-139　混合效果

步骤 9　执行【图层】→【合并可见图层】命令，将 fires 图层和背景图层合并。然后，执行【滤镜】→【扭曲】→【极坐标】命令，使用极坐标滤镜进行变形，目的是产生一个向外放射的形状。具体设置如图 3-140 所示，选择【平面到极坐标】，单击【确定】。

步骤 10　设定将要产生的爆炸效果的位置。执行【图像】→【画布大小】命令，在画布大小对话框更改画面尺寸，如图 3-141 所示。

图 3-140　向外放射状

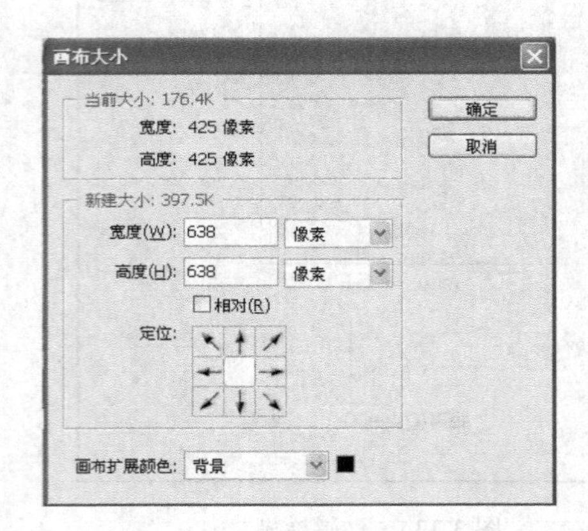

图 3-141　更改画面

步骤 11　执行【滤镜】→【模糊】→【径向模糊】命令，使用模糊滤镜调整效果。设置【数量】为“100”,【模糊方法】为“缩放”,【品质】为“最好”，如图 3-142 所示。效果如图 3-143 所示。

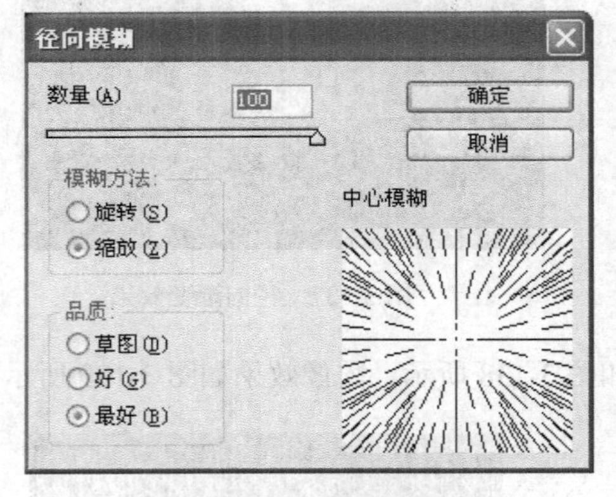

图 3-142　模糊滤镜调整

图 3-143　模糊效果

步骤 12　使用【色相/饱和度】为爆炸设定颜色，如图 3-144，效果如图 3-145。

步骤 13　单击图层面板底部的，再新建一个图层，将在这个层里面制作烟雾的效果。

步骤 14　将新图层的混合模式设定为颜色减淡。

步骤 15　执行【滤镜】→【渲染】→【云彩】命令，在新建的图层上增加“云彩”的效果，以产生爆炸时所产生的烟雾效果，如图 3-146 所示。

步骤 16　在烟雾层上，连续使用【分层云彩】滤镜 10 次，按快捷键【Ctrl+F】10 次，效果如图 3-147 所示。

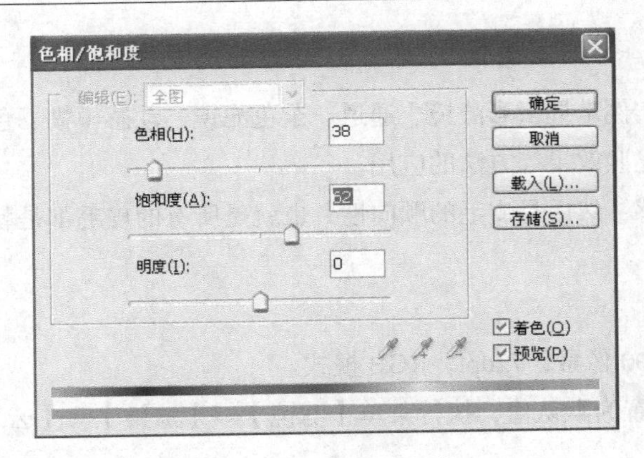

图 3-144　色相/饱和度调整

图 3-145　色相/饱和度调整后效果

图 3-146　增加烟雾效果

图 3-147　分层云彩效果

步骤 17　最后在效果图上增加一点杂点，这样会更显得真实。执行【滤镜】→【添加杂色】命令。在【添加杂色】对话框中设置【数量】为“9”，【分布】为“高斯分布”，选中【单色】复选框，如图 3-148 所示。效果如图 3-149 所示。

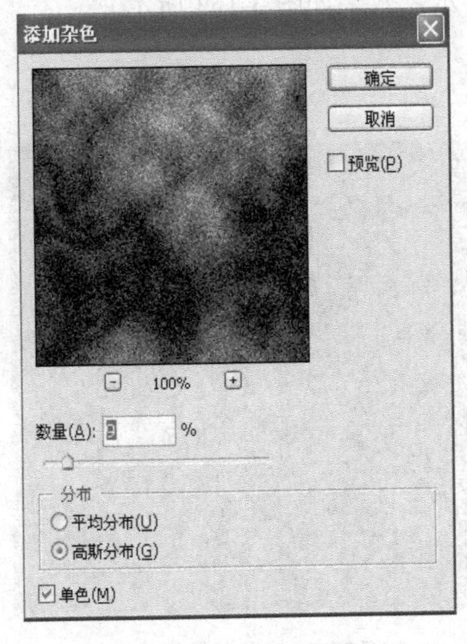

图 3-148　增加杂点

图 3-149　天体爆炸效果

实例 13　布料研究——裘皮

设计要求：制作裘皮布料效果。通过实例掌握云彩滤镜、通道、杂色滤镜、动感模糊、色阶调整、旋转扭曲、图层、画布大小调整、光照效果等方法的应用。

裘皮纹理的特点，首先是特有的光泽感，然后是皮毛的顺向性，也就是所有的皮毛都是朝一个方向生长的，还有就是皮毛的层次感。

设计步骤：

步骤 1　新建文件，设置宽高为 600*600 像素，72dpi，RGB 模式。

步骤 2　按快捷键【D】将系统颜色设置为默认值，执行菜单【滤镜】→【渲染】→【云彩】命令，如图 3-150 所示。

步骤 3　单击通道面板，单击面板底部的【创建新通道】按钮，新建通道 Alpha 1，如图 3-151 所示。

图 3-150　云彩设置

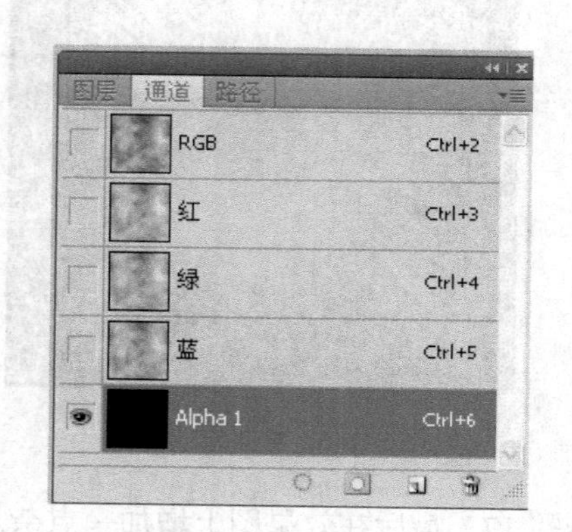

图 3-151　Alpha　通道建立

步骤 4　选择【滤镜】→【杂色】→【添加杂色】菜单命令，设置【数量】为“300”，【分布】为“高斯分布”，取消选择“单色”项，如图 3-152 所示，效果如图 3-153 所示。

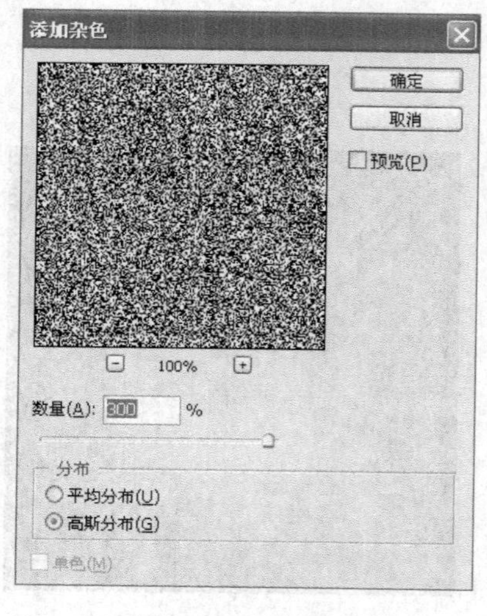

图 3-152　添加杂色

图 3-153　杂色效果

步骤 5　选择【滤镜】→【模糊】→【动感模糊】菜单命令，在【动感模糊】对话框中设置【角度】为“90”,【距离】为“35”，如图 3-154 所示。这一步数值越大则皮毛长度越长。

步骤 6　按快捷键【Ctrl+L】进入“色阶”对话框，输入色阶设置分别为“59”、“1.00”和“146”，如图 3-155 所示，提高画面对比度。

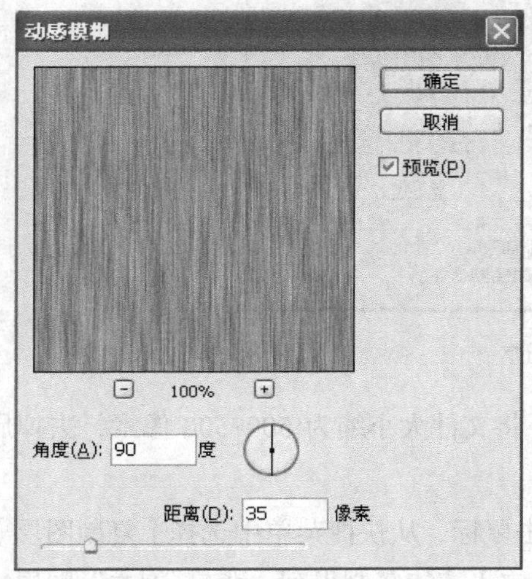

图 3-154　动感模糊设置

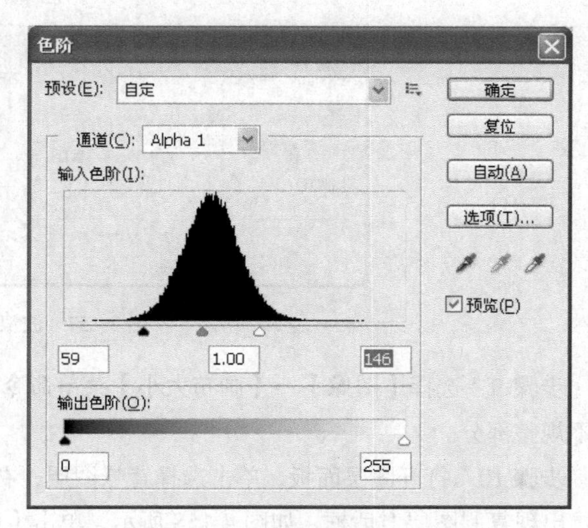

图 3-155　色阶调整

步骤 7　选择【滤镜】→【扭曲】→【旋转扭曲】菜单命令，在【旋转扭曲】对话框中设置【角度】为“50”，如图 3-156 所示。

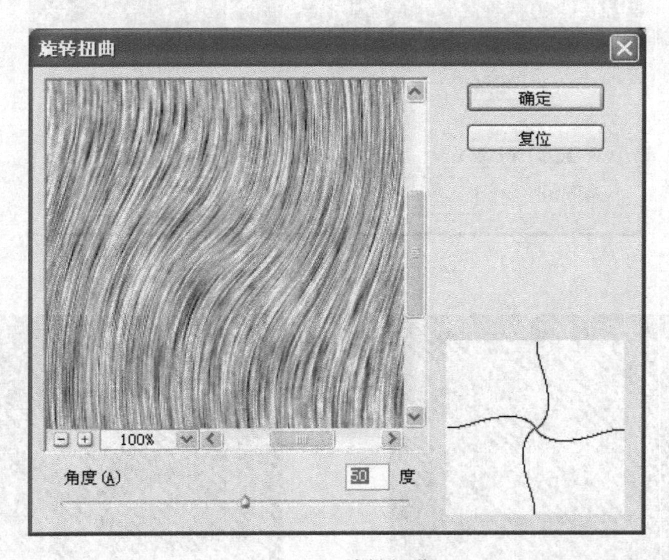

图 3-156　旋转扭曲

步骤 8　选择【滤镜】→【扭曲】→【波浪】菜单命令，在【波浪】对话框中设置【生成器数】为“5”;【波长】最小为“760”，最大为“999”;【波幅】最小为“13”，最大为“62”;【随机化】为“折回”,【类型】为“正弦”，如图 3-157 所示。

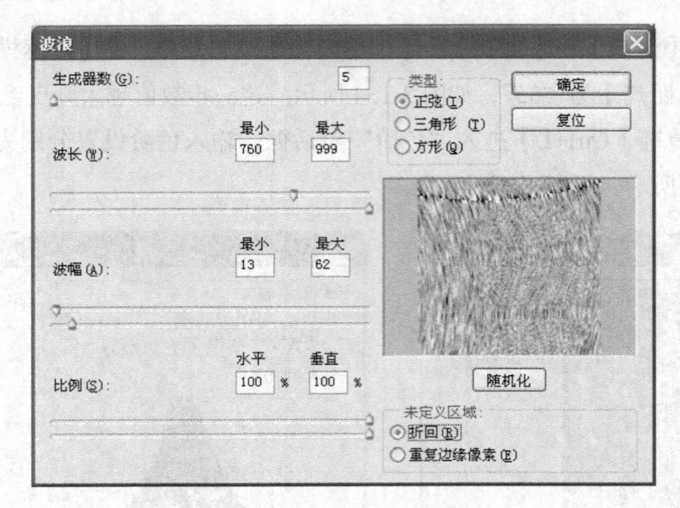

图 3-157　波浪调整

步骤 9　选择【图像】→【画布大小】菜单命令，将文件大小缩为 500*500 像素，去掉周边的不规整部分。

步骤 10　打开图层面板，单击选择背景图层，右击鼠标，从快捷菜单中选择【复制图层】命令，出现复制图层对话框，如图 4-158 所示，单击【确定】按钮复制得到“背景 副本”图层。按快捷键【Ctrl+Alt+4】，载入 Alpha 1 选区，如图 4-159 所示，按【Del】键删除，效果如图 3-160 所示。

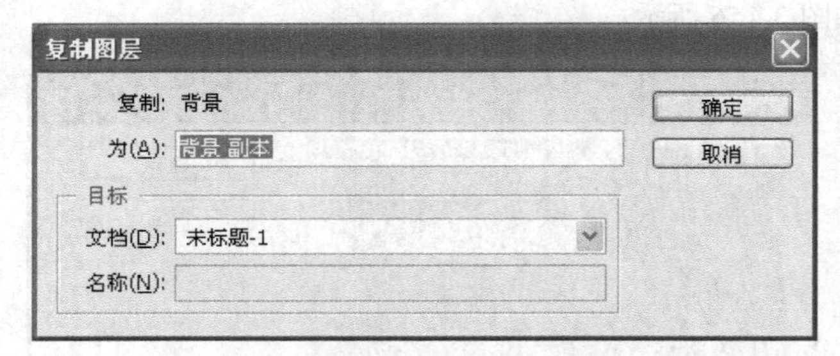

图 3-158　复制层

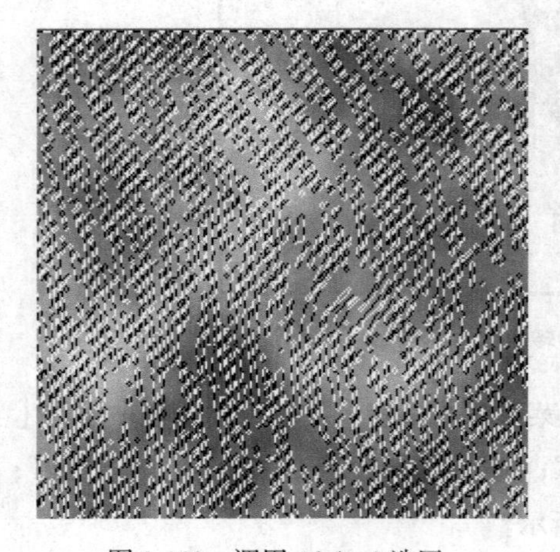

图 3-159　调用 Alpha 1 选区

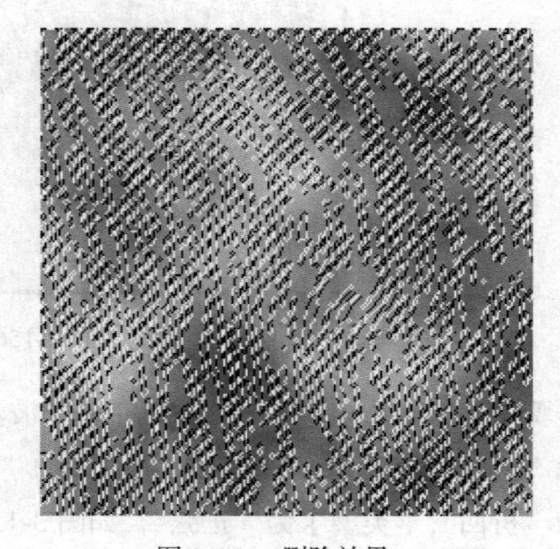

图 3-160　删除效果

步骤 11 设置新图层混合模式为“差值”，选择【图层】→【合并可见图层】命令，合并可见层，效果如图 3-161 所示。

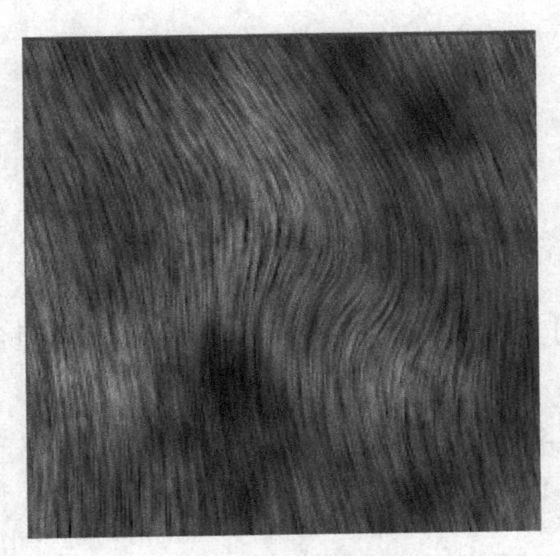

图 3-161 合并可见图层效果

步骤 12 按下快捷键【Ctrl+U】，进入【色彩/饱和度】对话框，选中【着色】项，设置【色相】为“41”，【饱和度】为“54”。

步骤 13 选择【滤镜】→【渲染】→【光照效果】菜单命令，打开【光照效果】对话框，修改高度为 1，如图 3-162 所示。

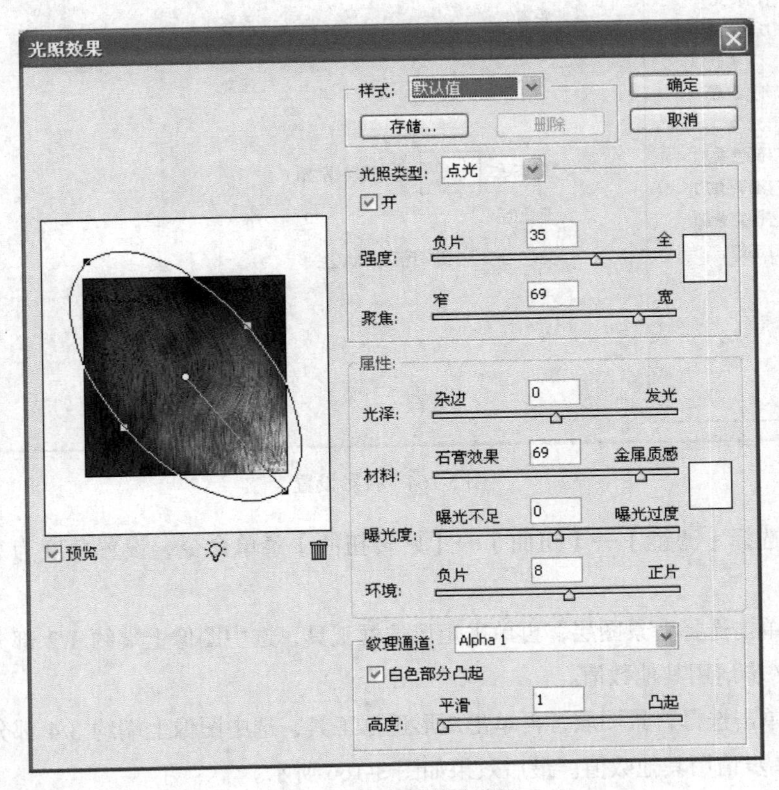

图 3-162 光照效果设置

步骤 14　用矩形选择工具选中图像上端约 1/4 部分，选择【选择】→【修改】→【羽化】菜单命令，设置羽化半径为 20 像素，如图 3-163 所示。

图 3-163　羽化设置

步骤 15　按下【Ctrl+C】组合键复制选区，再按【Ctrl+V】组合键将选区粘贴到新图层“图层 1”。

步骤 16　选择【图层】→【图层样式】→【投影】菜单命令，设置角度为 69，距离为 56，大小为 10，如图 3-164 所示。

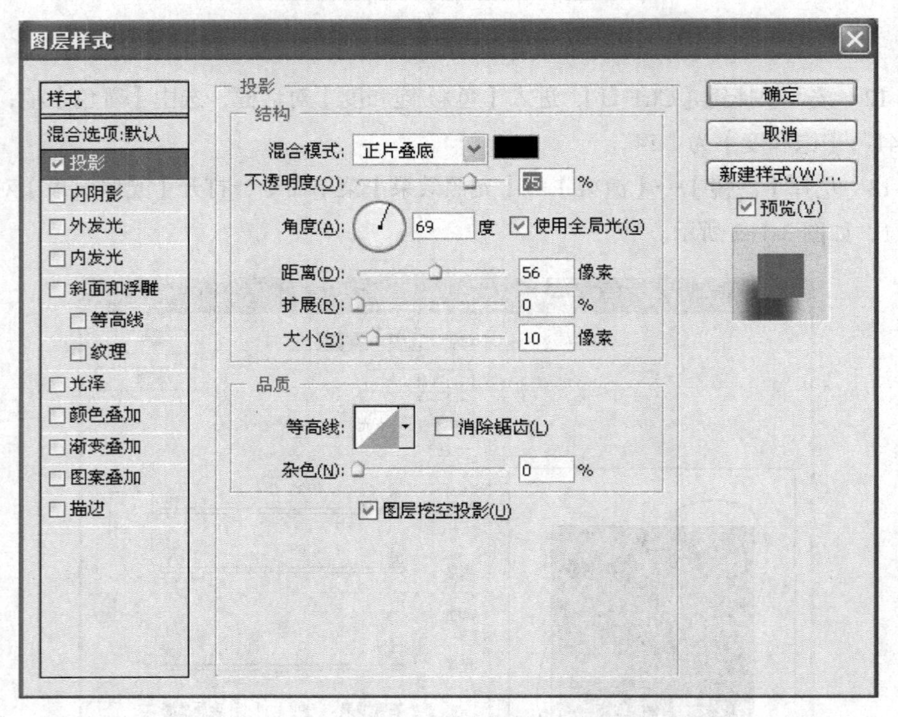

图 3-164　投影设置

步骤 17　选择【滤镜】→【扭曲】→【旋转扭曲】菜单命令，设置角度为 20 度。效果如图 3-165 所示。

步骤 18　单击选择背景图层，再单击矩形选框工具，选中图像上端约 1/2 部分，重复 14 步到 17 步，第 17 步请用其他数值。

步骤 19　单击选择背景图层，再单击矩形选框工具，选中图像上端约 3/4 部分，重复 14 步到 17 步，第 17 步请用其他数值。最后效果如图 3-166 所示。

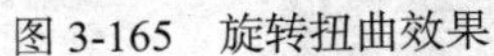

图 3-165　旋转扭曲效果

图 3-166　裘皮效果

渐变的方向决定最后效果的光源位置，读者可以按照自己的需要来设定，“杂色”和“动感模糊”是两个比较重要的步骤，它们结合起来决定了最后纹理的粗糙程度。如果最后想要得到其他颜色的金属效果，可以在完成以后选择【图像】→【调整】→【色相/饱和度】，选中【着色】复选框，然后调节得到自己想要的颜色。读者完全可以按照自己的需要创意出全新的超酷金属纹理。

实例 14　瘦身瘦脸

设计要求：对于“瘦身瘦脸.jpg”文件中的人物进行瘦身及瘦脸处理。掌握液化工具的应用。

设计步骤：

步骤 1　打开“瘦身瘦脸.jpg”文件，如图 3-167 所示。

图 3-167　打开原图

图 3-168　瘦身效果图

步骤 2　选择【滤镜】→【液化】菜单命令，打开【液化】滤镜对话框。选择左边工具箱中前向变形工具，设置右边的画笔大小为 120，移动画笔到照片左边人物的腰部，按下鼠标向右拖动，可以看到腰部收缩，达到收腰的效果。把画笔移到人物手臂，以同样方式，瘦手。单击【确定】按钮退出【液化】对话框。效果如图 3-168 所示。

步骤 3　再次选择【滤镜】→【液化】菜单命令，打开【液化】滤镜对话框。单击缩放工具，在预览区单击放大图像。

步骤 4　选择冻结蒙版工具，然后设置画笔大小适当，在人物脸上涂抹，绘制出红色区域，此区域为受保护区域，如图 3-169 所示。

步骤 5　单击选择前向变形工具，拖动鼠标，在人物脸颊上推动鼠标，以美化人物脸部曲线。再单击解冻蒙版工具，在人物脸上涂抹，以解冻红色受保护区域。效果如图 3-170 所示。完成后，单击【确定】按钮，退出【液化】对话框。

图 3-169　冻结保护区域

图 3-170　瘦脸效果图

本章小结

视觉媒体包括文本、图形、图像、视频与动画等，人们通过眼睛来感受这些媒体信息。通过丰富多彩的颜色来更好地表现这些媒体信息。

本章首先介绍了视觉的基本特性，介绍了彩色空间的表示及转换，阐述了数字图形图像的基本原理，对矢量图形和位图图像做了简单比较。最后介绍了常用的图形图像处理软件 Photoshop 的使用方法。

思考题

1．名词解释。

（1）图形　（2）图像　（3）图像分辨率　（4）图像位深度　（5）真彩色

（6）色调　（7）饱和度　（8）明度　（9）彩色空间　（10）像素

2．填空题。

（1）目前计算机屏幕上显示出来的画面通常采用图形或图像两种描述方法。其中________适合于表现包含大量细节的画面，如照片、绘画等，而工程制图要描述准确的几何尺寸用________。

（2）任何一种颜色均可以由________、________、________3 种基本颜色按照不同比例混合得到，这就是常说的三原色原理。

（3）若不经过压缩，一幅 800×600 的 8 位灰度黑白图像，其数据量为________MB，若为 24 位真彩色的同幅图像，其数据量为________MB。

3．人的视觉系统对颜色的感知有哪几个特性？

4．简述加色原理和减色原理。

5．RGB、Lab、YUV 颜色空间是如何对颜色进行描述的？

6．对比分析点阵图和矢量图的原理和特点。

7．常见的图形图像的基本格式有哪些？

8．获得图像素材的途径有哪些？

操作练习题

1．从一个网站上下载三种不同类型的图片，其中一张是照片，另外两张分别是绘图（纯色或梯度）和二者的混合。在“画图”程序中将图像转换成 256 色，比较转换前后的图片，记录每个文件的大小。在 Photoshop 中比较对原始的图片运用不同调色板和压缩算法时的效果有何不同，并按下表所示格式形式记录下来。

文件名	图像格式	文件大小	图像质量

2．打开“Photoshop 习题素材”文件夹中的 005.bmp 图片（见图 3-171），选择该图片上三个不同的像素，找出其颜色并记录下这种颜色的 RGB、HSB、CMYK 和网页（十六进制）颜色值。记录在如下表格中。

像素	RGB	HSB	CMYK	十六进制
1				
2				
3				

3．用路径、套索、魔棒、色彩范围、通道等多种方法抠出图 3-171 中的向日葵。

4．绘制图 3-172 所示水墨图。

图 3-171　向日葵图

图 3-172　水墨图

5．根据图 3-173 所示的图样，制作按键图形。

图 3-173　按键图形

提示

该作业主要是通过【图层样式】模板的【Web 样式】完成，请单击【窗口】菜单下的【样式】，打开面板后单击【样式】面板右边的选项，单击【Web 样式】、单击【追加】。调出【Web 样式】后可根据自己喜好尝试各种模板的风采。

6．自己构思创作玻璃杯中放置冰块效果的图。

7．晒晒我的照片。利用素材 psjob02.jpg 和 psjob03.jpb，照片选用自己的，合成图像，效果参考图 3-174。

图 3-174　晒晒我的照片

8．利用素材 psjob04.psd-psjob07.psd，制作新年贺卡，如图 3-175 所示。

图 3-175　制作新年贺卡

9．制作如图 3-176 所示的立体图形。

图 3-176　制作立体图形

10．选取自己日常生活中的照片，进行瘦身瘦脸、美容、去掉多余人物或物品、调节逆光照片、图像合成等处理。

11．对图像 psjob08.jpg 进行处理，如图 3-177 所示，还原年轻时的肌肤，如图 3-178 所示。

图 3-177　004.jpg 素材图

图 3-178　年轻肌肤图

12．为 psjob09.bmp 图片制作云雾效果，如图 3-179 所示，效果图可参考图 3-180。提示：新建一个图层 1，对其进行云彩渲染；接着为其添加图层蒙版，再重复使用云彩渲染；然后调整对比度和亮度，并为图层 1 加上强光；最后合并图层。

图 3-179　psjob09.bmp 素材图

图 3-180　云雾效果图

13．以“Photoshop 习题素材”文件夹中的 psjob10.bmp 图片，如图 3-181 所示，为素材，制作图案字，效果图可参考图 3-182。

新建一个空白图像文件，在其中创建文字图层并输入文字“可爱的小猫”；接着将文字转化为选区；再打开 001.bmp 素材图，选中整幅图像，复制到剪贴板上；然后回到图案字编辑窗口，并粘入小猫图；最后，通过移动工具拖动小猫图到适当的位置。

图 3-181 001.bmp 素材图

可爱的小猫

图 3-182 图案字效果图

14．制作球面文字，如图 3-183 所示。

图 3-183 球面字效果

第 4 章 计算机动画技术

对于过程的描述只依赖于文本信息或图形图像信息是不够的，为达到更好地描述效果，需要利用动画。动画能更直观、更翔实地表现事物变化的过程。动画比静态图片表达的信息多，比视频占用的存储空间少。与视频相比，对处理器的要求也相对低一些，还能通过模拟的方法说明视频无法记录的过程，如电子或行星的运动。因此在多媒体项目中，计算机动画有着举足轻重的作用。

4.1 计算机动画概述

4.1.1 动画的原理

动画的基本原理与电影、电视一样，都是利用人眼的视觉暂留的特性实现的，也就是人的眼睛看到一幅画或一个物体后，在 1/24s 内不会消失。利用这一特性，在一幅画还没消失前播放下一幅画，就会给人造成流畅的视觉变化效果。动画就是将多幅画面按一定速度连续播放以产生动态的效果。动画与运动是分不开的，可以说运动是动画的本质，动画是运动的艺术。动画制作是一种动态生成一系列相关画面的处理方法。

4.1.2 计算机动画的发展

传统的动画制作是在连续多格的胶片上拍摄一系列单个画面，一般每一幅与前一幅略有不同，然后将胶片以一定的速率放映出来。

计算机动画是在传统动画的基础上，采用计算机图形图像技术而迅速发展起来的一门高新技术。计算机动画是采用连续播放静止图像的方法产生景物运动的效果，也即使用计算机产生图形、图像运动的技术。由于采用数字处理方式，动画的运动效果、画面色调、纹理、光影效果等可以不断改变，输出方式也多种多样。

随着计算机图形技术的迅速发展，从 20 世纪 60 年代起，计算机动画技术也很快发展和应用起来，其发展经过了 3 个阶段。

① 20 世纪 60 年代，美国的 Bell 实验室和一些研究机构就开始研究用计算机实现动画片中画面的制作和自动上色。这些早期的计算机动画系统基本上是二维计算机辅助动画（Computer Assisted Animation），也称为二维动画。

② 20 世纪 70～80 年代，计算机图形、图像技术的软、硬件都取得了显著的发展，使计算机动画技术日趋成熟，三维辅助动画系统也开始研制并投入使用。三维动画也称为计算机生成动画（Computer Generated Animation），其动画的对象不是简单地由外部输入，而是根据三维数据在计算机内部生成的。

③ 20 世纪 90 年代至今，计算机动画已经发展成一个多种学科和技术的综合领域，它以计算机图形学，特别是实体造型和真实感显示技术（消隐、光照模型、表面质感等）为基础，涉及图像处理技术、运动控制原理、视频技术、艺术甚至于视觉心理学、生物学、机器人学、人工智能等领域，它以其自身的特点而逐渐成为一门独立的学科。

计算机动画区别于计算机图形、图像的重要标志是动画使静态图形、图像产生了运动效果。不同的动画效果，取决于不同的计算机动画软、硬件的功能。虽然制作的复杂程度不同，但动画的基本原理是一致的。从另一方面看，动画的创作本身是一种艺术实践，动画的编剧、角色造型、构图、色彩等的设计需要高素质的美术专业人员才能较好地完成。总之，计算机动画制作是一种高技术、高智力和高艺术的创造性工作。

4.1.3　计算机动画的分类

根据运动的控制方式可将计算机动画分为实时（Real Time）动画和逐帧动画（Frame By Frame）两种。实时动画是用算法来实现物体的运动。逐帧动画也称为帧动画或关键帧动画，也即通过一帧一帧显示动画的图像序列而实现运动的效果。根据视觉空间的不同，计算机动画又有二维动画与三维动画之分。

1．逐帧动画与实时动画

逐帧动画是一种常见的动画形式，其原理是在“连续的关键帧”中分解动画动作，也就是在时间轴的每帧上逐帧绘制不同的内容，使其连续播放而成为动画。

因为逐帧动画的帧序列内容不一样，不但给制作增加了负担而且最终输出的文件量也很大，但它的优势也很明显：逐帧动画具有非常大的灵活性，几乎可以表现任何想表现的内容，而它类似于电影的播放模式，很适合于表演细腻的动画。例如，人物或动物急剧转身、头发及衣服的飘动、走路、说话以及精致的 3D 效果等等。

实时动画也称为算法动画，它是采用各种算法来实现运动物体的运动控制。在实时动画中，计算机对输入的数据进行快速处理，并在人眼察觉不到的时间内将结果随时显示出来。实时动画的响应时间与许多因素有关，如计算机的运算速度是慢或快，图形的计算是使用软件或硬件，所描述的景物是复杂或简单，动画图像的尺寸是小或大等。实时动画一般不必记录在磁带或胶片上，观看时可在显示器上直接实时显示出来。

在实时动画中，一种最简单的运动形式是对象的移动，它是指屏幕上一个局部图像或对象在二维平面上沿着某一固定轨迹作步进运动，如跳出文字等。运动的对象或物体本身在运动时的大小、形状、色彩等效果是不变的。具有对象移动功能的软件有许多，大部分的编辑软件，如Authorware等，都具有这种功能，这种功能也被称作多种数据媒体的综合显示。

2. 二维与三维动画

二维画面是平面上的画面。纸张、照片或计算机屏幕显示，无论画面的立体感有多强，终究只是在二维空间上模拟真实的三维空间效果。一个真正的三维画面，画中的景物有正面，也有侧面和反面，调整三维空间的视点，能够看到不同的内容。二维画面则不然，无论怎么看，画面的内容是不变的。

二维与三维动画的区别主要在于采用不同的方法获得动画中的景物运动效果。一个旋转的地球，在二维处理中，需要一帧帧地绘制球面变化画面，这样的处理难以自动进行。在三维处理中，先建立一个地球的模型并把地图贴满球面，然后使模型步进旋转，每次步进自动生成一帧动画画面。

如果说二维动画对应于传统卡通片的话，三维动画则对应于木偶动画。如同木偶动画中要首先制作木偶、道具和景物一样，三维动画首先要建立角色、实物和景物的三维数据模型。模型建立好了以后，给各个模型“贴上”材料，相当于各个模型有了外观。模型可以在计算机的控制下在三维空间里运动，或远或近，或旋转或移动，或变形或变色等。然后，在计算机内部“架上”虚拟的摄像机，调整好镜头，“打上”灯光，最后形成一系列栩栩如生的画面。三维动画之所以被称作计算机生成动画，是因为参加动画的对象不是简单地由外部输入的，而是根据三维数据在计算机内部生成的，运动轨迹和动作的设计也是在三维空间中考虑的。

4.1.4 二维动画的特点与处理过程

1. 特点

二维动画是对手工传统动画的一个改进。与手工动画相比，用计算机来描线上色非常方便，操作简单；从成本上说，其价格更便宜；从技术上说，由于工艺环节减少，不需要通过胶片拍摄和冲印就能预演结果，发现问题即可在计算机上修改，既方便又节省时间。二维动画不仅具有模拟传统动画的制作功能，而且可以发挥计算机所特有的功能，如生成的图像可以重复编辑等。

2. 处理过程

在二维动画中，计算机的作用包括：输入和编辑关键帧、计算和生成中间帧、定义和显示运动路径、交互式给画面上色、产生一些特技效果、实现画面与声音的同步、控制运动系列的记录等。二维动画处理的关键是动画生成处理。传统的动画创作，由美术师绘制关键的画面，再由美工使用关键画面描绘中间画面，最后逐一画面地拍照形成动画影片。二维动画处理软件可以采用自动或半自动的中间画面生成处理，大大提高了工作效率和质量。

从处理过程上看，动画处理包括屏幕绘画和动画生成两个基本步骤。屏幕绘画主要由静态图像处理软件完成；动画生成用屏幕绘画的结果作为关键帧并以此为基础进行生成处理，最终完成动画创作，得到动画数据文件。

动画中帧的大小并不是固定的，一帧可能是一屏，也可能是屏幕上的一个局部窗口。在一个表现连续运动过程的动画中，相邻帧之间的变化越少，动画的效果越连续。由于帧动画实际上是活动的图像数据，因此播放效果越连续的动画其数据量越大。从另一个角度看，动画的帧与帧不同的局部范围可能很小，因此人工和自动绘画都可充分利用这一特点来简化处理。帧动画数据记录在一定格式的动画文件中。由于原始的动画数据量很大，不仅对存储造成压力，同时要连续读出每一帧画面需花费太长的时间，这不利于动画的实时播放。因此，有的动画格式采用一定的压缩方式记录数据，以减少动画文件容量，而且提高读取速度。

4.1.5　常用动画制作软件

1. Flash

Flash 软件是美国 Macromedia 公司 1999 年 6 月推出的二维矢量动画制作软件，具有以下特点。

① 简单易学，对制作者要求不高。

② 使用矢量图形和流式播放技术。Flash 动画由矢量图形组成，通过这些图形的运动，产生运动变化效果。与位图图形不同的是，矢量图形可以任意缩放尺寸而不影响图形的质量。流式播放技术使得动画可以边播放边下载，从而缓解了网页浏览者焦急等待的情绪。

③ 文件占用空间小，传输速度快。Flash 所生成的动画（.swf）文件非常小，但效果生动。由于文件小，所以传输速度快，下载迅速，使得动画可以在打开网页很短的时间里就得以播放。

④ 能够把音乐、动画、声效、交互方式融合在一起。越来越多的人已经把 Flash 作为网页动画设计的首选工具，并且创作出了许多令人叹为观止的动画效果。

⑤ 使用方便。强大的动画编辑功能使得设计者可以随心所欲地设计出高品质的动画，通过 Action 和 FS Command 可以实现交互性，使 Flash 具有更大的设计自由度。另外，它与网页设计工具 Dreamweaver 等配合默契，可以直接嵌入网页的任一位置，非常方便。Flash 作品已广泛应用于网页制作、网页广告、MTV、动画游戏、多媒体课件和影视片头等领域。

2. Ulead GIF Animator

Ulead GIF Animator 是友立公司出版的动画 GIF 制作软件。制作 GIF 文件首先要在图像处理软件中作好 GIF 动画中的每一幅单帧画面，然后用制作 GIF 的软件把这些静止的画面连在一起，确定帧与帧之间的时间间隔并保存成 GIF 格式。GIF 只支持 256 色以内的图像，采用无损压缩存储方式。其内建的 Plugin 有许多现成的动画特效可以套用，可将 AVI 文件转换成 GIF 动画文件，还可将网页上的动画 GIF 图片最佳化以便用户更快速浏览网页。

3. Alias/Wavefront MAYA

MAYA 是 Alias/Wavefront 公司（2005 年被 Autodesk 公司并购）出品的三维动画软件，MAYA 可以说是当前电脑动画制作最为优秀软件之一。它是新一代的具有全新架构的动画软件，其功能主要如下。

① 采用 object oriented C＋＋code 整合 OpenGL 图形工具，提供非常优秀的实时反馈表现能力。

② 具有先进的数据存储结构，强力的 scenceobject 处理工具——Digital project。

③ 运用弹性使用界面及流线型工作流程，使创作者可以更好地规划工程。

④ 使用 scripting&command language 语言。MAYA 的核心引擎是称为 MEL（MAYA Embedded Language，玛雅嵌入式语言）的加强型 scripting 与 command 语言。MEL 是一种全方位符合各种状况的语言，支持所有的 MAYA 函数命令。

⑤ 在基本的架构中，MAYA 自定 undo/redo 的排序，同时 MAYA 也提供改变 procedure stack（程序堆叠）及 re-excute（再执行）的能力。

⑥ 层的运用。MAYA 也把层的概念引入到动画的创作中，设计者可以在不同的层进行操作，而各个层之间不会有影响。

在 MAYA 中最具震撼力的新功能可算是 Artisan 了。它让设计者能随意地雕刻 nurbs 面，从而生成各种复杂的形象。如果有数字化的输入设备，如数字笔，设计者更是可以随心所欲地制作各种复杂的模型。

4. 3ds Max

3ds Max 是由 Autodesk 公司推出的，应用于 PC 平台的三维动画软件，从 1996 年开始就一直在三维动画领域叱咤风云。它的前身就是 3ds，依靠 3ds 在 PC 平台中的优势，3ds Max 一推出就受到了瞩目。它支持 Windows 操作系统，具有优良的多线程运算能力，支持多处理器的并行运算，丰富的建模和动画能力，出色的材质编辑系统，这些优秀的特点吸引了大批的三维动画制作者和公司。

3ds Max 从 1.0 版发展到现在，可以说是经历了一个由不成熟到成熟的过程，现在已经具有了各种专业的建模和动画功能。nurbs、dispace modify、camer traker、motion capture 这些原来只有在专业软件中才有的功能，现在也被引入到 3ds Max 中。可以说今天的 3ds Max 给人的印象绝不是一个运行在 PC 平台的业余软件了，从电视到电影，都可以找到 3ds Max 的身影。

3ds Max 的成功在很大的程度上要归功于它的插件。全世界有许多的专业技术公司在为 3ds Max 设计各种插件，他们都有自己的专长，所以各种插件也非常专业。例如增强的粒子系统 sandblaster，ourburst，设计火、烟、云的 afterburn，制作肌肉的 metareyes，制作人面部动画的 jetareyes。有了这些插件，就可以轻松设计出惊人的效果。

5. GIFCON

GIFCON（GIF Construction Set for Windows）是 Alchemy Mindworks 公司开发的一种能够处理和创建 GIF 格式文件的工具集成软件。用 GIFCON 能够创建包含多幅图像的 GIF 文件，灵活地控制各个图像的显示位置、显示时间、透明色等，可以实现各种简单动画。GIFCON 本身并没有编辑处理图像的功能。创建一个 GIF 动画文件需预备好各图像素材，然后用 GIFCON 按一定的控制方式把它们集成在一起。

4.1.6　动画文件格式

1. GIF 格式

GIF（Graphics Interchange Format）是 CompuServe 公司在 1987 年为了制定彩色图像传输协议而开发的图像文件格式。GIF 文件格式采用了可变长度的压缩编码和其他一些有效的压缩算法，按行扫描迅速解码，且与硬件无关。它支持 256 种颜色的彩色图像，并且在一个 GIF 文件中可以记录多幅图像。一个 GIF 文件中含有多幅图像是 GIF 格式的显著特点，正是根据这一特性，用 GIF 格式可以构造出简单帧动画。除了一般图像文件所包含的文件头、文件体和文件尾 3 大块以外，GIF 89a 格式（89a 为一种版本号）允许 GIF 文件包含多幅图像以及相应的若干附加块。

2. FLIC（FLI/FLC）格式

FLIC 是 Autodesk 公司在其出品的 Autodesk Animator/Animator Pro/3D Studio 等二维或三维动画制作软件中采用的彩色动画文件格式。FLI 是最初基于 320×200 像素的动画文件格式，FLC 是 FLI 的扩展格式。FLC 采用了更高效的数据压缩技术，分辨率也不限于 320×200 像素。FLIC 是 FLC 和 FLI 的统称。FLIC 文件被广泛用于动画图形中的动画序列、计算机辅助设计好计算机游戏应用程序。

3. SWF 格式

SWF 是 Flash 的 FLA 源文件发布以后的影片文件格式，是 Flash 文件的播放格式。Macromedia 公司出品 Flash 的矢量动画格式，它采用曲线方程描述动画内容，因此不会在缩放时失真。由于这种格式的动画能添加声音和视频等，还可以嵌入到网页中作为网页的一部分，因此被广泛地应用于网页上。

4. AVI 格式

Microsoft 公司视频文件格式，动态图像和声音同步播放。

4.2　Flash 动画基础

4.2.1　Flash 动画的工作界面

用户依次单击【开始】→【程序】→【Adobe Flash CS5 Professional】选项，启动 Adobe Flash CS5 程序，启动界面如图 4-1 所示。

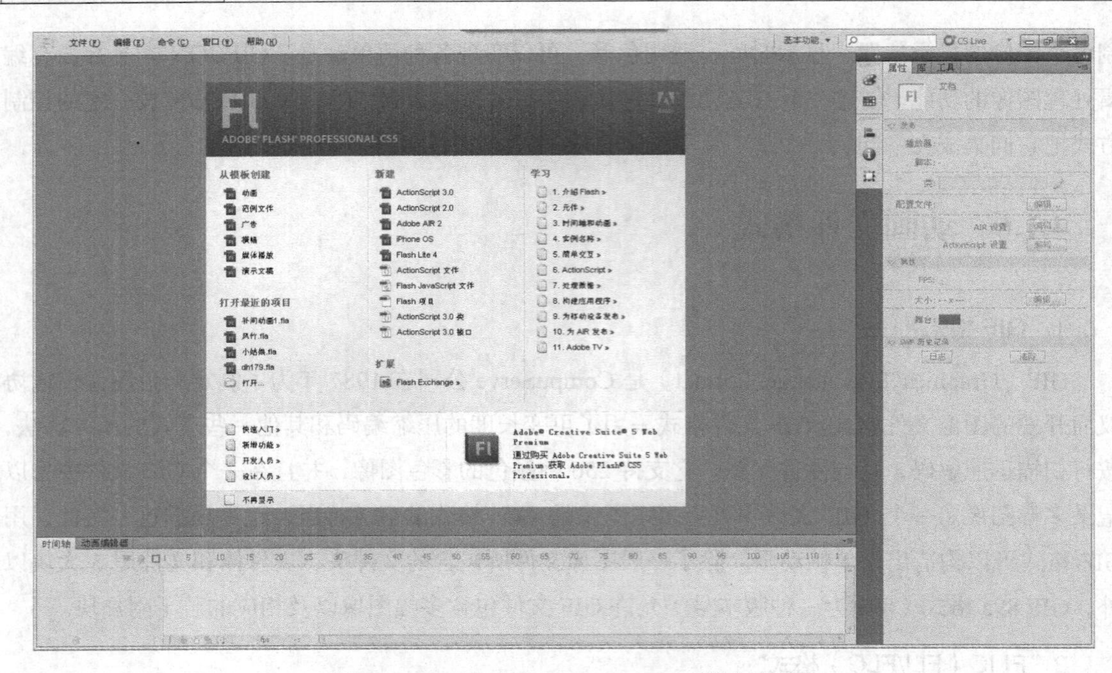

图 4-1　Adobe Flash CS5 Professional 启动界面

选择【新建】下面的【ActionScript 3.0】，进入 Flash 工作界面，如图 4-2 所示。它的工作界面由菜单栏、工具栏、时间轴、图层区域、工作区、【动作—帧】面板、【属性、滤镜、参数】面板、【颜色、样式】面板、【行为】面板和【库】面板等部分组成。

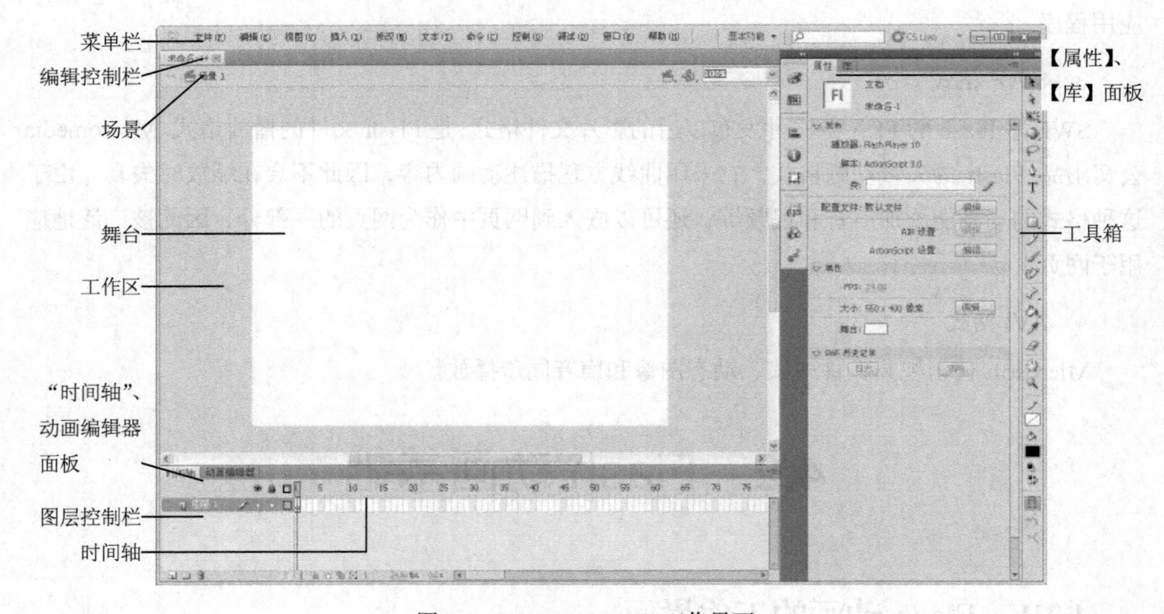

图 4-2　Adobe Flash CS5 工作界面

在创建或编辑一段 Flash 动画时，通常要使用以下几个最重要的部分。

1. 场景与舞台

场景是指 Flash 工作界面的中间部分，即整个白色和灰色的区域，它是进行矢量图形创作的工作区域，如图 4-3 所示。在场景中可以设置标尺和网格线等用于辅助图形的绘制，还可以通过 100% 调整场景的显示比例。在场景中的白色区域部分是“舞台”，舞台周围的灰色区域是“工作区”。在播放动画时将只显示舞台中的内容，不显示工作区中的内容。像多幕剧一样，场景可以不止一个。选择【视图】菜单下的【转到】子菜单中的命令，可打开需要的场景。

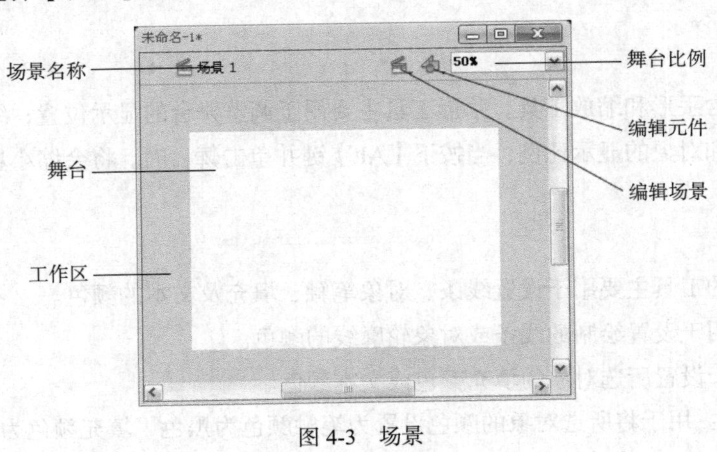

图 4-3 场景

2. 工具栏

工具栏如图 4-4 所示，是 Flash CS5 的重要组件之一，其中包含用于创建、选择和修改文本与图形的各种工具。用户通过选择【窗口】→【工具】命令或按【Ctrl+F2】组合键，可关闭或显示工具栏。

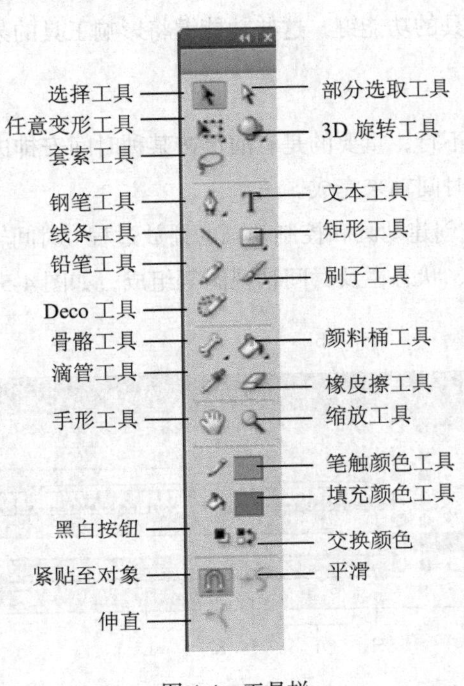

图 4-4 工具栏

在工具栏中可以看到工具右下方有小三角的说明有隐藏工具，按住鼠标左键不放即可出现。光标移到工具上时会显示工具名称，在括号中的英文大写字母为相对的快捷键。默认时，同时按住【Shift】键和快捷字母键可切换工具。

工具栏可分为工具区、查看区、颜色区和选项区四个组成部分，分别介绍如下。

（1）工具区

在工具区中有16种常用的图形绘制、编辑和选择工具，可用来创建直线、矩形、圆形、曲线或文字等各种对象。

（2）查看区

在查看区包含手形和缩放工具。手形工具主要用于调整舞台的显示位置；缩放工具主要用于改变舞台工作区和对象的显示比例，当按下【Alt】键并单击舞台时，将会缩小舞台和对象的显示比例。

（3）颜色区

在颜色区中的工具主要用于设置线条、对象笔触、填充及文本的颜色。

笔触颜色：用于设置绘制的线条或对象轮廓线的颜色。

填充色：用于设置所选对象的填充颜色或文本颜色。

"黑白"按钮：用于将所选对象的颜色设置为笔触颜色为黑色，填充颜色为白色。

"没有颜色"按钮：可将所绘对象的笔触或填充设置为无色

"交换颜色"按钮：可交换当前的笔触和填充颜色。

（4）选项区

选项区在工具栏的最下面，该区域的内容不是固定的，它将根据当前所选工具的不同而不同。在其中显示的是当前所选工具的功能键，这些功能键将影响工具的某些编辑操作。

3.【时间轴】面板

一场电影，光有舞台还不行，重要的是有演员按某种时间安排进行演出，应用到 Flash 动画制作中，这种时间安排则由时间轴来完成。

【时间轴】面板主要用于创建动画和控制动画的播放过程。时间轴的左边是图层控制区，右边由播放头、帧、时间轴标尺、状态栏及时间轴视图等组成，如图4-5所示。

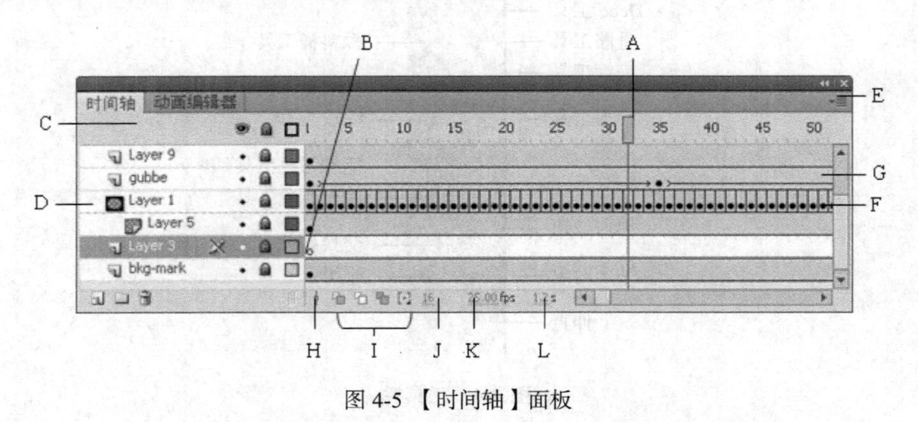

图4-5 【时间轴】面板

图中：

A．播放头　　B．空关键帧　　C．时间轴标题

D．引导层图标　　E．“帧视图”弹出菜单　　F．逐帧动画

G．补间动画　　H．“帧居中”按钮　　I．“绘图纸”按钮

J．当前帧指示器　　K．帧频指示器　　L．运行时间指示器

4.【库】面板

【库】面板是组织、管理动画中用户创建的元件或导入的图片、声音、影片及组件等素材的窗口，通过选择【窗口】→【库】命令或【Ctrl+L】组合键可打开【库】面板，如图 4-6 所示。在调用库中的项目时，只要用鼠标拖曳到舞台上即可。

在【库】面板上部有预览窗口，可以在此预览各个元件等，便于选择；下部是所有项目名称的滚动列表。项目名称旁边的图标指示项目的文件类型。库中的项目可以通过文件夹来组织管理。当创建一个新元件时，它会存储在选定的文件夹中。如果没有选定文件夹，该元件就会存储在库的根目录下。

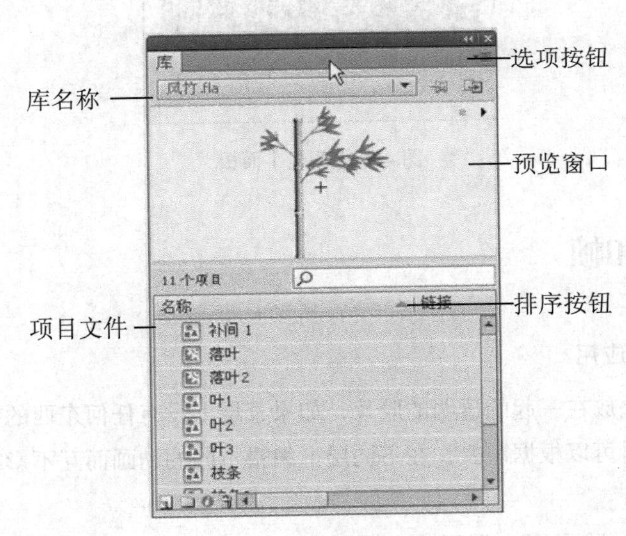

图 4-6 【库】面板

5.【属性】面板

使用【属性】面板，可以很容易地查看和修改正在使用的工具或资源的属性，从而简化文档的创建过程。当选定单个对象时，如文档、形状、组件、位图、视频或工具等，【属性】面板可以显示相应的信息并能进行设置。当选定了两个或多个不同类型的对象时，【属性】面板会显示选定对象的总数。

6. 其他面板

Flash 中的面板有助于使用和设置舞台上的对象、文档、时间轴和动作等。除了【时间轴】面板、【属性】面板等以外，还有【颜色】面板、【信息】面板、【变形】面板等。为了尽量使工作区

最大或考虑到用户的使用习惯，Flash 允许用户自定义工作界面。如选择【窗口】菜单中各个面板名称命令可显示或隐藏相应面板，还可通过鼠标拖动调整面板的大小及重新组合面板。

如选择【窗口】→【颜色】命令，出现【颜色】面板，如图 4-7 所示。该面板可以用来给对象设置笔触颜色和填充颜色。

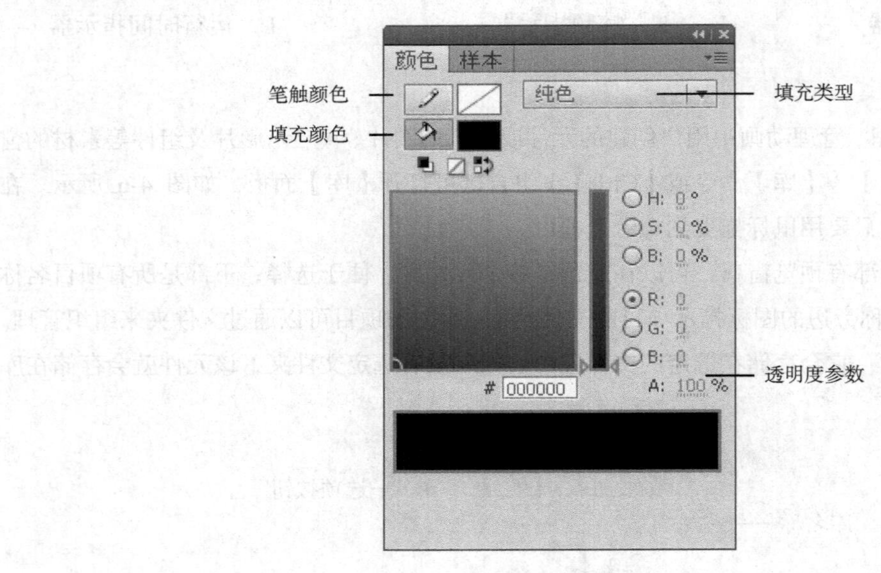

图 4-7 【颜色】面板

4.2.2 图层和帧

1. 图层及图层的应用

图层可以看成是叠放在一起的透明的胶片，如果某层上没有任何东西的话，可以透过它直接看到下一层。在制作时可以根据需要，在不同层上编辑不同的动画而互不影响，并在放映时得到合成的效果。

图层有两大特点：除了画有图形或文字的地方，其他部分都是透明的，也就是说，下层的内容可以通过透明的这部分显示出来；图层又是相对独立的，修改其中一层，不会影响到其他层。在 Flash 中，图层可分为动画层、普通层、遮罩/被遮罩层、引导/被引导层等。

图层控制区主要用于管理图层，其下方的三个图标分别用于新建图层、新建文件夹和删除图层；其上也有三个图标，分别表示显示或隐藏所有图层、锁定或解除锁定所有图层及将所有图层显示为轮廓。在某一图层上单击相应图标下的小黑点，就可以方便地隐藏、锁定或显示轮廓。图层的隐藏只是为了方便动画编辑。图层锁定后，该图层上的元素就不能被编辑修改。

要调整图层顺序，只需用鼠标在图层栏中选中图层后拖曳到预定位置。

要为图层更名，只需用鼠标双击图层名即可。

在图层上右击鼠标，将弹出图层快捷菜单，在其中也可设置隐藏、锁定图层，还可添加引导层、传统运动引导层或遮罩层等。

2. 帧及帧的操作

一段动画（电影）是由一幅幅静态的连续的图片所组成，其中每一幅静态画面被称为“帧”，即一个个连续的“帧”快速的切换就形成了一段动画。单位时间内播放的帧数称为“帧频”。

时间轴标尺上有许多的小格子，每个格子代表一帧。5 的倍数的整数帧上有数字序号，而且颜色也深一些。一帧可以放一幅图片，帧上面有一个红色的线，这是播放头，表示当前的帧位置，同时下面的时间轴状态栏也有一个数字表示第几帧。

在时间轴中可以通过帧上的符号或颜色辨别帧类型及动画类型。

- 实关键帧：带一个黑色圆点的帧，是有内容的实关键帧。
- 普通帧：单个关键帧后面的浅灰色帧。这些帧包含无变化的相同内容，并带有垂直的黑色线条，而在整个范围的最后一帧还有一个空心矩形。关键帧和普通帧如图 4-8 所示。
- 空白关键帧：带空心圆点的帧，是无内容的空白关键帧，如图 4-9 所示。
- 脚本帧：带一个小 a 符号的帧，表示已使用【动作】面板为该帧分配了一个帧动作，如图 4-10 所示。

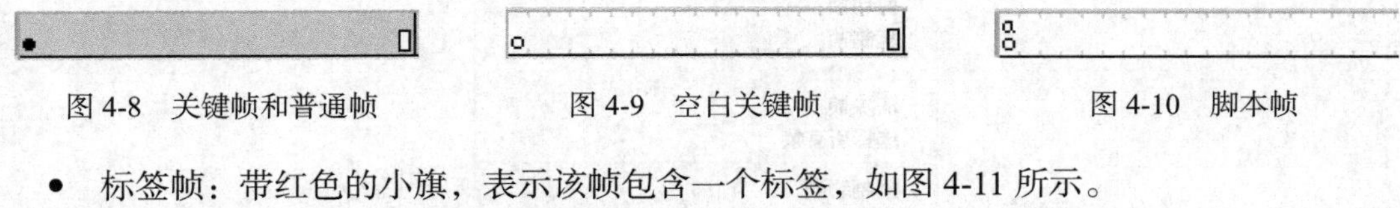

图 4-8　关键帧和普通帧　　图 4-9　空白关键帧　　图 4-10　脚本帧

- 标签帧：带红色的小旗，表示该帧包含一个标签，如图 4-11 所示。
- 注释帧：带绿色的双斜杠，表示该帧包含注释，如图 4-12 所示。
- 锚点帧：带金色的锚记，表明该帧被定义成一个锚点，如图 4-13 所示。

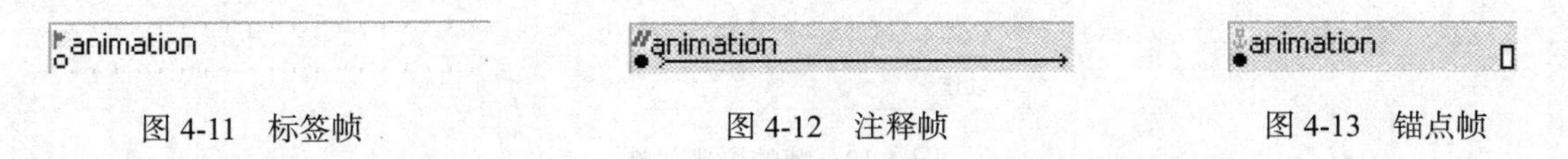

图 4-11　标签帧　　图 4-12　注释帧　　图 4-13　锚点帧

- 传统补间帧：起始关键帧以黑色圆点表示，关键帧之间有黑色箭头，中间的内插帧为淡紫色背景，如图 4-14 所示。若起始关键帧之后为虚线，且颜色为淡灰色，表示传统补间没有结束关键帧，是断开或不完整的，如图 4-15 所示。
- 形状补间帧：带有黑色箭头和淡绿色背景的开始关键帧处的黑色圆点表示补间形状，如图 4-16 所示。

图 4-14　传统补间　　图 4-15　断开的传统补间图　　图 4-16　形状补间

- 动画补间帧：开始帧为关键帧的一段具有蓝色背景的帧表示补间动画，如图 4-17 左图所示。其上的黑色菱形表示最后一个帧和任何其他属性关键帧。图 4-17 右图表示第一帧中的空心点表示补间动画的目标对象已删除，补间范围仍包含其属性关键帧，并可应用新的目标对象。

图 4-17　动画补间

可以选择显示哪些类型的属性关键帧，方法是右键单击从快捷菜单中选择【查看关键帧】→【类型】命令。默认情况下，Flash 显示所有类型的属性关键帧。范围中的所有其他帧都包含目标对象的补间属性的插补值。

选择某帧右击鼠标，出现快捷菜单如图 4-18 所示，选择其中的命令可以完成插入帧、删除帧等的操作。

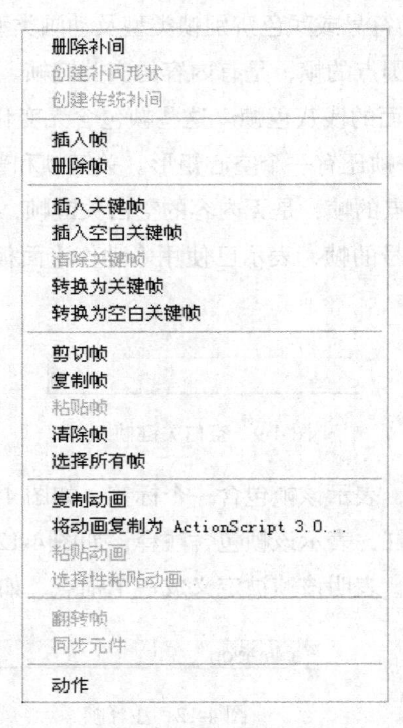

图 4-18　帧的快捷菜单

4.2.3　元件和实例

元件（Symbol）是指动画影片里的每一个独立的元素，可以是文字、图形、按钮、电影片段等，就像电影里的演员、道具一样。元件可以多次调用，且不增加文件的体积。在开发 Flash 影片的时候通过引用元件可以有效地减少所生成影片的大小，也可以在开发小组各成员之间方便的交换使用。一般来说，建立一个 Flash 动画之前，先要规划和建立好需要调用的符号，然后在实际制作过程中随时可以使用。在 Flash 中元件可分为 4 类，分别是图形、按钮、影片剪辑和字体元件。

（1）图形元件：可以是矢量图形、图像、动画或声音，主要用来制作动画中的静态图形，没有交互性。通常对图形不能施加动作，若需要的话，需在“属性”面板临时把相应的实例转换成“按钮”，才可以加上动作脚本。

（2）按钮元件：可以在电影中创建交互按钮，然后通过鼠标操作来激发它的动作。按钮元件有 4 种状态，即弹起、鼠标经过、按下和单击，每种状态都可以通过图形、元件以及声音来定义。当创建按钮元件时，在按钮编辑区域中提供了这 4 种状态帧。一旦用户创建了按钮后，就可以给按钮的实例分配动作（编写脚本 Action）。

（3）影片剪辑元件：就像电影中的电影片段，要实现可重用的动画通常采用影片剪辑元件。

（4）字体元件：可以导出字体并在其他 Flash 文档中使用该字体。

实例是元件的实际应用，当把一个元件放到舞台或另一个元件中时，就创建了一个该元件的实例。当需要使用元件时只需将合适的元件从“库”面板中拖曳至舞台上合适的位置即可，当元件被改变时舞台上所有的“实例”将随之而改变。

1. 创建元件

创建元件有两种方式，一种是创建一个空元件，然后在元件编辑模式下制作或导入内容，并在 Flash 中创建字体元件。在这种方式下，可以通过执行以下操作之一。

- 选择【插入】→【新建元件】命令。
- 按【Ctrl+F8】组合键。
- 单击【库】面板左下角的【新建元件】按钮。
- 从【库】面板右上角的【库面板】菜单中选择【新建元件】命令。

打开【创建元件】对话框，如图 4-19 所示。从中选择元件的类型并输入元件名称，再单击【确定】按钮即可进入到元件编辑模式。在元件编辑模式下，元件的名称出现在“舞台”左上角。同时，在【库】面板中，元件名会显示在项目列表中，并处于选中状态，同时预览窗口会显示元件的图案。

图 4-19 【创建元件】对话框

在创建元件时，在舞台中间有一个十字线，这是元件的注册点，也就是坐标原点。

另外一种创建元件的方式是：通过舞台上选定的对象来创建元件。先选定作为元件的对象，再执行以下操作之一。

- 选择【修改】→【转为元件】命令。
- 按【F8】键。
- 直接拖到【库】面板中。

- 右键单击鼠标，从快捷菜单中选择【转换为元件】命令。

打开【转换为元件】对话框，输入元件名称，选择元件类型，在注册网格中单击选择放置元件的注册点，再单击【确定】按钮即可。

转换后的元件出现在库中，同时舞台上选择的对象变成了该元件的一个实例。

2. 编辑元件

创建新元件时，就会进入元件编辑模式。编辑修改元件，可以在【库】面板中，双击元件图标，进入元件编辑模式。也可选择元件的一个实例，右键单击鼠标，从快捷菜单中选择【在新窗口中编辑】命令，在单独的窗口编辑元件；或者选择【在当前位置编辑】命令与其他对象一起进行编辑。

要退出此模式返回到文档编辑模式可以单击【返回】按钮或单击编辑栏的场景名称或双击元件外部。

3. 使用元件实例

在时间轴上选择一图层，从库中拖曳元件到舞台上就创建了元件的一个实例。另外，在将对象转换为元件时也创建了该元件的一个实例。

通过【属性】面板，可以为实例指定一个名字，还可以设置实例的色彩效果、分配动作、设置图形显示模式或更改实例的行为。除非另外指定，否则实例的行为与元件行为相同。所做的任何更改都只影响实例，并不影响元件。

如果删除库中的元件，那么舞台上该元件的实例也会被删除。

要断开实例与对应元件之间的链接，并将该实例放入未组合形状和线条的集合中，可以分离该实例。在舞台上选择该实例，再选择【修改】→【分离】命令或按【Ctrl+B】组合键，就可分离实例。但对于导入的图片，就算是分离了实例，如果将库中对应图片元件删除，舞台上分离的图片实例也将被删除，除非选择【修改】→【位图】→【转换位图为矢量图】命令将图片实例转换为矢量图。

4. 公用库

除了自己制作元件外，用户通过【窗口】→【公用库】菜单，然后从子菜单中选择一个库，可以使用 Flash 附带的三个范例公用库向文档添加声音、按钮或类。还可以创建自定义公用库，然后与创建的文档一起使用。

5. 运行时共享库

当多人共同开发一个动画项目，并行需要使用同一资源时，可以考虑把这些资源编译成共享库。运行时共享库允许一个 fla 文件导入使用来自其他 fla 文件的资源。

选择【文件】→【导入】→【打开外部库】命令，定位到要打开的源文档并单击【打开】，就将共享资源从源文档【库】面板拖动到当前 fla 文档的【库】面板或舞台上了。

4.2.4　绘图基础

在 Flash 中可以绘制和修改文档中的线条、形状和文本等。下面介绍与绘图有关的概念、绘制方法及如何对绘制对象进行操作。

1. 绘制模式

在 Flash 中，可以使用不同的绘制模式和绘画工具创建几种不同种类的图形。

（1）合并绘制模式

默认情况下，Flash 使用合并绘制模式。在重叠绘制的形状时，会自动进行合并。当绘制在同一图层中互相重叠的形状时，最顶层的形状会截去在其下面与其重叠的形状部分。因此合并绘制模式是一种破坏性的绘制模式。例如，如果绘制一个矩形并在其上方叠加一个较小的圆形，然后选择较小的圆形并进行移动，则会删除第 1 个矩形中与第 2 个圆形重叠的部分，如图 4-20 所示。

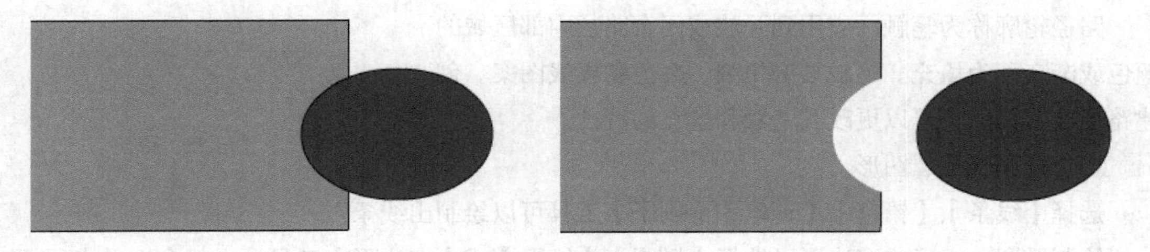

图 4-20　合并绘制模式

当形状既包含笔触又包含填充时，笔触和填充会被视为可以进行独立选择和移动的单独的图形元素。

进入合并绘制模式可以选择【工具】面板中的【合并绘制】选项，再从【工具】面板选择一种绘画工具，然后在舞台上进行绘制。

（2）对象绘制模式

当绘画工具处于对象绘制模式时，创建称为绘制对象的形状。绘制对象是在叠加时不会自动合并在一起的单独的图形对象。这样在分离或重新排列形状的外观时，会使形状重叠而不会改变它们的外观，如图 4-21 所示。

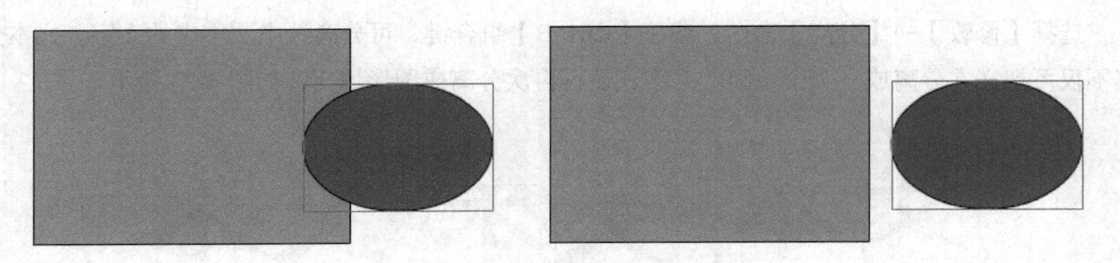

图 4-21　对象绘制模式

选择使用对象绘制模式创建的形状时，可以设置接触感应的首选参数。该形状为自包含形状。形状的笔触和填充不是单独的元素，并且重叠的形状也不会相互更改。选择用【对象绘制】模式创建形状时，Flash 会在形状周围添加矩形边框来标识它。

2. 绘制图形

通过使用工具栏中的各种绘图工具，可以在 Flash 中绘制和修改文档中的线条和形状。

（1）路径

在 Flash 中绘制线条或形状时，将创建一个名为“路径”的线条。路径由一个或多个直线段或曲线段组成。每个段的起点和终点由锚点表示。路径可以是闭合的（例如圆），也可以是开放的，有明显的终点（如波浪线）。

在曲线段上，每个选择的锚点显示 1 个或 2 个方向线，方向线以方向点结束。可以通过鼠标拖动路径的锚点、显示在锚点方向线末端的方向点或路径段本身，改变路径的形状，如图 4-22 所示。

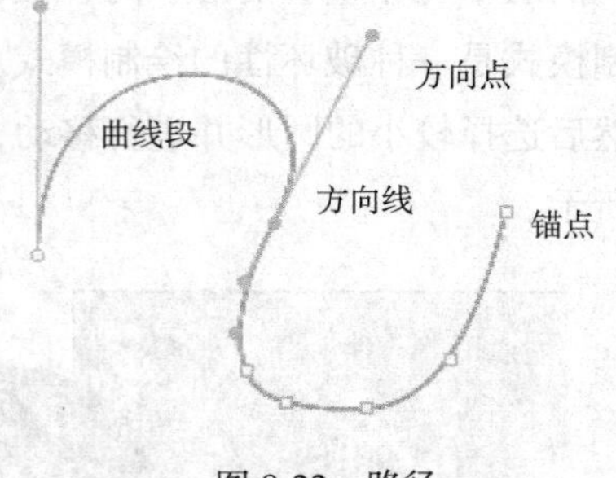

图 8-22　路径

路径轮廓称为笔触。应用到开放或闭合路径内部区域的颜色或渐变称为填充。笔触具有粗细、颜色和虚线图案。创建路径或形状后，可以更改其笔触和填充的特性。

（2）绘制线条、图形

选择【线条】、【铅笔】、【钢笔】、【刷子】工具可以绘制出线条。

绘制椭圆、矩形或多边形可选择【椭圆】、【矩形】或【多边形】工具，在舞台上单击鼠标，按住鼠标不放，向需要的位置拖曳鼠标即可。在【属性】面板可以设置不同的边框颜色、边框粗细、边框线型和填充颜色。

（3）使用文本

单击工具栏的【文本工具】或按【T】键，移动鼠标到舞台上单击，出现一个文本框，就可输入文字了。文字框四周有 4 个手柄，使用它们可以改变文本框的大小。

文本属性可以在【属性】面板上设置。在 Flash CS5 有传统文本和 TLF 文本之分。TLF 文本提供了更多字符样式、段落样式、控制更多亚洲字体属性、可应用 3D 旋转、色彩效果以及混合模式等属性、支持双向文本和能针对阿拉伯语、希伯来语文字创建从右到左的文本等增强功能。

选择【修改】→【分离】命令，或按【Ctrl+B】组合键，可分离选中文本中的文字。文本分离不仅可把文本分离成一个个单独的文字，还可再次分离成图形填充，如图 4-23 所示。

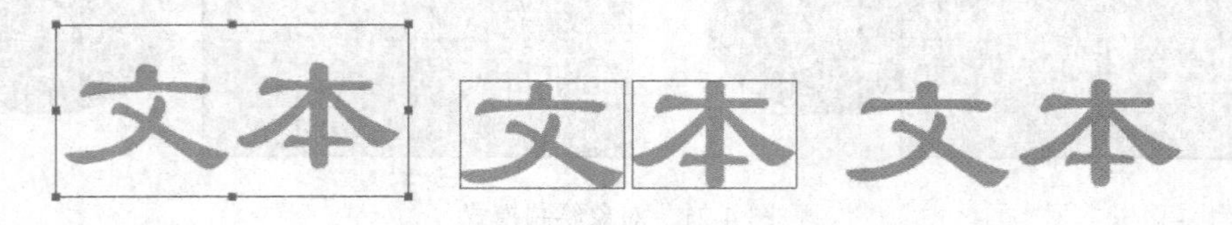

图 4-23　分离文本

3. 对象操作

在 Flash 中，对象是指文档中所有可以被选取和操作的元素，如图形、位图、文本、实例等。用户可以对对象进行选取、移动、复制、删除、对齐等操作。下面就介绍对象的这些操作。

（1）选择对象

选择对象可以使用【选择】、【部分选取】或【套索】工具。选择了某个对象时，【属性】面板会显示对象的笔触和填充、像素尺寸以及对象的变形点的 x 和 y 坐标等信息。

（2）移动和复制对象

移动对象可选择【选择】工具，点选中对象，按住鼠标不放，直接拖曳到需要位置即可。复制对象可选择【选择】工具，点选中对象，在按住鼠标不放拖曳对象的同时按住【Alt】键，把对象直接拖曳到需要位置即可。

（3）修改线条、形状和对象

选择【部分选取】工具单击对象轮廓，拖曳着轮廓上的锚点，可改变对象的形状、大小。

选择【选择】工具，将鼠标移动到对象，当鼠标下方出现圆弧，拖动鼠标，可以调整曲线；当鼠标下方出现转角，可以更改终点，如图 4-24 所示。

选择【修改】→【形状】下的命令可使得选中的形状伸直、平滑、优化，还可将线条转换为填充、扩展填充对象的形状或柔化对象的边缘。

Flash 中的图形、组、文本块和实例等对象进行变形，可以使用【任意变形】工具或【修改】→【变形】子菜单中的选项。根据所选对象的类型，可以变形、旋转、倾斜、缩放或扭曲该对象，其【属性】检查器会显示对其尺寸或位置所做的任何更改。

所选对象在变形操作期间会显示一个边框。该边框是一个四周有 8 个控制点的矩形，矩形的边缘最初与舞台的边缘平行对齐，矩形中心是一个变形点，变形点最初与对象的中心点对齐，如图 4-25 所示。

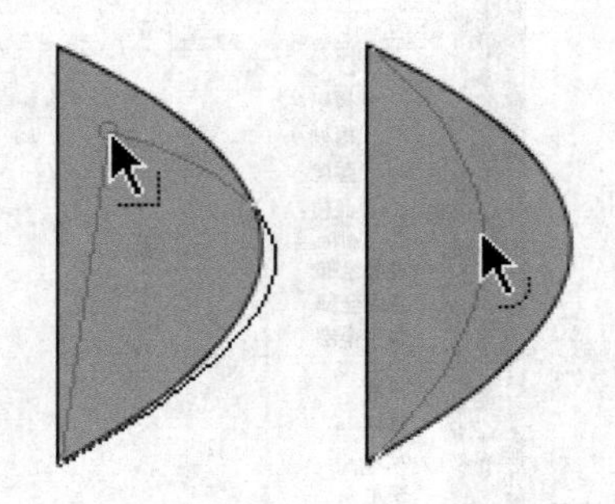

图 4-24　改变线条或形状

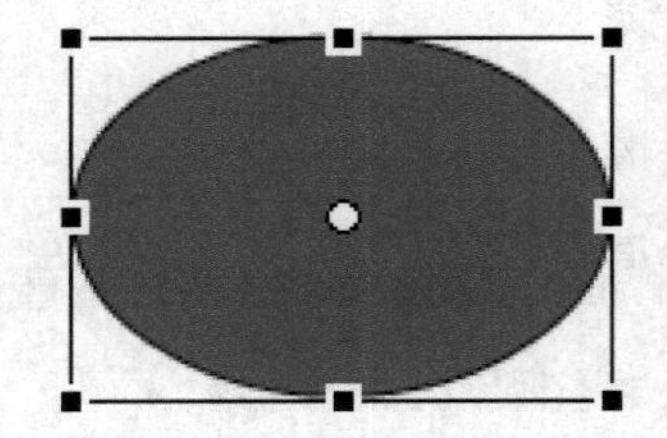

图 4-25　变形对象

【任意变形】工具不能变形元件、位图、视频对象、声音、渐变或文本。如果多项选区包含以上任意一项，则只能扭曲形状对象。要将文本块变形，首先要将字符转换成形状对象。

4.2.5 滤镜和混合模式

1. 滤镜

滤镜能从 Flash8 首次增加以来，虽然 FLASH 的版本已经更新了很多次，但都保留了。使用滤镜可以像 Photoshop 那样制作出阴影、模糊、发光、斜角、渐变发光、渐变斜角和调整颜色等效果，还可以使用补间动画让应用的滤镜动起了。在 Flash 中滤镜效果只适用于文本、影片剪辑和按钮。应用滤镜后，可以随时改变其选项，或者重新调整滤镜顺序以试验组合效果。可以对一个对象应用多个滤镜，也可以删除以前应用的滤镜。

在舞台上选择要应用滤镜的文本、影片剪辑或按钮，在【属性】面板中将出现【滤镜】选项组，如图 4-26 所示。单击其底部的【添加滤镜】按钮，弹出快捷菜单，其中显示了可以应用的滤镜名称，从中选择要应用的滤镜单击即可。每添加一个新的滤镜，在【滤镜】选择组下对象所用滤镜列表中就会增加一项。

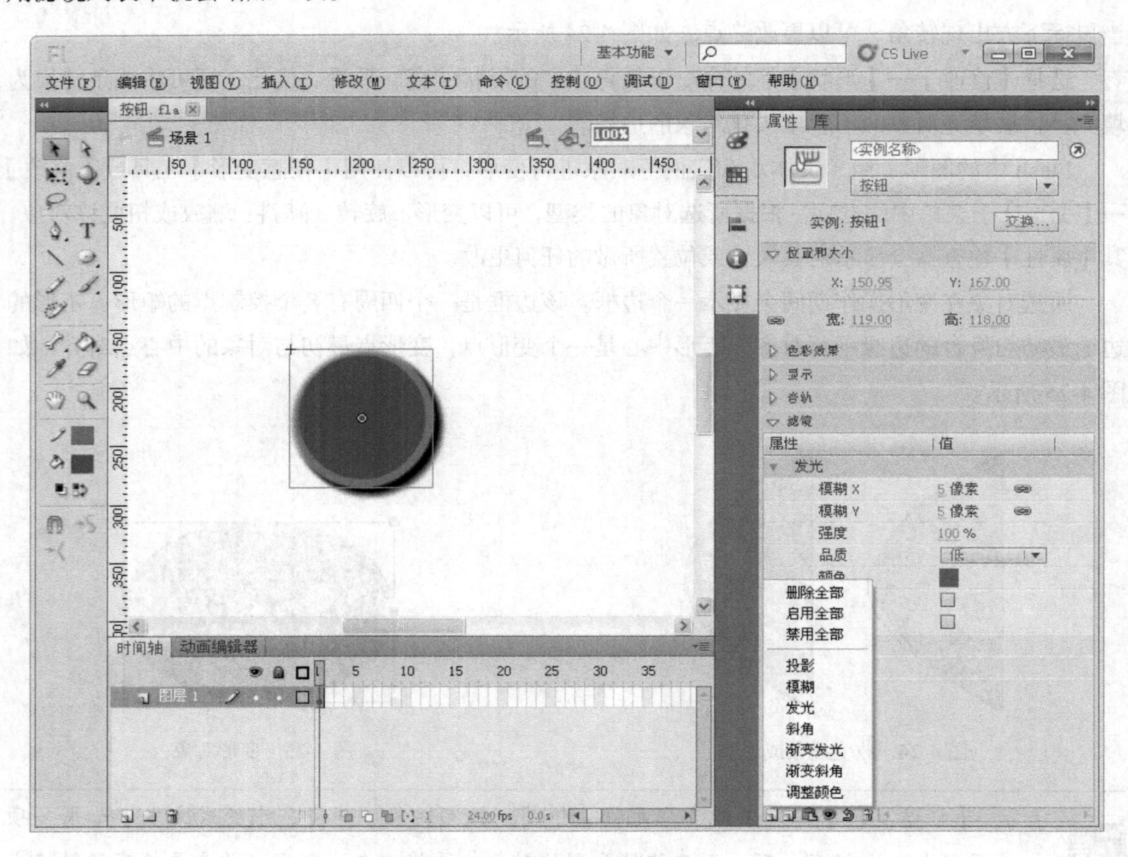

图 4-26 应用滤镜

表 4-1 描述了 Flash 中滤镜的效果及说明。

表 4-1 Flash 滤镜

滤镜名称	说　明
投影	模拟对象投影到一个表面的效果。使投影滤镜倾斜，可创建一个更逼真的阴影
模糊	可以柔化对象的边缘和细节。将模糊应用于对象，可以让它看起来好像位于其他对象的后面，或者使对象看起来好像是运动的
发光	可以为对象的周边应用颜色
斜角	向对象应用加亮效果，使其看起来凸出于背景表面
渐变发光	可以在发光表面产生带渐变颜色的发光效果。渐变发光要求渐变开始处颜色的 Alpha 值为 0。不能移动此颜色的位置，但可以改变该颜色
渐变斜角	可以产生一种凸起效果，使得对象看起来好像从背景上凸起，且斜角表面有渐变颜色。渐变斜角要求渐变的中间有一种颜色的 Alpha 值为 0
调整颜色	可以改变影片剪辑元件的亮度、对比度、饱和度、色相

2. 混合模式

使用混合模式可以创建复合图形，可以混合重叠影片剪辑中的颜色，从而创造独特的效果。Flash CS5 提供的混合模式如表 4-2 所示。

表 4-2 混合模式

模式名称	说　明
一般	正常应用颜色，不与基准颜色发生交互
图层	可以层叠各个影片剪辑，而不影响其颜色
变暗	只替换比混合颜色亮的区域。比混合颜色暗的区域将保持不变
正片叠底	将基准颜色与混合颜色复合，从而产生较暗的颜色
变亮	只替换比混合颜色暗的区域。比混合颜色亮的区域将保持不变
滤色	将混合颜色的反色与基准颜色复合，从而产生漂白效果
叠加	复合或过滤颜色，具体操作需取决于基准颜色
强光	复合或过滤颜色，具体操作需取决于混合模式颜色。该效果类似于用点光源照射对象
曾加	通常用于在两个图像之间创建动画的变亮分解效果
减去	通常用于在两个图像之间创建动画的变暗分解效果
差值	从基色减去混合色或从混合色减去基色，具体取决于哪一种的亮度值较大。该效果类似于彩色底片
反相	反转基准颜色
Alpha	应用 Alpha 遮罩层
擦除	删除所有基准颜色像素，包括背景图像中的基准颜色像素

并不是所有对象都能应用混合模式，混合模式只能应用于影片剪辑或按钮。对舞台上对象使用混合模式。

4.2.6 实训案例

实例 1 初识 Adobe Flash CS5

设计要求：启动 Adobe Flash CS5，新建 Flash 文件，观察 Flash 界面组成及定制界面。通过此例，熟悉 Flash 界面，学会定制界面。

设计步骤：

步骤 1 选择【开始】→【程序】→【Adobe Flash Professional CS5】命令，或双击桌面上的快捷图标，启动 Adobe Flash Professional CS5。

步骤 2 选择【新建】下面的 Flash 文件(ActionScript 3.0) ，进入 Flash 工作界面，如图 4-2 所示。Flash 自动命名此文件为“未命名-1”。

步骤 3 观察 Flash CS5 界面组成。

步骤 4 选择【窗口】→【工具栏】→【主工具栏】命令，可以显示出主工具栏。

步骤 5 选择【窗口】主菜单下的【颜色】、【库】、【信息】、【对齐】、【变形】等命令打开或者关闭相应面板并观察。

步骤 6 定制界面。要调整面板位置，可将鼠标指针移到面板或界面组件的名称上，按住鼠标左键拖曳至适当位置释放鼠标左键。要调整面板显示方式，可以通过【折叠为图标】按钮更改或通过菜单命令更改。

步骤 7 选择【窗口】→【工作区】→【重置“基本功能”(R)】命令，恢复 Flash 的初始布局。

实例 2 设置混合模式

设计要求：导入两张图到 Flash 中，设置其混合模式为“叠加”。

设计步骤：

步骤 1 在舞台上导入两张图片，并转换成影片剪辑。分别取名“杯子”和“果盘”。

步骤 2 选中“果盘”，在【属性】面板中单击【显示】选项组下【混合】旁的下拉列表按钮，在弹出的菜单中选择【叠加】命令，如图 4-27 左图所示。

步骤 3 拖动“果盘”到“杯子”，这时的效果如图 4-27 右图所示。

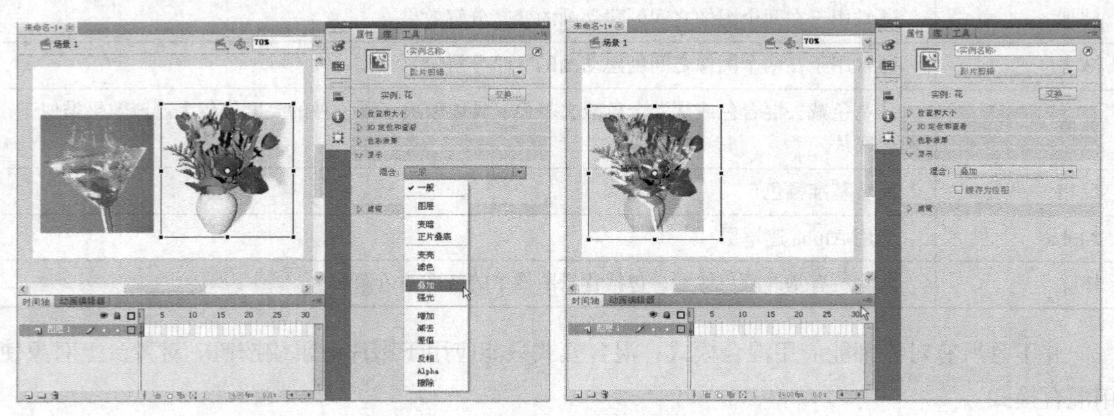

图 4-27 应用“叠加”混合模式

4.3 简单动画制作

Flash 的动画根据制作方法和生成原理的不同，分为逐帧动画和补间动画。在此之上还可制作遮罩动画。

4.3.1 逐帧动画

逐帧动画主要由若干关键帧组成，通过关键帧的不断变化而产生的，如图 4-28 所示为飞翔的小鸟的逐帧动画；如图 4-29 所示为人物行走的逐帧动画。由于需要对每一关键帧的内容进行绘制，因此工作量大，对制作人员的绘图技巧要求高。但其产生的动画效果逼真，多用来制作复杂动画。

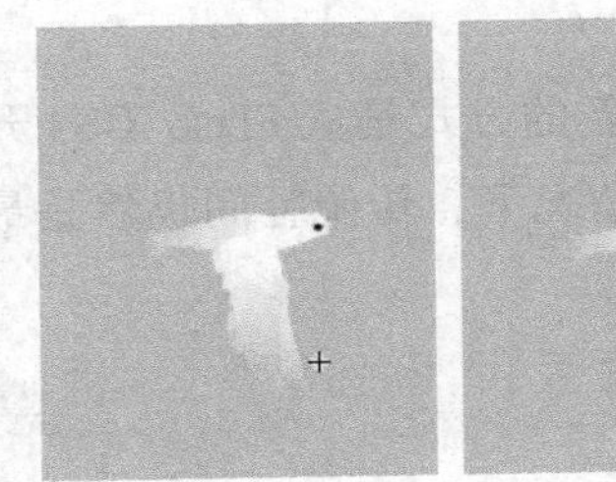
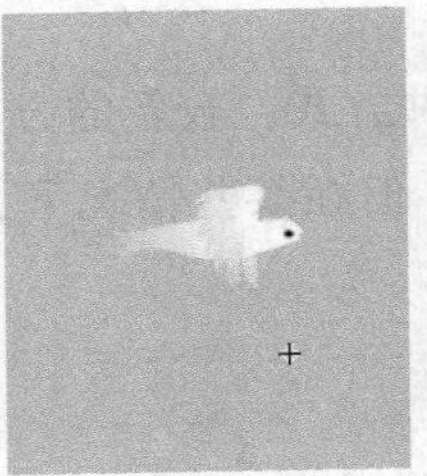

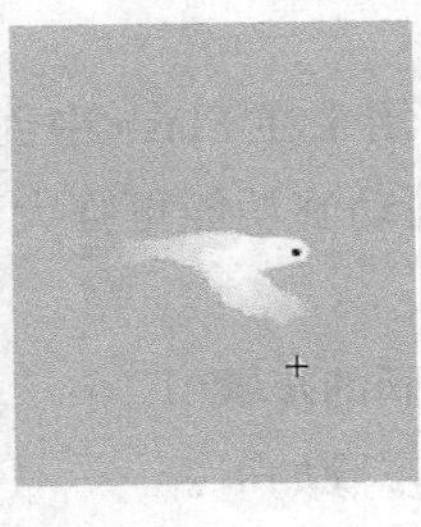

图 4-28 飞翔的小鸟各关键帧的形状

图 4-29 人物行走各关键帧的形状

4.3.2 补间动画

Flash 动画制作中使用最多的动画效果是由补间动画创作的。在制作补间动画时，只需要建立动画片段的第一个关键帧和最后一个关键帧，由 Flash 自动生成中间部分的动画效果。采用补间动画具有制作简单、动画效果连贯，生成的 SWF 文件所占存储空间小等优点。补间动画又分为补间形状、传统补间动画和补间动画三类。

1. 补间形状

补间形状是一种使图形对象在一定时间内由一种形态变为另一种形态的动画。补间形状必须有两个帧，在这两个帧中绘制不同的图形，然后由 Flash 计算两个帧之间的差距并插入过渡帧。

补间形状主要有两个重要参数，一个是“缓动”，另一个是“混合”，它们都在【属性】面板中进行设置。

【缓动】项用来设置形状对象变化的快慢趋势，其最小值为−100，最大值为+100，临界值为 0。当取值为 0 时，表示形状动画的形变是匀速的；若取值小于 0，表示形变对象的形状变化越来越快，且数值越小，加快的趋势越明显；若取值大于 0，表示形变对象的形状变化越来越慢，且数值越大，减慢的趋势越明显。

【混合】项用来设置形变对象变形的形式。混合方式有两种，分别为“分布式”和“角式”。其中“分布式”表示形变对象的形变过程是平滑的。“角式”表示形变对象的形变过程是尖锐的。

注意

Flash 不能渐变元件、组、文本块和位图图片的形状，要对它们补间形状必须先用【修改】→【分离】命令分离它们为图形。

2. 传统补间

传统补间是早期用来在 Flash 中创建补间动画的一种方式。较新的方式是从 Flash CS4 开始的补间动画。补间动画功能更强大，使用更加简便。但在某些情况下，传统补间仍然是最佳选择。

（1）创建传统动画的步骤

创建传统动画的步骤如下：

步骤 1　单击选择要创建动画的图层使之为活动层。

步骤 2　单击选择动画开始帧。

步骤 3　向开始帧添加元件。添加的元件可以是用钢笔、椭圆、矩形、铅笔或刷子工具创建一个图形对象，然后把它转换为一个元件；或在舞台中创建一个实例、组或文本块；也可是从库中拖出的元件的实例。

步骤 4　创建结束关键帧，并且选中它。

步骤 5　修改结束帧中的项目。可以对结束帧中的项目进行移动，修改大小、旋转或倾斜。对于实例和文本块还可以修改颜色。

步骤 6　单击开始帧与结束帧范围中的任意帧，然后选择【插入】→【传统补间】命令，或右键单击鼠标，从快捷菜单中选择【创建传统补间】命令，就建立好了传统补间。

在【属性】面板中还可进行“缩放”“缓动”“混合”“旋转”等参数的设置。

在应用传统补间后更改两个关键帧之间的帧数，或移动任一关键帧中的组或元件，Flash 会自动重新补间帧。

（2）沿路径运动的传统补间

在 Flash 中还可以创建传统运动引导层，用来控制运动补间动画中对象的移动情况。这样用户不仅可以制作沿直线移动的动画，也能制作出沿曲线移动的动画，如图 4-30 所示。

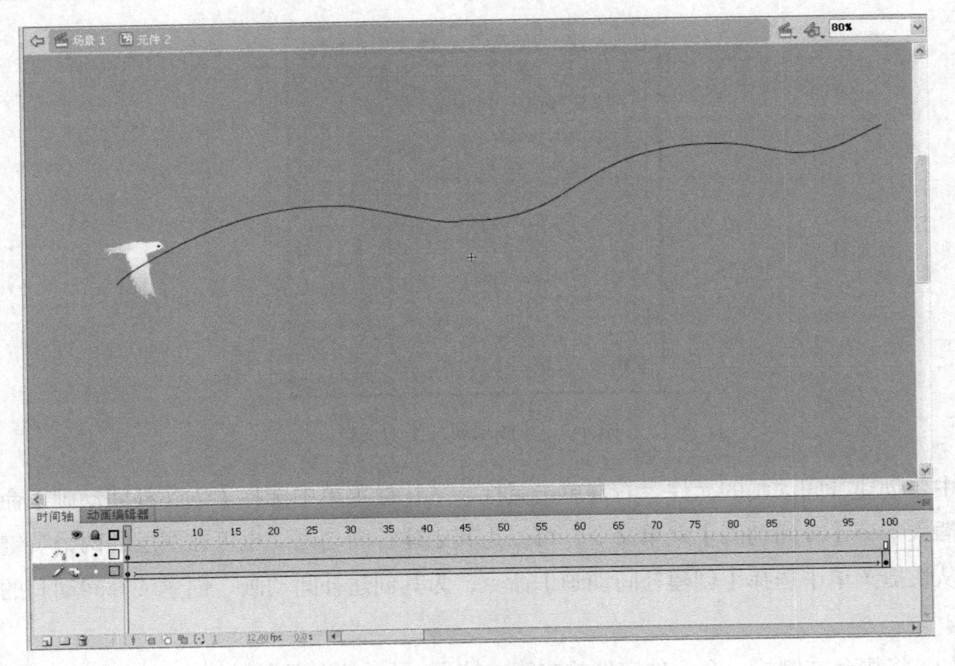

图 4-30 沿路径运动的传统补间

建立沿路径运动的传统补间步骤如下：

步骤 1 选择建立了传统补间的图层。

步骤 2 右键单击鼠标从快捷菜单中选择【添加传统运动引导层】命令。Flash 在传统补间图层上方添加一个运动引导层，并缩进传统补间图层的名称，以表明该图层已绑定到该运动引导层。

步骤 3 选择运动引导层，然后使用钢笔、铅笔、线条、圆形、矩形或刷子工具绘制所需的路径。也可以将笔触粘贴到运动引导层。

步骤 4 选择开始帧，拖动补间的对象，使其贴紧至开始帧中线条的开头。再选择结束帧，将其上的补间对象拖到线条的末尾。

被引导层中的对象在被引导运动时，还可作更细致的设置，比如运动方向，在【属性】面板上的【路径调整】前打上勾，对象的基线就会调整到运动路径。而如果在【对齐】前打勾，元件的注册点就会与运动路径对齐。在做引导路径动画时，按下工具箱中的【紧贴至对象】按钮，可以使“对象附着于运动引导线”的操作更容易成功。

在运动引导层上建立一个新图层，在该层上的补间对象自动沿着运动路径运动。要断开图层与运动引导层的链接可以拖动图层出来，或选择【修改】→【时间轴】→【图层属性】命令，从弹出的【图层属性】对话框，如图 4-31 所示，选择类型为【一般】。

3. 补间动画

补间动画是通过为不同帧中的对象属性指定不同的值而创建的动画。它将补间直接应用于对象，而不是关键帧。Flash 计算这两个帧之间该属性的值，进行动画插补。

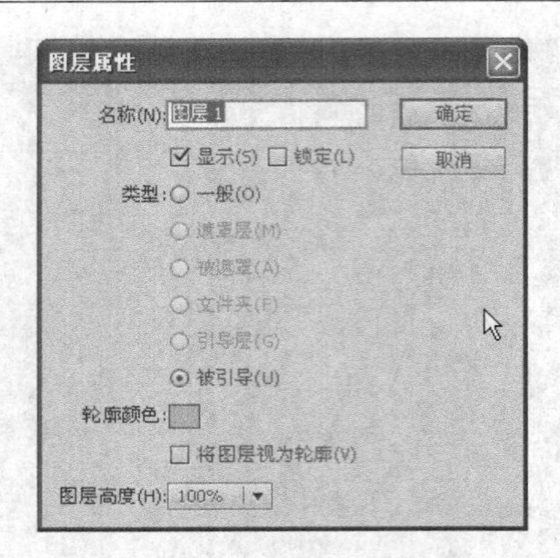

图 4-31 【图层属性】对话框

选中要创建补间动画的元件，右键单击鼠标，从快捷菜单中选择【创建补间动画】命令；或选择【插入】→【补间动画】菜单命令，可以为其创建补间动画。也可在图层的两个关键帧之间右击，从快捷菜单中选择【创建补间动画】命令，为其创建补间动画。创建了补间动画的帧是淡蓝色的。

例如，将舞台左侧的一个元件实例放在第 1 帧中，右击，从快捷菜单中选择【创建补间动画】命令，为其创建补间动画。可以看到第 1 帧到 24 帧变成了淡蓝色。把鼠标移到第 24 帧右边，鼠标变成左右小箭头，按下鼠标左键，同时向左移到 20 帧处，松开鼠标，将补间帧减少到 20 帧。Flash 将计算实例在 1 ~ 20 帧之间每一帧上的位置。结果将得到从左到右（即从第 1 帧移至第 20 帧）的元件实例移动动画，如图 4-32 所示。

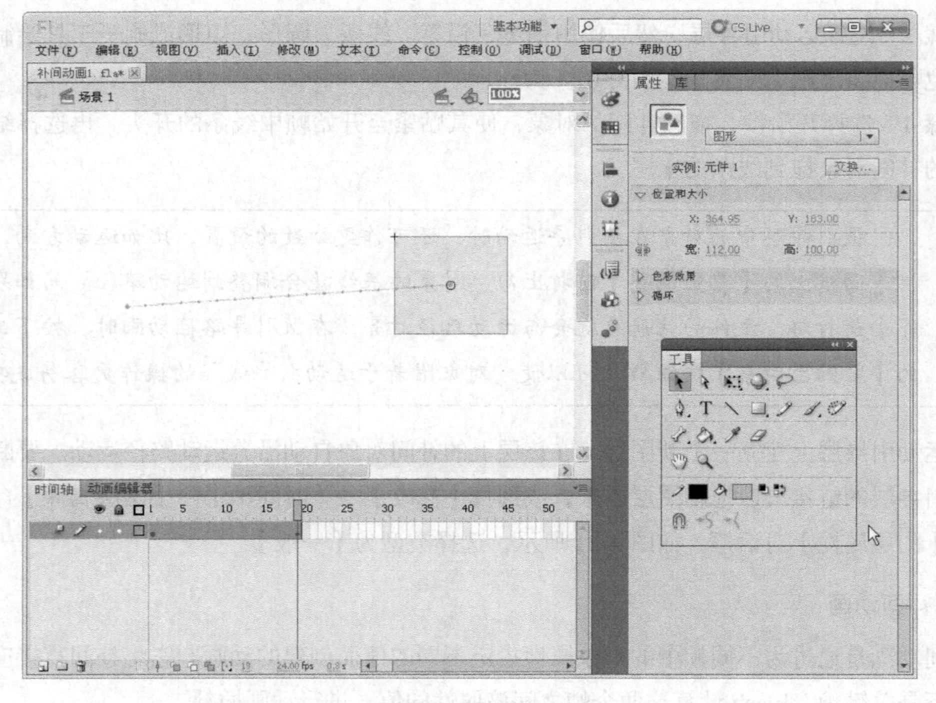

图 4-32 补间动画

在首尾帧之间有一条带点的线，显示元件实例在舞台上移动时所经过的路径，称为补间动画的运动路径。路径上的每个点表示一个帧，点之间的距离为元件实例在舞台上的位置，每个位置在舞台上相距 1/20 的距离。可以使用选取、部分选取、转换锚点、删除锚点和任意变形等工具以及【修改】菜单中的命令来编辑运动路径。

创建了补间动画的这 20 帧是一组，称为补间范围。补间范围只能对舞台上的一个目标对象进行动画处理。如果补间对象在补间过程中更改了舞台位置，则补间范围具有与之关联的运动路径。这 20 帧中补间的元件实例称为目标对象。目标对象包括影片剪辑、图形和按钮元件以及文本字段。

选中元件实例创建的补间动画默认的补间范围是 24 帧。若要更改动画的长度，可拖动范围的右边缘或左边缘。

若要删除补间范围，可以先选择该范围，然后右键单击从快捷菜单中选择【删除帧】或【清除帧】命令。

在这 20 帧中，第 1 帧和第 20 帧是属性关键帧。属性关键帧是在补间范围中为补间目标对象显式定义一个或多个属性值的帧。属性包括位置（X、Y，3D 影片剪辑的 Z 值）、缩放、倾斜、旋转、颜色（Alpha（透明度）、色调、亮度、高级颜色设置）和滤镜（不能应用于图形元件）等。

可以通过补间范围快捷菜单，选择【插入关键帧】下的子命令，定义属性关键帧，如图 4-33 所示。或选择【查看关键帧】可在时间轴中显示属性关键帧类型。

也可以通过【属性】面板或【动画编辑器】面板定义或修改想要呈现动画效果的属性的值。选择时间轴中的补间范围或者运动路径后，选择【窗口】→【动画编辑器】命令可以打开【动画编辑器】面板。

用户定义的每个属性都有自己的属性关键帧。如果在单个帧中设置了多个属性，则其中每个属性的属性关键帧会驻留在该帧中。可在所选择的帧中指定这些属性值，Flash 会将所需的属性关键帧添加到补间范围。Flash 会为所创建的属性关键帧之间的帧中的每个属性内插属性值。

Flash 中预置了很多常用的补间动画效果，可以使用【动画预设】面板来应用这些动画效果。选择【窗口】→【动画预设】命令可打开【动画预设】面板，如图 4-34 所示。选择要应用动画的目标对象，在【动画预设】面板的【默认预设】文件夹中选择一种动画预设双击，或右击鼠标从快捷菜单中选择【在当前位置应用】即可。也可以将自己创建的动画保存为【动画预设】，方便以后使用。

4.3.3　遮罩动画

遮罩动画是 Flash 中的一个很重要的动画类型，很多效果丰富的动画，如：探照灯效果、孔洞效果、水波效果等都是通过遮罩动画来完成的。在 Flash 的图层中有一个遮罩图层类型，在这一层上创建或放置一个任意形状的孔洞，在被遮罩层上只有该孔洞下的对象能显示出来，而孔洞之外的对象将不会显示，如图 4-35 所示。

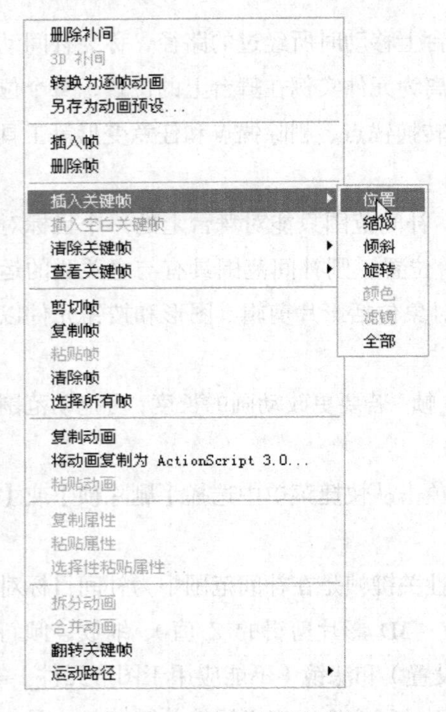

图 4-33　插入属性关键帧

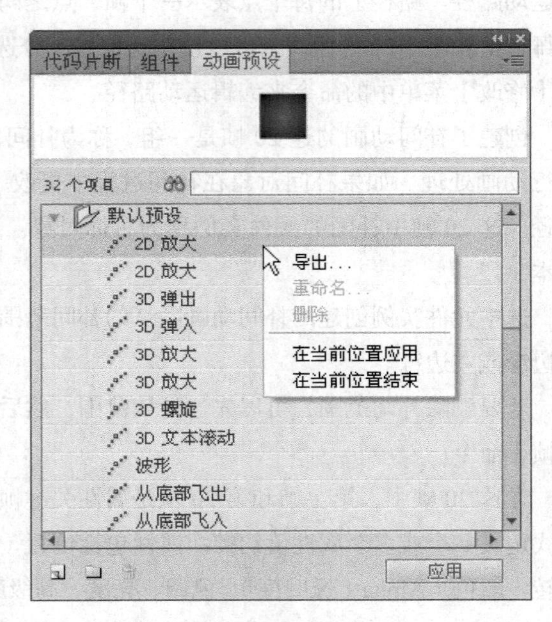

图 4-34 【动画预设】面板

图 4-35　使用遮罩层

1. 创建遮罩层

在被遮罩图层上新建一个图层作为遮罩层。在遮罩层上放置填充形状、文字或元件实例。

Flash 会忽略遮罩层中的位图、渐变、透明度、颜色和线条样式，因为在遮罩中的任何填充区域都是完全透明的，而任何非填充区域都是不透明的。

右键单击时间轴中的遮罩层名称，从快捷菜单中选择【遮罩层】命令。将出现一个遮罩层图标，表示该层为遮罩层，如图 4-36 所示。紧贴它下面的图层将链接到遮罩层，其内容会透过遮罩上的填充区域显示出来。被遮罩的图层的名称将以缩进形式显示，其图标将更改为一个被遮罩的图层的图标。

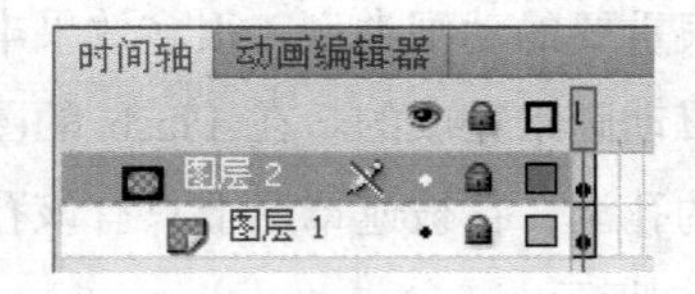

图 4-36　创建遮罩图层

若要在 Flash 中显示遮罩效果，要锁定遮罩层和被遮住的图层。

2. 创建被遮罩层

可以将现有图层直接拖曳到遮罩层下面，也可在遮罩层下的任意处新建一个图层来创建被遮罩层。

3. 断开链接

要断开遮罩层与被遮罩层之间的链接可将被遮罩层直接拖曳到遮罩层之外，或选择【修改】→【时间轴】→【图层属性】命令，在【图层属性】对话框中设置图层类型为“一般”。

4. 让遮罩层动起来

若要创建动态效果，可以让遮罩层动起来。对于用作遮罩的填充形状，可以使用补间形状；对于类型对象、图形实例或影片剪辑，可以使用补间动画。当使用影片剪辑实例作为遮罩时，可以让遮罩沿着运动路径运动。

4.3.4　实训案例

实例 3　帧动画制作：飞翔的小鸟

设计要求：建立文件“飞翔的小鸟.fla”。在这个动画中建立影片剪辑元件“bird”，逐帧绘制飞翔的小鸟。

设计步骤：

步骤 1　执行【文件】→【新建】命令。在弹出的【新建文件】对话框中，选择类型为“ActionScript 3.0”，舞台宽、高取默认的 550 像素和 400 像素，单击背景颜色:按钮，出现调色板，设置“#6699ff”颜色作为背景色。再单击【确定】按钮，进入工作区。

步骤 2　选择菜单【插入】→【新建元件】命令，出现【创建新元件】对话框，在【名称】文本框中输入元件的名称“bird”，单击【类型】单选按钮组中的【影片剪辑】，再单击【确定】按钮退出【创建新元件】对话框，进入元件编辑模式。

步骤 3　选择菜单【视图】→【标尺】命令，在工作区中显示标尺。

步骤 4　勾选菜单【视图】→【辅助线】→【显示辅助线】命令，然后把鼠标移到上标尺出，按左键，拖曳鼠标向下，拉出一条辅助线来。同样，再拉出一条辅助线，如图 4-37 所示。用这两条辅助线做参考，因为鸟飞时，身体会上下移动。

步骤 5　把“图层 1”更名为“身体”。单击工具栏中的【铅笔工具】，设置【铅笔模式】为平滑；再单击【笔触颜色】按钮，设置笔触颜色为白色。画出小鸟的身体。单击【颜料桶工具】，设置【填充颜色】为黑色，填充小鸟的眼睛为黑色。同样，填充嘴为黄色。再打开【颜色】面板，选择【颜色类型】为“径向渐变”，在混色器中设置灰色到白色的径向渐变，如图 4-38 所示。在小鸟身体尾部单击，以渐变色填充小鸟的身体，如图 4-39 所示。然后在第 9 帧，按下【F6】键，插入关键帧。

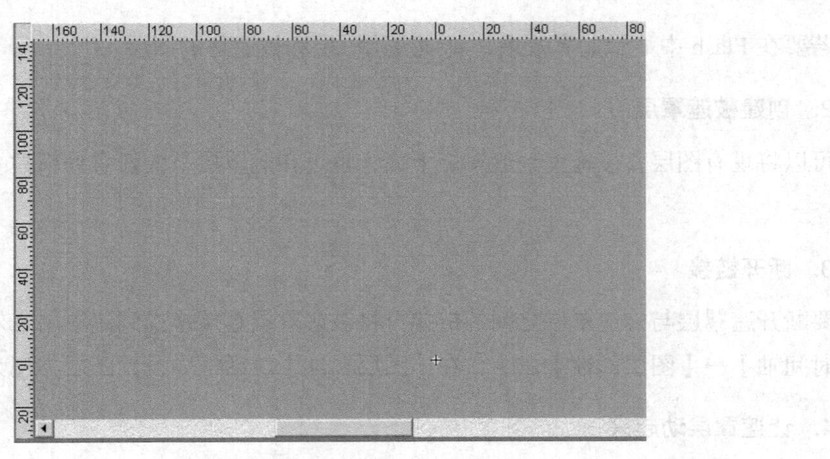

图 4-37　拉出两条辅助线

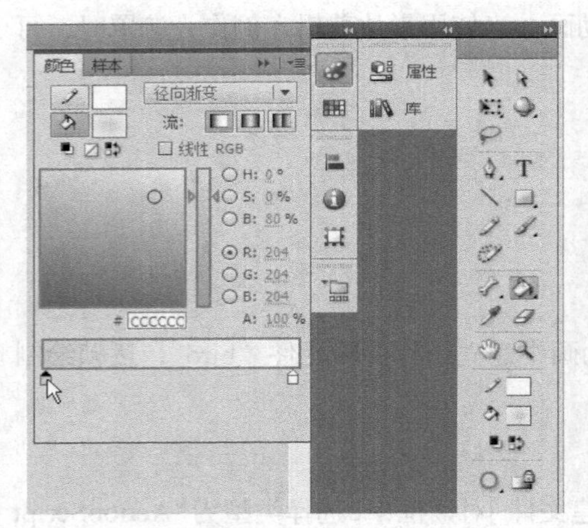

图 4-38　设置颜色类型为径向渐变

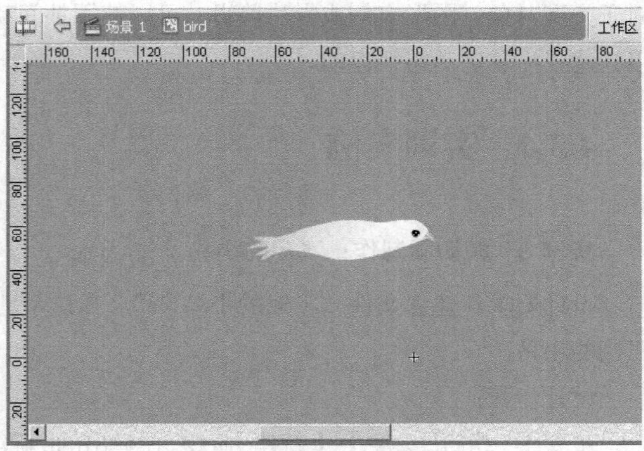

图 4-39　画出小鸟的身体

在用颜料桶填充颜色时，要注意选择【空隙大小】按钮，当填充区域不封闭时，要根据空隙大小选择“封闭小空隙”或“封闭中等空隙”或“封闭大空隙”，才能填充。

步骤 6　新建一个图层，把图层改名为“外翅”。画出鸟翅，并填充白到灰的径向渐变，如图 4-40 所示。也在第 9 帧插入关键帧。

步骤 7　在“身体”图层的第 3 帧插入关键帧，并把鸟身向下移一下，如图 4-41 所示。

步骤 8　选中“外翅”图层第 3 帧，右击鼠标，从快捷菜单中选择【插入空白关键帧】，在“外翅”图层第 3 帧插入空白关键帧。画出第 2 个翅膀，并填充白到灰的径向渐变，如图 4-42 所示。

步骤 9　在“身体”图层的第 5 帧插入关键帧，再把鸟身向下移一下，如图 4-43 所示。

步骤 10　在“外翅”图层第 5 帧插入空白关键帧，画出第 3 个翅膀，并填充白到灰的径向渐变，如图 4-44 所示。

步骤 11　在“身体”图层的第 7 帧插入关键帧，把鸟身向上移动，如图 4-45 所示。

图 4-40 画出外翅

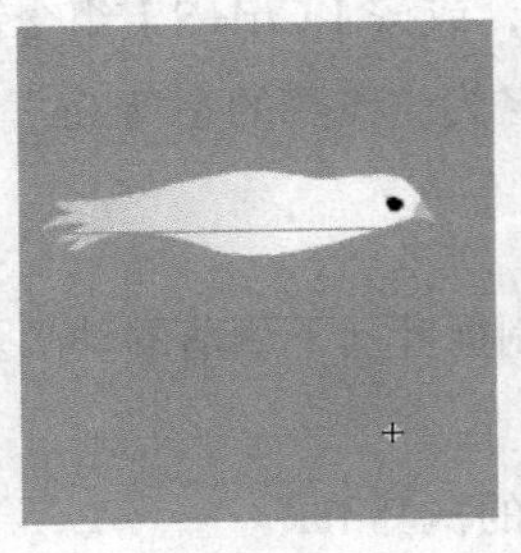

图 4-41 身体图层第 3 帧

图 4-42 画出外翅第 3 帧

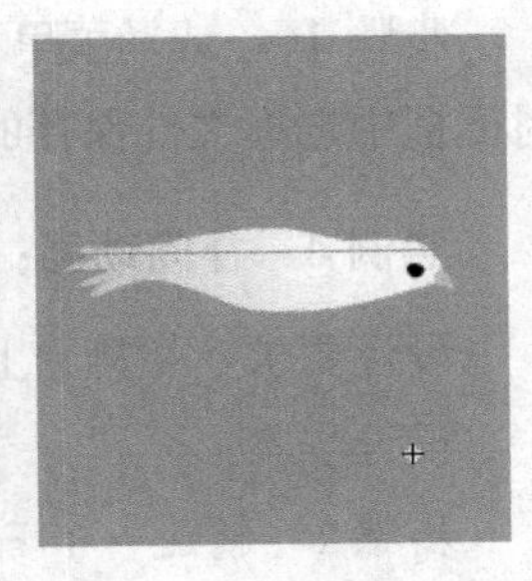

图 4-43 身体图层第 5 帧

步骤 12 在“外翅”图层第 7 帧插入空白关键帧，画出第 4 个翅膀，并填充白到灰的径向渐变，如图 4-46 所示。

图 4-44 画出外翅第 5 帧

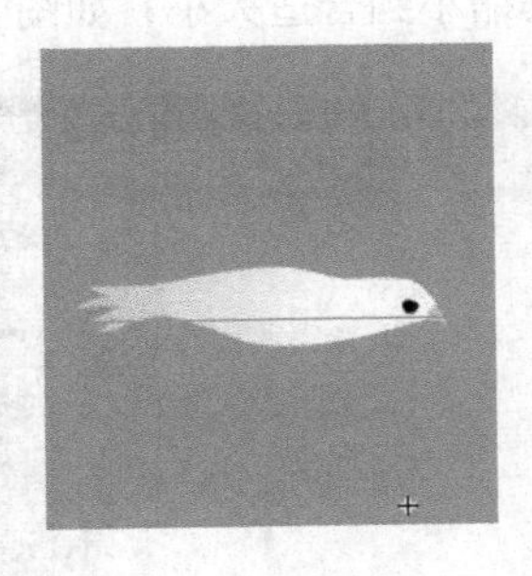

图 4-45 身体图层第 7 帧

图 4-46 画出外翅第 5 帧

步骤 13 新建一个图层，改名为“内翅”，锁定“外翅”图层，把“外翅”图层上的所有关键帧完整的复制到“内翅”图层上，再把每只翅膀稍微转一下，如图 4-47 所示。

图 4-47 建立“内翅”图层

步骤 14 按【Enter】键查看效果。

步骤 15 把“bird”元件从库里拖到舞台上，生成一个实例，按【Ctrl+Enter】组合键测试影片。

步骤 16　选择菜单【文件】→【保存】命令，或按【Ctrl+S】组合键，在弹出的【另存为】对话框中选择文件保存的路径，输入保存的文件名为“飞翔的小鸟.fla”。

实例 4　补间动画：飘落的枫叶

设计要求：在舞台上导入枫叶素材文件，绘制枫叶向下飘落的动画。

设计步骤：

步骤 1　新建一个 Flash 文件，命名为“飘落的枫叶.fla”。

步骤 2　执行【文件】→【导入】→【导入到舞台】命令，或按下【Ctrl+R】组合键，打开【导入】对话框，从中选择“枫叶 1.png”素材文件，将其导入到舞台上。

步骤 3　导入的枫叶素材很大，需要将其缩小。可以选中枫叶后，单击工具栏中的任意变形工具，拖动其边框上的关键点将其缩小到合适大小，如图 4-48 所示。

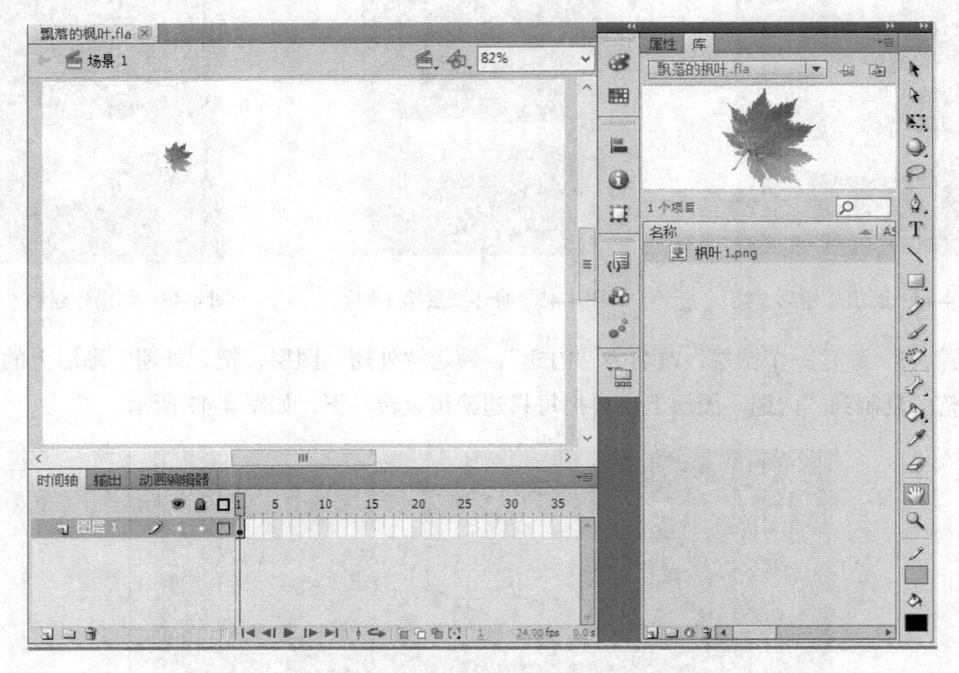

图 4-48　导入并调整枫叶素材

步骤 4　按键盘上的【F8】键或执行【修改】→【转换为元件】命令，在弹出的对话框中输入“矩形”，如图 4-49 再单击【确定】按钮，将图形转换为元件。

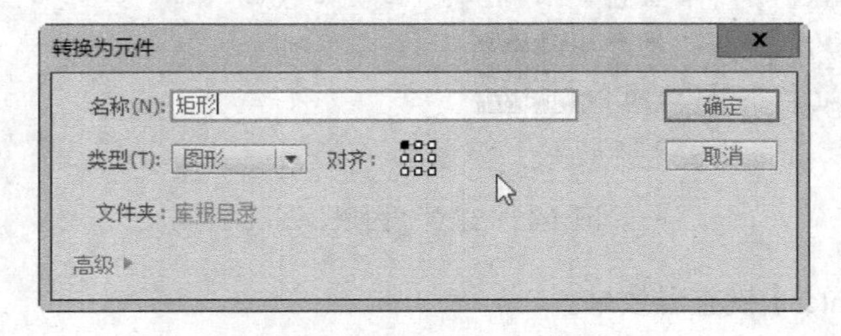

图 4-49　“转换为元件”对话框

步骤 5　单击图层 1 的第 1 帧，右击，从快捷菜单中选择【创建补间动画】命令，为其创建补间动画，如图 4-50 所示。

步骤 6　单击图层 1 的第 24 帧，单击【选择工具】，在舞台上移动枫叶到舞台下方。然后，把光标移到补间路径上，当光标变为箭头下带一段弧时，按鼠标左键，向右拖动补间路径为弧形，如图 4-51 所示，再松开鼠标。

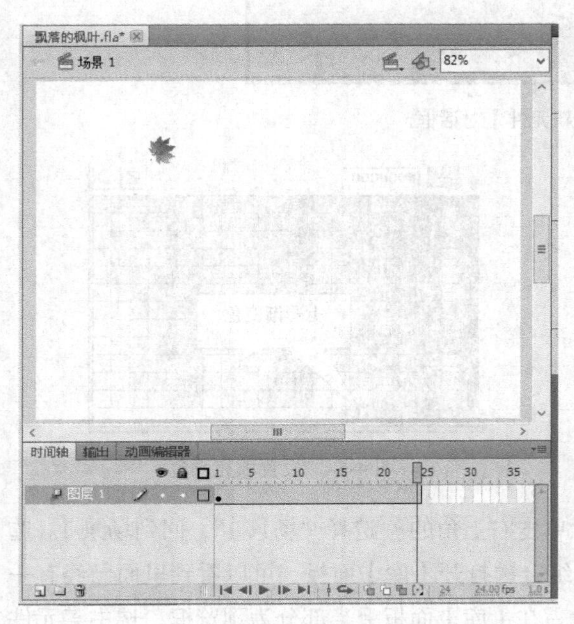

图 4-50　创建补间动画后

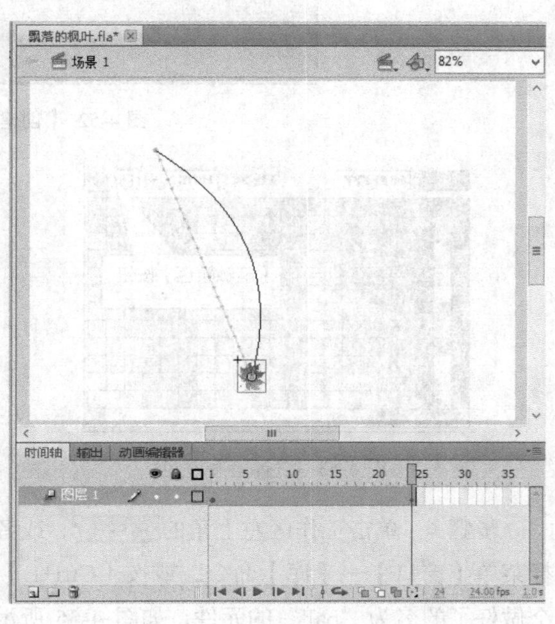

图 4-51　在第 24 帧移动矩形

步骤 7　按【Enter】键，可以看到枫叶飘落动画效果。

步骤 8　保存文件。

实例 5　传统补间的制作：跳动的小球

设计要求：绘制一个彩色小球，小球先在一个平面上滚动，然后小球从高处落下又弹回的动画，运动过程中将受到重力的作用，即下落时逐渐加速，弹上时减速。

设计步骤：

步骤 1　新建一个文件，命名为“运动的小球.fla”。

步骤 2　选择菜单【插入】→【新建元件】命令，或者按【Ctrl+F8】键，出现【创建新元件】对话框。在【名称】文本框中输入元件的名称“ball”，单击【类型】下拉列表选择“图形”，如图 4-52 所示。再单击【确定】按钮退出“创建新元件”对话框，进入元件编辑模式，元件名称显示在窗口的左上角。在场景中心位置会出现一个“十”形定位点。

步骤 3　在工具栏中选取【椭圆工具】。在椭圆工具【属性】面板中单击【笔触颜色】按钮，出现调色板，单击其中的【去掉笔触颜色】按钮，如图 4-53 所示。单击【填充颜色】中的颜色按钮，出现调色板，单击最下面一行最右边的七彩渐变色，如图 4-54 所示。按键盘上的【Shift】键，然后在绘图区域里拖曳鼠标画出一个大小合适的彩色的圆。如果对所画的小球不满意，可以点选小球，按【Delete】键删掉重画。

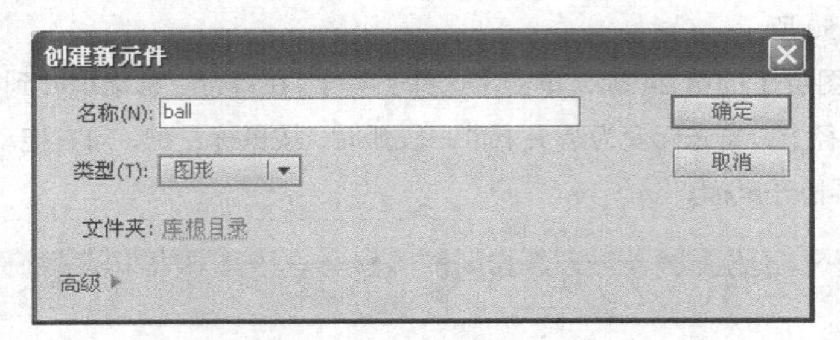

图 4-52 【创建新元件】对话框

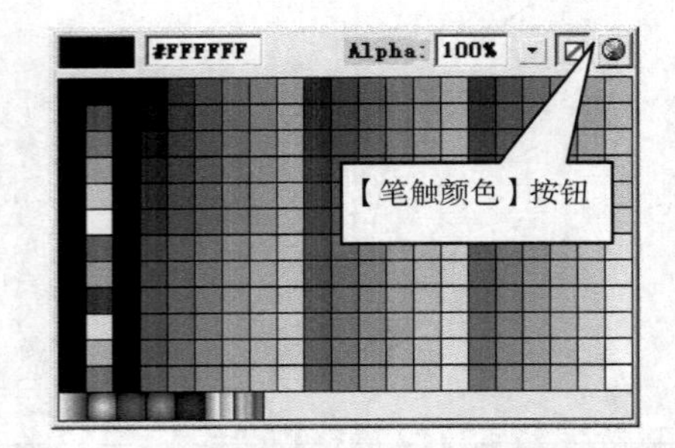

图 4-53 去掉笔触颜色

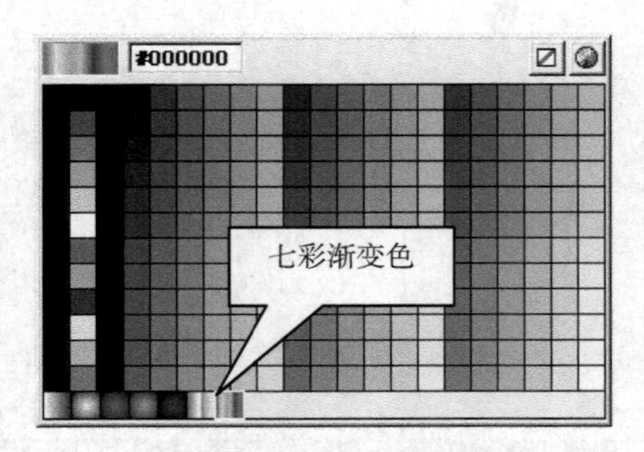

图 4-54 设置填充颜色

步骤 4 单击工作区左上角的场景 1，或者单击右上角的选择“场景 1”，回到场景 1。选择菜单【窗口】→【库】命令，或按【Ctrl+L】组合键打开【库】面板，可以看到里面已经有一个做好了的名为“ball”的元件，如图 4-55 所示。在【库】面板上半部分为预览框，选中某元件后，可以在此预览元件。【库】面板下半部分列出了在此 Flash 文件中的所有元件，双击某个元件可编辑修改该元件。

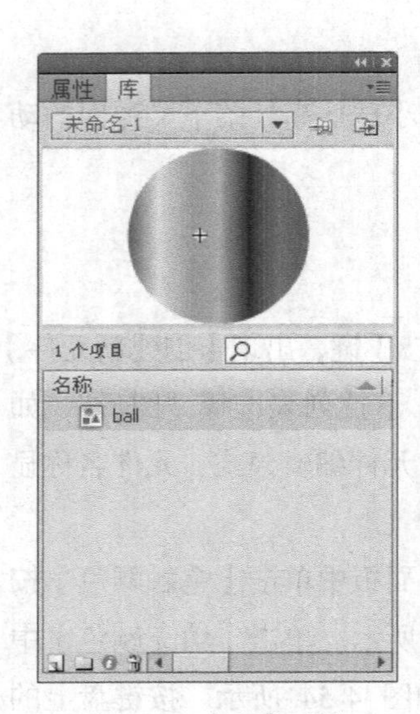

图 4-55 【库】面板

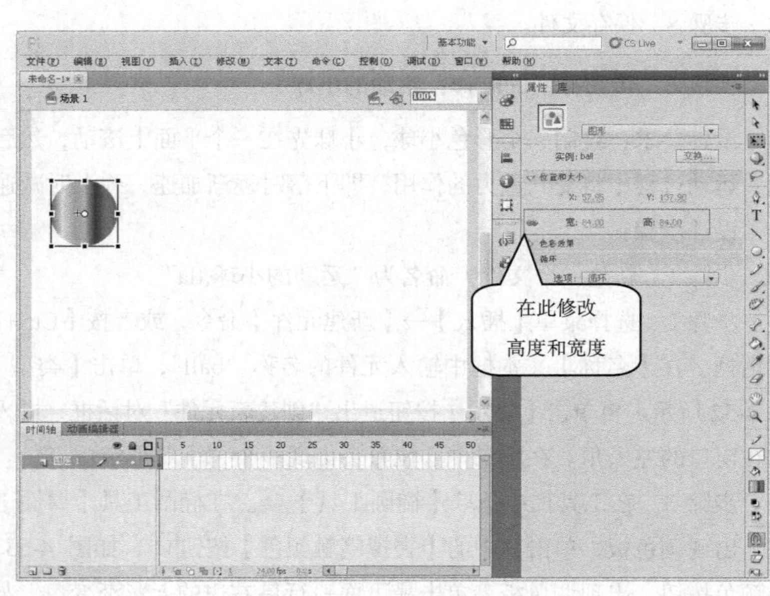

图 4-56 时间线的变化

步骤 5　选中 “ball” 元件的名称或图形，将其拖曳到场景 1 中靠左上位置创建一个实例。在此元件实例的【属性】面板中改变宽度值使得实例到合适大小（注意要将将宽度值和高度值锁定在一起）。这时，时间线的第一帧的空心圆已经变成实心的了，说明这一帧里面有东西了。效果如图 4-56 所示，

步骤 6　在时间轴第 25 帧单击鼠标，该帧变成深蓝色表示被选中。右键单击鼠标，从快捷菜单中选择【插入关键帧】命令，在 25 帧处插入了一个关键帧。点选小球，把它拖到舞台的右端。效果如图 4-57 所示。

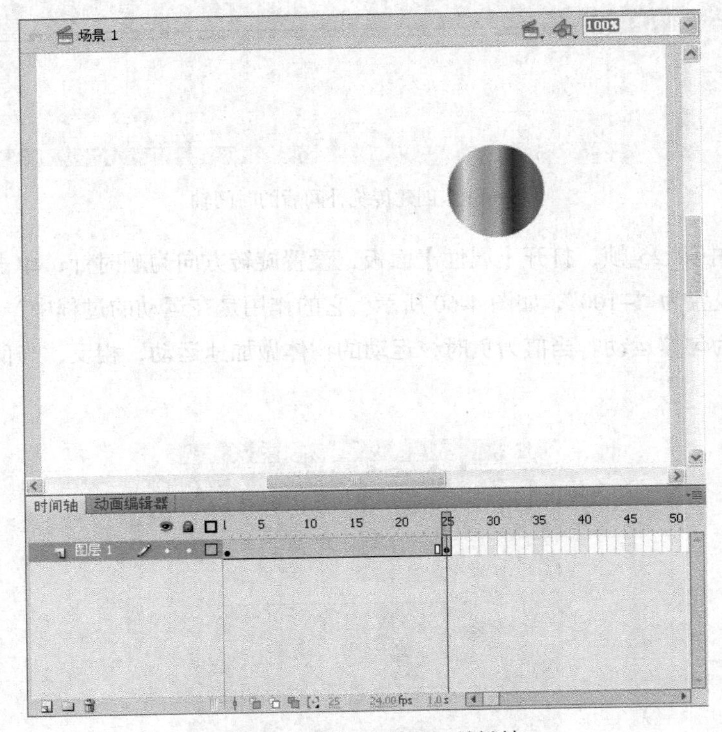

图 4-57　在第 25 帧插入关键帧

步骤 7　将鼠标移至时间轴第 1 帧至 25 帧之间，右键单击鼠标，从快捷菜单中选择【创建传统补间】命令，这时时间轴窗口的状态如图 4-58 所示，第 1 帧和第 25 帧之间出现了一个实线箭头，且背景变成淡紫色，表示这两帧之间有一段运动渐变动画。如果两帧之间出现了虚线，表示过渡不成功，需要重新查看每一个关键帧及其属性。

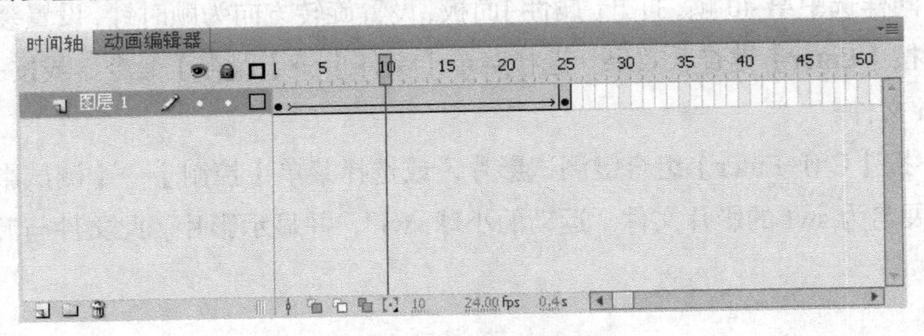

图 4-58　创建补间动画

步骤 8　单击任一补间帧，在帧【属性】面板中，单击【旋转】下拉列表，从中选择【顺时针】，设置小球的旋转方向。选择按【Enter】键查看效果，按【Ctrl+Enter】组合键测试影片。

步骤 9　选中第 40 帧，右键单击鼠标，从快捷菜单中选择【插入关键帧】命令，在 40 帧处插入一个关键帧。同样，在第 55 帧处插入一个关键帧。再选中第 40 帧，将小球移到下方。在第 25 帧至 40 帧之间单击，右键单击鼠标，从快捷菜单帧选择【创建传统补间】命令，在第 25 帧至 40 帧创建传统补间。同样，在第 40 帧至 55 帧之间创建传统补间。时间轴如图 4-59 所示。

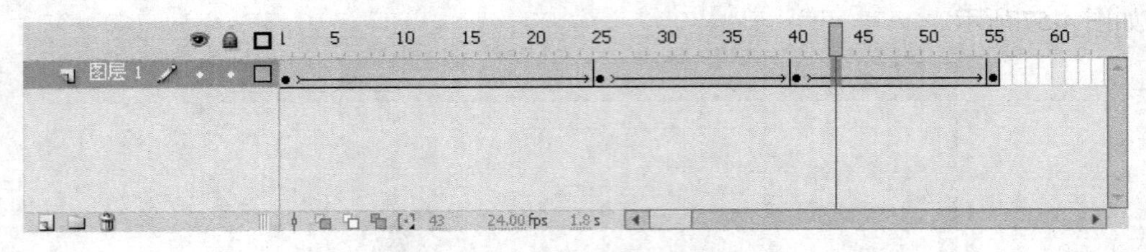

图 4-59　创建传统补间后的时间轴

步骤 10　选中第 25 帧，打开【属性】面板，设置旋转方向为顺时针；单击【缓动】旁的数字，缓动数值框设置为“–100”，如图 4-60 所示。它的作用是在运动的过程中产生速度上的变化，默认值为 0，即为匀速运动。当值为负时，运动的物体做加速运动，相反，当值为正时，运动的物体做减速运动。

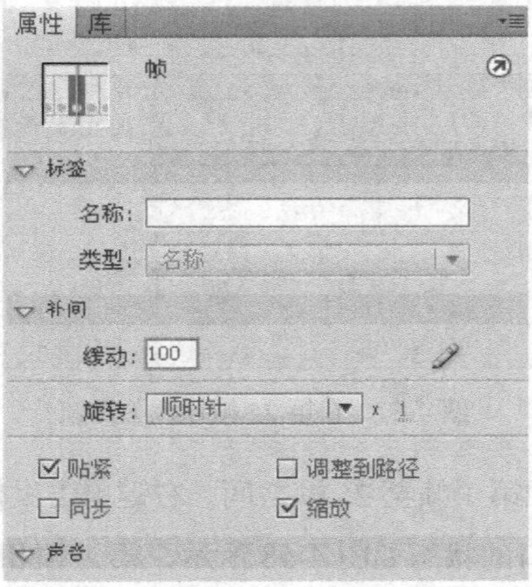

图 4-60　设置第 25 帧属性

步骤 11　同样选中第 40 帧，打开【属性】面板，设置旋转方向为顺时针，设置缓动值为“100”。

步骤 12　按【Enter】键查看效果。选择菜单【文件】→【保存】命令，或按【Ctrl+S】组合键保存此 Flash 文件。

步骤 13　按【Ctrl+Enter】组合键测试影片，或选择菜单【控制】→【测试影片】命令，系统自动生成扩展名为.swf 的影片文件“运动的小球.swf”，并显示影片。此文件与源程序保存在同一文件夹中。

实例 6 补间形状的制作：彩色变形文字

设计要求：输入文字“Flash”，对逐个字母填充七彩渐变色并进行变形处理，使每个字母依次出现，最后完整显现文字“Flash”。

设计步骤：

步骤 1 新建一个 Flash 文件，命名为“变形彩色文字.fla”。单击菜单【修改】→【文档】命令，或按【Ctrl+J】组合键，弹出【文档设置】对话框。在【尺寸】后的“宽度”“高度”数值框中分别输入“400 像素”和“300 像素”，即将场景大小设为 400×300 像素。

步骤 2 选择菜单【视图】→【网格】→【编辑网格】命令，出现【网格】对话框。勾选【显示网格】和【贴紧至网格】复选框，选择【贴紧精确度】为“总是贴紧”，如图 4-61 所示。

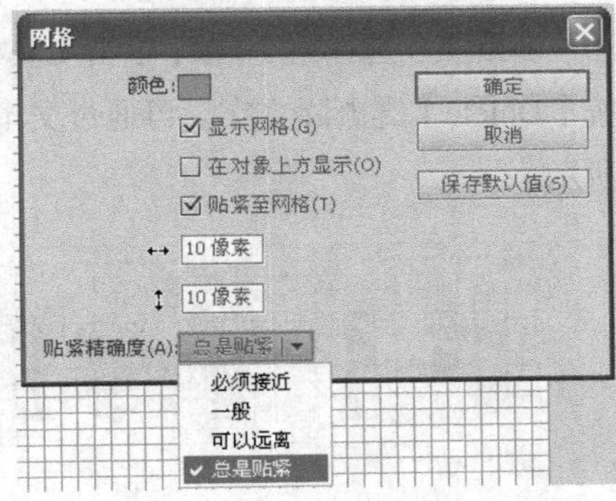

图 4-61 【网格】对话框

步骤 3 在工具栏中选取【文本工具】T，在【属性】面板中，展开【字符】选项区，设置字体系列为“Arail”，样式为“Black”，大小为 100，字间距为 17，加粗，颜色为蔚蓝色。在场景中拖曳出一个文字输入框，在其中输入“Flash”，如图 4-62 所示。

图 4-62 输入文字

步骤 4 选择文字，四周会出现线框。按【Ctrl+B】组合键，把文本框打散分离文字，如图 4-63 所示。再按【Ctrl+B】组合键，把文字打散，每个字变成有底纹的了，如图 4-64 所示。

步骤 5 选择【颜料桶工具】，单击【填充颜色】按钮，出现调色板，单击最下面一行最右边的渐变色，在选择状态下的文字上单击，文字变为彩色渐变，如图 4-65 所示。

图 4-63 分离文字

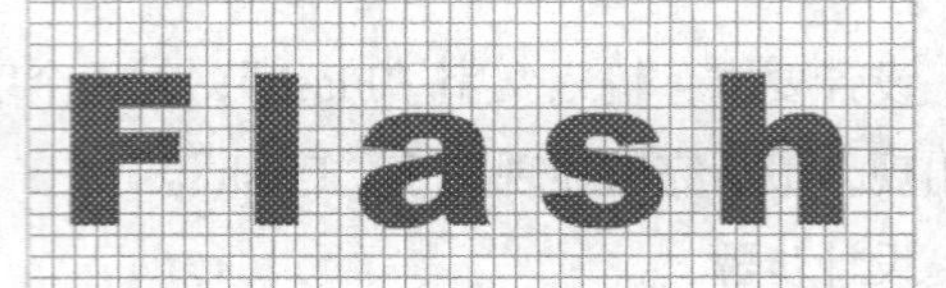

图 4-64 再次分离文字

步骤 6 在时间轴的第 10 帧处单击，选中这一帧。右键单击鼠标，从快捷菜单中选择【插入关键帧】命令，在第 10 帧处插入一个关键帧。同样，在第 20、30、40、50、60 帧分别插入关键帧。

步骤 7 选择第 10 帧，单击工具栏的【选择工具】，移动鼠标到场景中，框选文字 "Flash"，按【Delete】键删除文字。再通过文本工具输入字母 F，按【Ctrl+B】组合键打散文字，如图 4-66 所示。

图 4-65 更改文字颜色

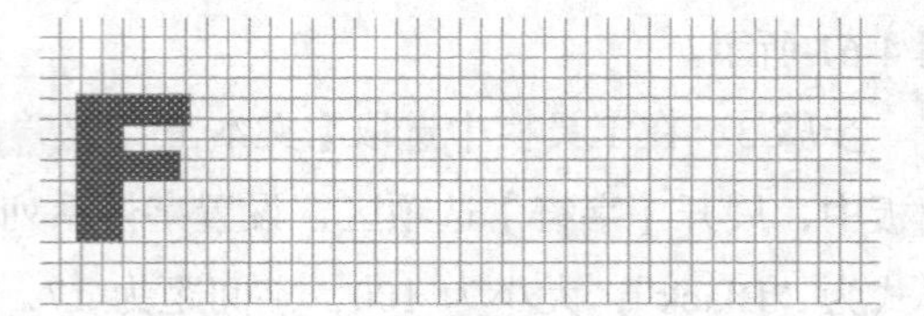

图 4-66 输入文字 F

步骤 8 单击工作区上面的【绘图纸外观】按钮，利用此按钮可以看到相邻帧里的图形，所显示的相邻帧的多少可以通过移动【开始绘图纸外观】或【结束绘图纸外观】来调节。移动字母 F 到相邻关键帧上与字母 F 相重叠出，如图 4-67 所示。在移动时，可选中字母，按下键盘上的【Ctrl+方向键】组合键进行文字位置的微调。

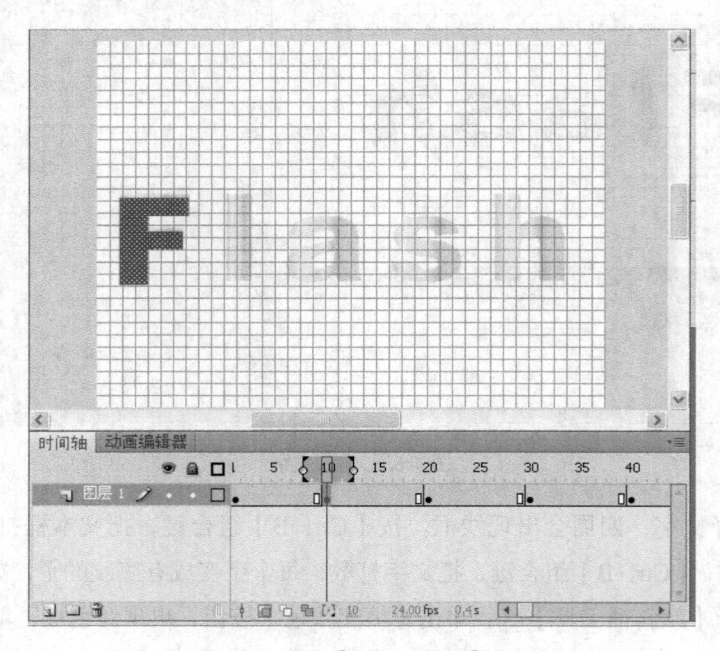

图 4-67 单击【绘图纸外观】按钮

步骤 9 选中第 1 帧，右键单击，从快捷菜单中选择【创建补间形状】命令。可以看到，时间轴上多了一条绿底的箭头，如图 4-68 所示，说明第 1 帧和第 10 帧之间已经建立了形状补间动画。

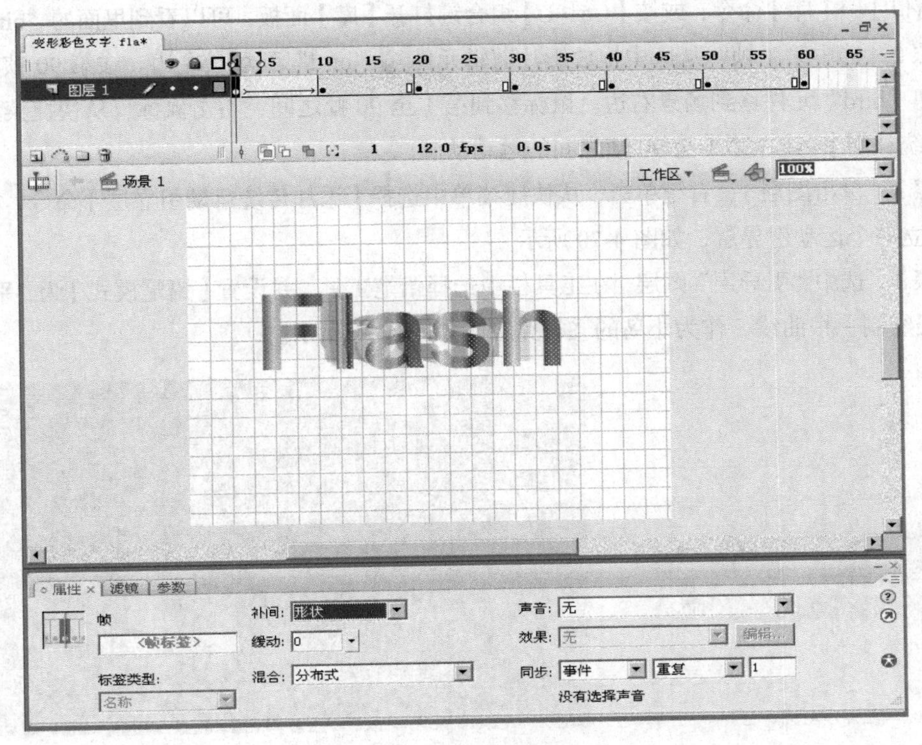

图 4-68 设置补间动画

步骤 10 同样，依次在 20、30、40、50 各关键帧删除原有文字，分别输入字母 l、a、s、h。最后一帧第 60 帧不变，以便让动画在最后还能变回来。并在 20、30、40、50 各关键帧上建立形状补间，时间轴如图 4-69 所示。

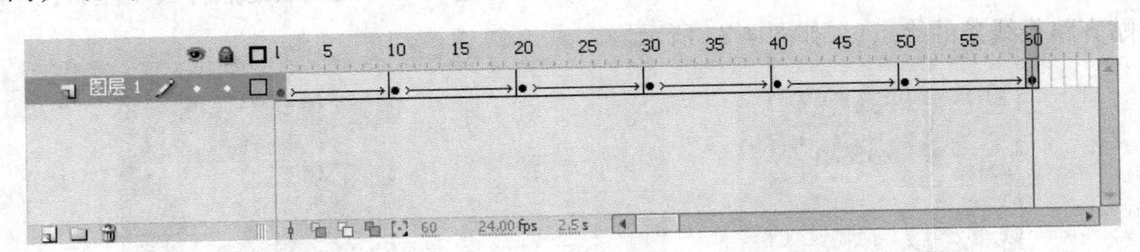

图 4-69 建立形状补间动画

步骤 11 在帧【属性】面板上，还可以通过【缓动】项调节变形变化的快慢，【混合】项选择不同的变形变化方法。

步骤 12 按【Enter】键查看效果，按【Ctrl+Enter】组合键测试影片，并保存此 Flash 文件。

实例 7 路径动画的制作：沿路径飞翔的小鸟

设计要求：在“飞翔的小鸟.fla”中，利用已有影片剪辑元件“bird”制作沿路径飞行的小鸟动画。路径用铅笔自由画出。

设计步骤：

步骤 1　打开“飞翔的小鸟.fla”动画文件，单击工作区左上角的 场景 1 ，回到场景 1。选择菜单【窗口】→【库】命令，或按【Ctrl+L】组合键打开【库】面板，可以看到里面的“bird”元件。

步骤 2　选中第 1 帧，从库中拖放影片剪辑元件 “bird” 到场景左边。在第 90 帧处插入关键帧，把“bird”元件移到场景右边。鼠标移到第 1 至 90 帧之间，右击鼠标，从快捷菜单中选择【创建传统补间】，建立第 1 至 90 帧之间的运动动画。

步骤 3　单击图层 1，右键单击，从快捷菜单中选择【添加传统运动引导层】命令，在“图层 1”上建立一个运动引导层，如图 4-70 所示。

步骤 4　选中“引导层”图层，在工具栏中选择铅笔工具，并设置【铅笔模式】为“平滑” ，在此图层绘制一根曲线，作为小鸟的飞行路径，如图 4-71 所示。

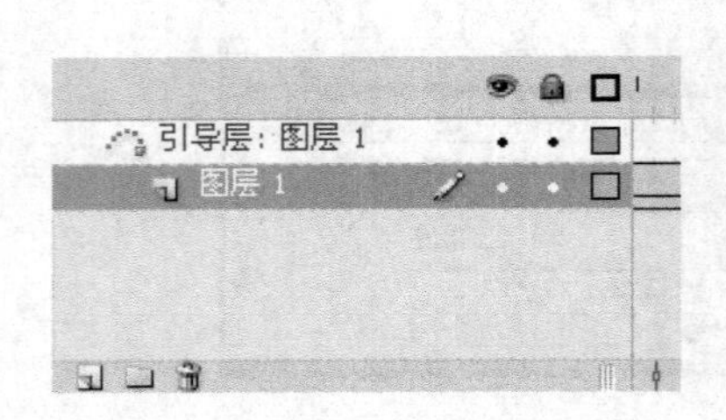

图 4-70　添加运动引导层

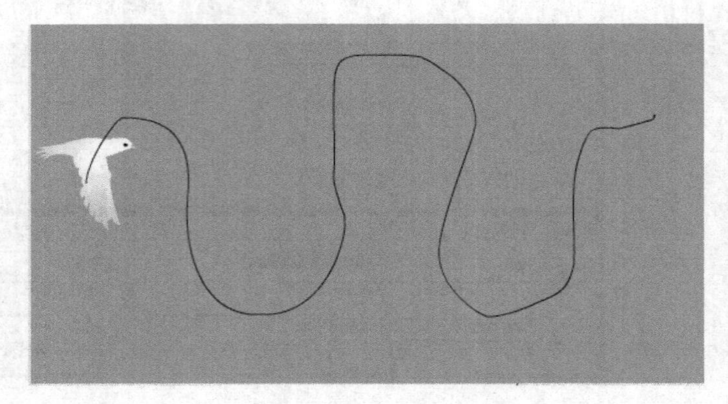

图 4-71　画出路径

步骤 5　确认工具栏中贴紧对象按钮 已选中后，选择“图层 1”图层第 1 帧，用鼠标拖动小鸟到线条起点释放（注意让中心标记○贴齐路径线条的起点），如图 4-72 所示。

步骤 6　接着选择“图层 1”图层第 90 帧，用鼠标拖动小鸟到线条终点释放（注意让中心标记○贴齐路径线条的终点），如图 4-73 所示。

图 4-72　把小鸟锁定到路径的起点

图 4-73　把小鸟锁定到路径的终点

步骤 7　按【Ctrl+Enter】组合键测试影片，检查小鸟是否按照路径飞行，并保存此 Flash 文件。注意：引导线图层的线条、文字等各种内容在影片输出时不会显示出来。

实例 8 遮罩动画的制作：探照灯文字效果

设计要求：制作探照灯文字效果，显示“多媒体技术”五个字。灯从左边照到右边，再从右边照到左边。

设计步骤：

步骤 1 新建一个 Flash 文件，“宽”“高”数值框中分别输入“400”像素和“100”像素，将场景大小设为 400×100 像素。单击背景颜色：按钮，出现调色板，设置蓝色作为背景色。

步骤 2 选择文字工具在场景中输入“多媒体技术”几个字。设置字的颜色为白色，字体为隶书，调整字号至合适大小。

步骤 3 单击图层栏左下角的【插入图层】按钮，插入一个新的图层，即“图层 2”，这个图层应该在文字层“图层 1”的上面。在该层中用【椭圆工具】绘制一个圆形，要求其直径要大于刚才输入的文字高度。

步骤 4 选中圆，按【F8】键把它转换成一个图形类元件。把圆从库中拖到文字的左面，如图 4-74 所示。

步骤 5 在“图层 2”的第 25 帧和第 50 帧插入一个关键帧，再在“图层 1”的第 50 帧插入一个关键帧。选中“图层 2”的第 25 帧，用【选择工具】选中整个圆，按键盘上的右方向键，把圆从文字左端移到文字右端，如图 4-75 所示。移动时可以按【Shift】键，这样移动起来会快一些。用键盘而不用鼠标移动的好处是移动后无需进行水平对齐。

图 4-74 把圆放在文字左边

图 4-75 把圆放在文字右边

步骤 6 选中“图层 2”，在第 1 帧至第 25 帧之间，右键单击鼠标，从快捷菜单中选择【创建补间动画】，建立第 1 至 25 帧之间的运动动画。同样，建立第 25 至 50 帧之间的运动动画，时间轴如图 4-76 所示。

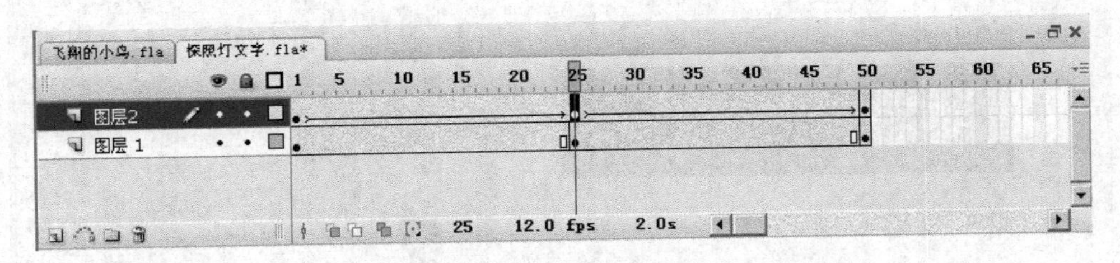

图 4-76 建立运动动画

步骤 7 选择“图层 2”，右击，从弹出的菜单中选择【遮蔽层】命令，如图 4-77 所示。把“图层 2”变为遮罩层，而下面的文字层“图层 1”变成为被遮罩层。

步骤 8 按【Enter】键查看效果。注意：圆的颜色是无关紧要的。因为遮罩就是把遮罩层中对象以外的部分遮盖住，而只显示透过对象的被遮罩层的内容。所以，用户看到的文字的颜色是被遮罩层的，与遮罩层无关。

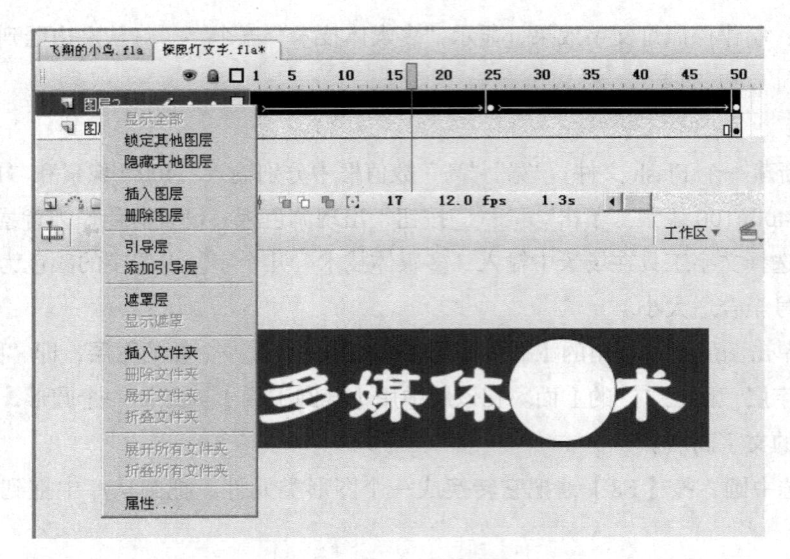

图 4-77　建立“遮照层”

步骤 9　为了使动画的效果更明显一些，可以在最下面放上浅一些颜色的文字做底色。选中圆所在的“图层 2”，单击图层栏左下角的【插入图层】按钮，插入一个新的图层——“图层 3”。把这个新建的图层拖到最下面来。解除“图层 1”的锁定，在“图层 1”中选中文字，按【Ctrl+C】组合键复制文字，再回到最下面的“图层 3”，按【Ctrl+Shift+V】组合键把文字粘贴到与“图层 1”上文字一样的位置上。再次锁定“图层 1”，选中“图层 3”上的文字，打开【属性】面板。单击“文本（填充）颜色”按钮，从弹出的调色板中拖曳“Alpha”旁边的数值按钮向左到“40%”，或者直接在数值框中输入“40”，让文字显得透明一些，如图 4-78 所示。然后，在“图层 3”的第 50 帧插入一个关键帧。

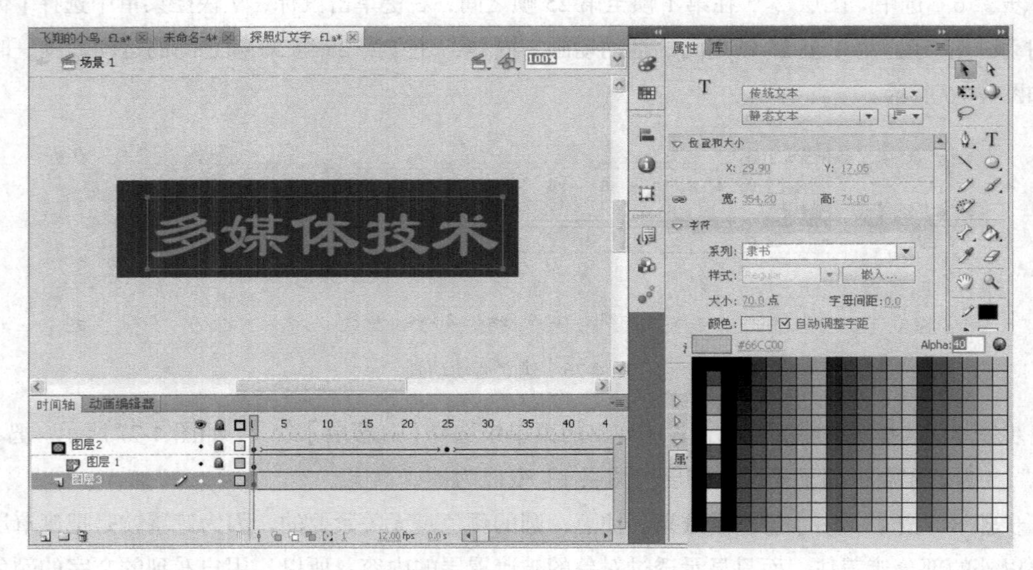

图 4-78　添加“图层 3”

步骤 10 按【Enter】键查看效果，按【Ctrl+Enter】组合键测试影片，并保存此 Flash 文件，命名为“探照灯文字.fla”。

4.4 动画制作进阶

4.4.1 视觉特效动画

视觉特效动画就是将特殊的动画效果，如花瓣的飘落感和雪花的轻盈感等，制作为视觉化、符号化的动画，给人以视觉上的冲击，使动画欣赏者从视觉上感受到空间的变化，从而享受特效动画。

Flash CS5 中 Deco 工具一共提供了 13 种绘制效果，可将创建的基本图形轻松转化成复杂的几何图案，快速完成大量相同元素的绘制；可与元件配合制作出效果丰富的火焰动画、烟动画、下雪动画等。

4.4.2 反向运动与骨骼系统

反向运动（Inverse Kinematics，简称 IK）是一种使用骨骼对对象进行动画处理的方式，这些骨骼按父子关系链接成线性或枝状的骨架。当一个骨骼移动时，与其连接的骨骼也发生相应的移动。

使用反向运动可以方便地创建自然运动。若要使用反向运动进行动画处理，只需在时间轴上指定骨骼的开始和结束位置。Flash 自动在起始帧和结束帧之间对骨架中骨骼的位置进行内插处理。

在 Flash CS5 中有两种方式使用 IK，一种是将元件实例链接起来。例如，可以将显示躯干、手臂、前臂和手的影片剪辑链接起来，以使其彼此协调而逼真地移动。每个实例都只有一个骨骼。另一种是使用形状作为多块骨骼的容器。例如，可以向蛇的图画中添加骨骼，以使其逼真地爬行。在“对象绘制”模式下可以绘制这些形状。

当向元件实例或形状中添加骨骼时，先选中元件实例或形状，然后单击工具箱中的骨骼工具在实例或形状内单击并拖动到另一元件实例或形状内的另一个位置上。Flash 会在时间轴中为它们创建一个新的图层，称为“姿势图层”。

对 IK 骨架进行动画处理的方式与 Flash 中的其它对象不同。对于骨架，只需向姿势图层添加帧并在舞台上重新定位骨架即可创建关键帧。姿势图层中的关键帧称为姿势。由于 IK 骨架通常用于动画目的，因此每个姿势图层都自动充当补间图层。

但是，IK 姿势图层不同于补间图层，因为无法在姿势图层中对除骨骼位置以外的属性进行补间。若要对 IK 对象的其他属性（如位置、变形、色彩效果或滤镜）进行补间，要将骨架及其关联的对象包含在影片剪辑或图形元件中。然后可以使用【插入】→【补间动画】命令和【动画编辑器】面板，对元件的属性进行动画处理。也可以在运行时使用 ActionScript 3.0 对 IK 骨架进行动画处理。

4.4.3 3D 动画

Flash CS5 中有 3D 旋转工具和 3D 平移工具，可将原来只具备 2D 动画效果的影片剪辑元件沿着 X、Y、Z 轴移动或旋转，制作成具有空间感的补间动画。

要让影片剪辑元件实例改变形状，使其看起来与观看者之间形成一个角度，可以使用 3D 旋转工具。方法是选择"3D 旋转工具"，然后选择影片剪辑元件实例。3D 彩色轴控件出现在该实例上。其中，红色的是 X 轴，绿色的是 Y 轴，蓝色的是 Z 轴。最外部的橙色圆是自由旋转控件，可以同时绕 X 和 Y 轴旋转。

要使影片剪辑元件实例看起来离观看者更近或更远，可以使用 3D 平移工具。3D 平移控件中，Z 轴为一个黑色的圆点。

单击并拖动轴控件可使实例发生相应旋转或平移。也可以拖动中心点改变旋转或平移控件的中心点。

用户还可以使用【变形】面板，精确设置 3D 旋转或平移角度。

在使用 3D 工具时，属性面板将在【3D 定位和查看】区域显示相应的 3D 的参数。同时，工具箱下面的选项栏中会增加一个【全局转换】按钮。与其对应的是【局部转换】，默认的是【全局转换】模式。单击此按钮，可以在两种模式间切换。【全局转换】表示在全局 3D 空间中旋转或移动对象与舞台无关，【局部转换】表示 3D 控件方向与影片剪辑元件空间相关。

4.4.4 应用声音

合适的声音对于动画而言可以使之增色不少，增加艺术感染力。Flash CS5 提供多种使用声音的方式。可以使声音独立于时间轴连续播放，或使用时间轴将动画与音轨保持同步；可以向按钮添加声音，使按钮具有更强的互动性；通过声音淡入淡出还可以使音轨更加优美。

Flash CS5 中有两种声音类型：事件声音和音频流。事件声音必须完全下载后才能开始播放，除非明确停止，否则它将一直连续播放。音频流在前几帧下载了足够的数据后就开始播放；音频流要与时间轴同步以便在网站上播放。

1. 支持的声音文件格式

在 Windows 中，可以将 ASND、WAV、MP3 格式的声音文件格式导入到 Flash 中。如果系统上安装了 QuickTime 4 或更高版本，则可以导入 AIFF、只有声音的 QuickTime 影片、Sun AU 和 WAV 格式的声音文件。

2. 导入声音

选择【文件】→【导入】→【导入到库】命令，在【导入】对话框中查找选中要导入的声音文件并单击【打开】按钮，就可将声音导入到库中。就可以将声音文件放到 Flash 中。

在【库】面板中可以对声音进行设置，步骤如下：

步骤 1　选择一个声音文件后右击，在弹出的快捷菜单中选择【属性】命令，弹出如图 4-79 所示的【声音属性】对话框。

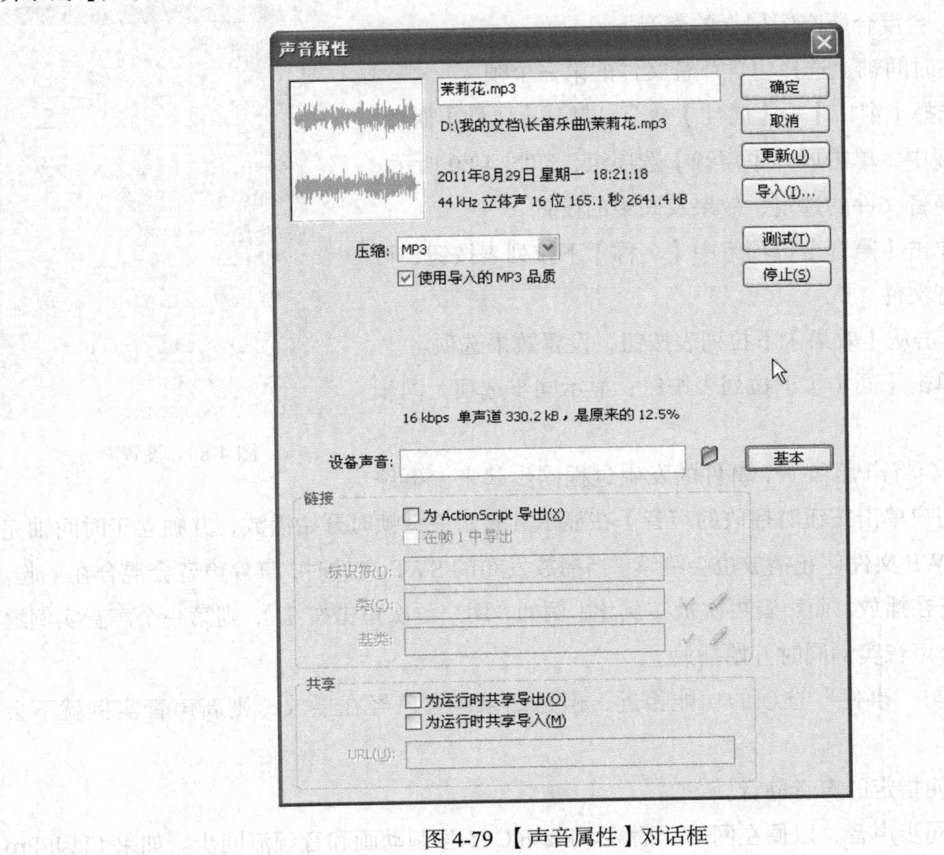

图 4-79 【声音属性】对话框

步骤 2　在【声音属性】对话框中进行设置。

（1）单击【更新】按钮，对选择的声音文件进行更新。

（2）单击【导入】按钮可以用新的音频文件替换原有的文件。

（3）【测试】按钮用来测试声音。

（4）在测试过程中【停止】按钮用来停止测试。

（5）单击【压缩】下拉列表框，可以选择默认、ADPCM、MP3、原始和语音这几种不同的压缩格式。

（6）选中【链接】选项，可以设置用脚本语言控制声音。

（7）选中相应【共享】项，可以为运行时共享导入/导出。

步骤 3　单击【确定】按钮完成设置。

3. 添加声音

声音文件导入到库中，就可以应用到文档中了。可以把声音添加到时间轴，步骤如下：

步骤 1　新建一个图层。在此图层选择合适位置插入空白关键帧。

步骤 2　将声音从【库】面板中拖到舞台中。声音就会添加到当前层中。

可以把多个声音放在一个图层上，或放在包含其他对象的多个图层上。但是，建议将每个声音放在一个独立的图层上。每个图层都作为一个独立的声道。播放 swf 文件时，会混合所有图层上的声音。

步骤 3　在时间轴上选择包含声音文件的第一个帧。

步骤 4　选择【窗口】→【属性】命令，打开【属性】面板。在【属性】面板中，单击展开【声音】选项组，如图 4-80 所示。在此可以进行声音文件的选定、效果及同步的设置。

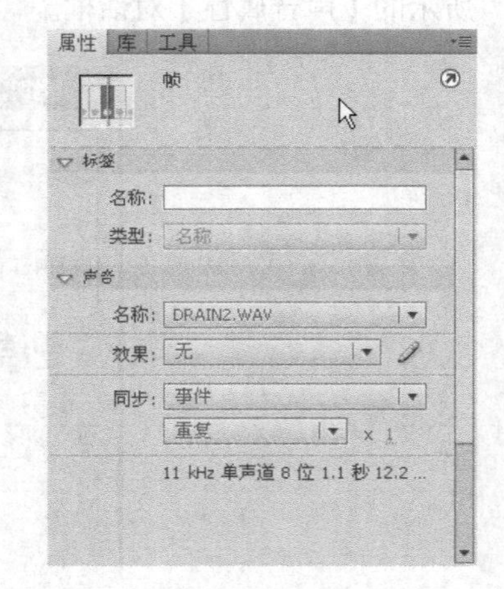

图 4-80　设置声音

步骤 5　单击【声音】选项组中【名称】下拉列表按钮，可以从中选择声音文件。

步骤 6　单击从【效果】下拉列表按钮，设置效果选项。

步骤 7　单击【同步】下拉列表按钮，显示同步选项，同步选项含义如下：

- 事件：会将声音和一个事件的发生过程同步起来。事件声音（例如，用户单击按钮时播放的声音）在显示其起始关键帧时开始播放，并独立于时间轴完整播放，即使 SWF 文件停止播放也会继续。当播放发布的 SWF 文件时，事件声音会混合在一起。如果事件声音正在播放，而声音再次被实例化（例如，用户再次单击按钮），则第一个声音实例继续播放，另一个声音实例同时开始播放。
- 开始：与“事件”选项的功能相近，但是如果声音已经在播放，则新声音实例就不会播放。
- 停止：使指定的声音静音。
- 流：将同步声音，以便在网站上播放。Flash CS5 强制动画和音频流同步。如果 Flash Pro 不能足够快地绘制动画的帧，它就会跳过帧。与事件声音不同，音频流随着 SWF 文件的停止而停止。而且，音频流的播放时间绝对不会比帧的播放时间长。当发布 SWF 文件时，音频流混合在一起。音频流的一个示例就是动画中一个人物的声音在多个帧中播放。

步骤 8　为【重复】输入一个值，以指定声音应循环的次数，或者选择【循环】以连续重复声音。

要连续播放，请输入一个足够大的数，以便在扩展持续时间内播放声音。例如，若要在 15 分钟内循环播放一段 15 秒的声音，请输入 60。不建议循环播放音频流。如果将音频流设为循环播放，帧就会添加到文件中，文件的大小就会根据声音循环播放的次数而倍增。

步骤 9　测试声音，在包含声音的帧上拖动播放头，或使用【控制器】或【控制】菜单中的命令。

4.4.5　应用视频

Flash Professional CS5 是一个强大的多媒体创作平台，不仅可以制作动画、添加声音，还可以添加视频。

在 Flash 中，可以导入 QuickTime 或 Windows 播放器支持的标准媒体文件。对于导入的视频对象，可以进行放大、压缩和更新处理，也可以通过编写脚本来创建视频动画。

将视频添加到 Flash 的方法有多种，其中一种是通过视频导入向导。其步骤如下：

步骤 1　选择【文件】→【导入】→【导入视频】命令，打开【导入视频】对话框，如图 4-81 所示，即可进入视频导入向导。

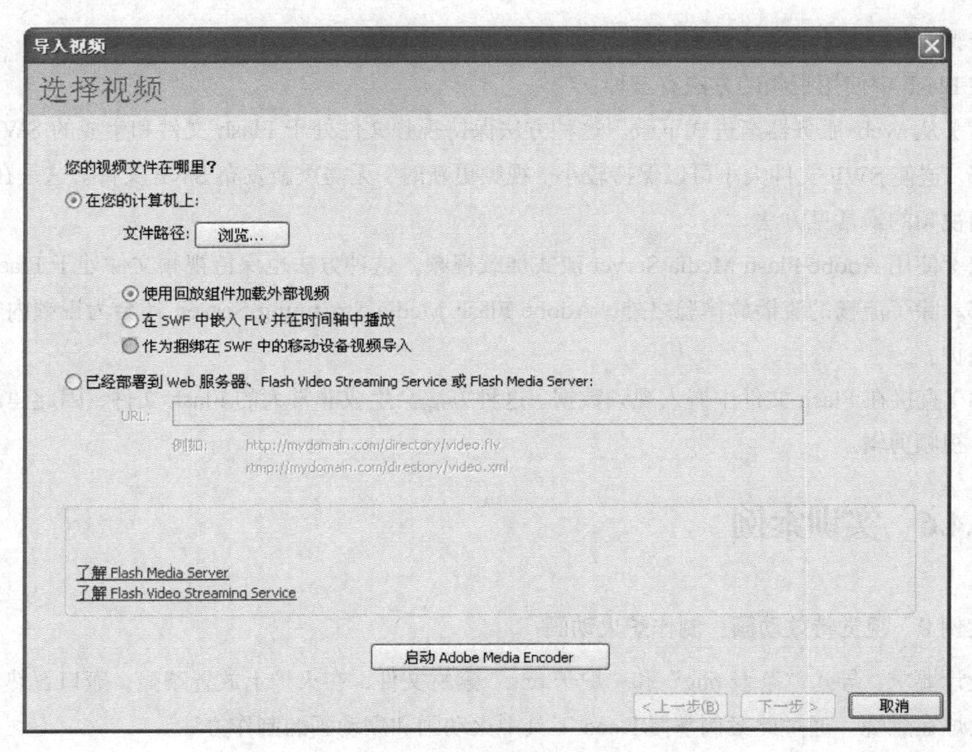

图 4-81　【导入视频】对话框

步骤 2　在【视频导入】对话框中，首先要选择视频文件。注意：在 Flash 中，必须使用以 FLV 或 H.264 格式编码的视频。如果视频不是 Flash 可以播放的格式，则会提醒您。如果视频不是 FLV 或 F4V 格式，可以使用 Adobe Media Encoder 以适当的格式对视频进行编码。

单击【在您的计算机上】单选按钮，再单击其下的【浏览】按钮，可以定位选择本机上的视频文件。

然后选择下面三个视频播放方案中的一个：

- 使用播放组件加载外部视频：导入视频并创建 FLVPlayback 组件的实例以控制视频播放。可以将 Flash 文档作为 SWF 发布并将其上载到 Web 服务器时，还必须将视频文件上载到 Web 服务器或Flash Media Server，并按照已上载视频文件的位置配置FLVPlayback组件。

- 在SWF中嵌入FLV或F4V并在时间轴中播放：将FLV或F4V嵌入到Flash文档中。这样导入视频时,该视频放置于时间轴中可以看到时间轴帧所表示的各个视频帧的位置。嵌入的FLV或F4V视频文件成为Flash文档的一部分。

- 作为捆绑在SWF中的移动设备视频导入：与在Flash文档中嵌入视频类似，将视频绑定到Flash Lite文档中以部署到移动设备。

也可选择【已经部署到Web服务器、Flash Video Streaming Service或Flash Media Server：】单选按钮，然后输入视频的URL。

步骤3 单击【下一步】按钮，根据视频播放方案的不同进行设置视频的外观或嵌入视频的方式等。

步骤4 单击【完成】按钮，退出视频导入向导。

在Flash中使用视频的方法有三种：

（1）从Web 服务器渐进式下载。这种方法保持视频文件处于Flash文件和生成的SWF文件的外部。这使SWF文件大小可以保持较小。视频更新时，无需重新发布SWF文件。这是在Flash中使用视频的最常见方法。

（2）使用Adobe Flash Media Server流式加载视频。这种方法也保持视频文件处于Flash文件的外部。除了流畅的流播放体验之外，Adobe Flash Media Streaming Server 还会为视频内容提供安全保护。

（3）直接在Flash文件中嵌入视频数据。这种方法会生成非常大的Flash文件，因此建议只用于短小视频剪辑。

4.4.6 实训案例

实例9 视觉特效动画：制作炉火动画

设计要求：导入“茶壶.png”和“炉子.png”素材文件，在火炉上放置茶壶，壶口冒热气，炉口有火焰在燃烧。通过此案例掌握Deco工具中火动画和烟动画的制作方法。

设计步骤：

步骤1 新建一个Flash文件，类型为“ActionScript3.0”。“宽”“高”分别为“550像素”和“400像素”。

步骤2 执行【文件】→【导入】→【导入到库...】命令，选择“茶壶.png”和“炉子.png”文件导入到库中。打开库面板，可以看到导入的两张图及Flash自动为其创建的图形元件，如图4-82所示。

步骤3 拖动炉子对应的元件到舞台上，执行【修改】→【变形】→【任意变形】命令或单击工具栏中的【任意变形工具】，在炉子四周出现变形控制框，拖动控制框线或控制点，调整炉子大小到适当，如图4-83所示。

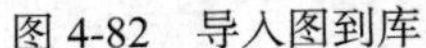

图 4-82　导入图到库

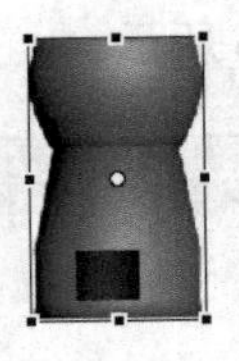

图 4-83　调整炉子大小

步骤 4　同样方式，从库中拖动茶壶元件到舞台，并调整到合适大小。选择茶壶实例，右击，从快捷菜单中选择【排列】→【下移一层】命令，隐藏茶壶底，如图 4-84 所示。

步骤 5　执行【插入】→【新建元件】命令，创建一个名为“火焰动画”的影片剪辑元件。

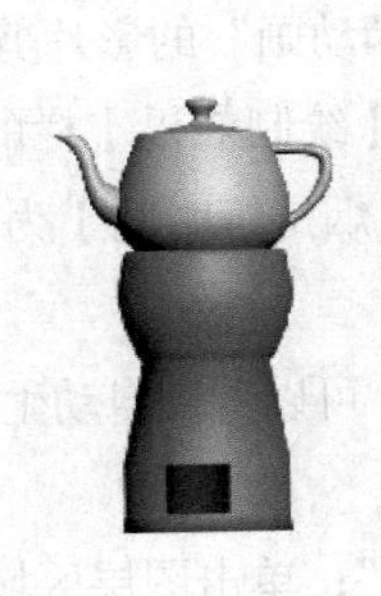

图 4-84　调整茶壶大小及位置

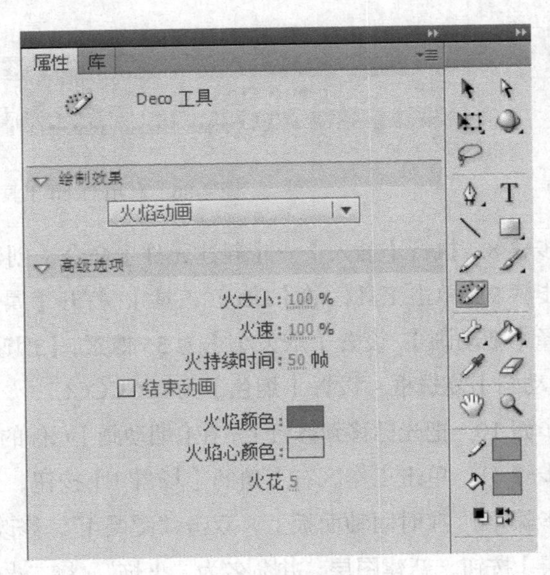

图 4-85　设置火焰动画

步骤 6　单击工具栏的【Deco 工具】，打开【属性】面板，在【绘制效果】栏的下拉列表项中选择“火焰动画”，如图 4-85 所示。

提示：与火焰动画相关的参数有以下几条。

- 火大小：指创建火焰的宽度与高度。
- 火速：指创建的火焰速度，值越大，速度越快。
- 火持续时间：指动画在时间轴创建的帧数。

- 结束动画：选中指创建的是火焰燃尽的动画，而不是持续燃烧的动画。Flash 会在指定的火焰持续时间后添加其他帧造成烧尽的效果。
- 火焰颜色：火苗的颜色。
- 火焰心颜色：火焰底部的颜色。
- 火花：火源底部各个火焰的数量。

步骤 7　把光标移到舞台上，在“火焰动画”元件的注册点上单击，可以看到自动生成的火焰动画，如图 4-86 所示。

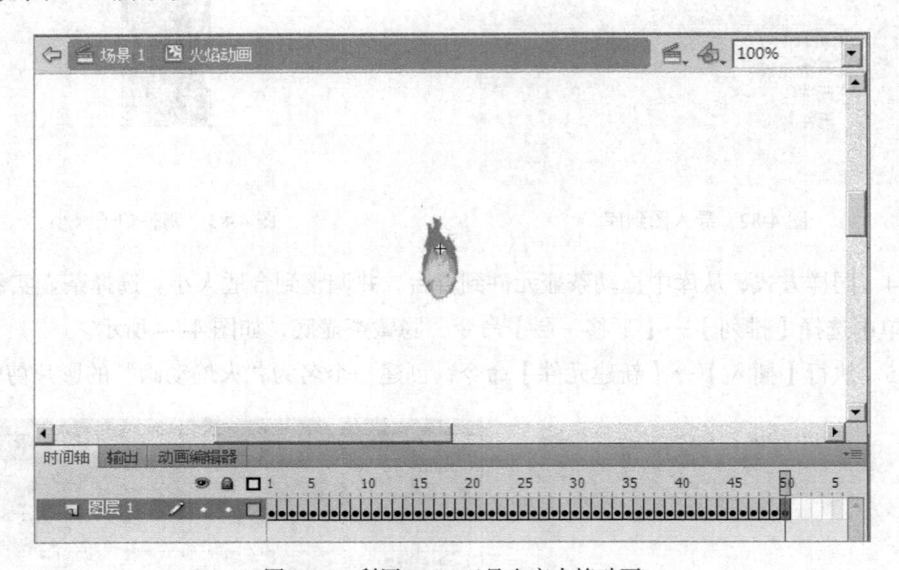

图 4-86　利用 Deco 工具生产火焰动画

步骤 8　执行【插入】→【新建元件】命令，创建一个名为“烟动画”的影片剪辑元件。

步骤 9　单击工具栏的【Deco 工具】，打开【属性】面板，在【绘制效果】栏的下拉列表项中选择【烟动画】。设置【烟大小】为 35 像素，【烟速】为 100%，【烟持续时间】为 50 帧，勾选【结束动画】复选框，设置【烟色】为#CCCCCC。

步骤 10　把光标移到舞台上，在【烟动画】元件的注册点上单击，可以看到自动生成的烟动画。

步骤 11　单击工作区右上角的【场景 1】按钮，返回场景 1。

步骤 12　在时间轴面板上，双击“图层 1”，修改名字为“背景”；单击图层区域底部的【新建图层】按钮，新建图层，并命名为“火焰”。将“火焰动画”元件从库里拖到舞台上，放置在路口底部。

步骤 13　同样方式创建“烟”图层，将“烟动画”元件从库里拖到舞台上，放置在茶壶嘴部，如图 4-87 所示。

步骤 14　按【Ctrl +Enter】组合键测试影片，并保存此 Flash 文件，命名为“炉火.fla”。

实例 10　反向运动与骨骼系统：制作皮影戏动画

设计要求：制作动起来的皮影戏动画。掌握多个对象之间的骨骼动画的制作方法。

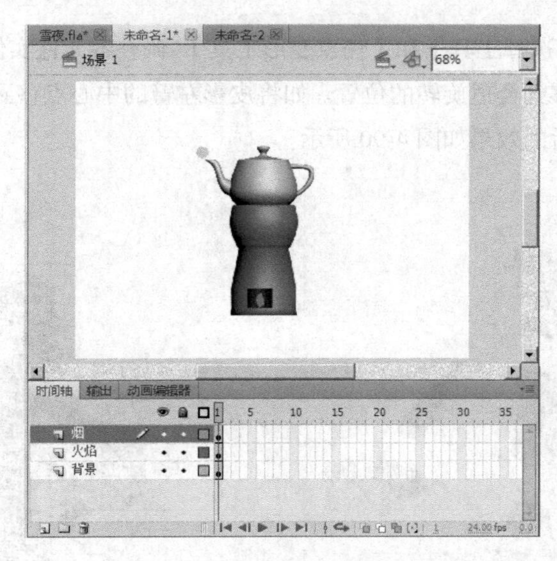

图 4-87 添加火焰动画和烟动画

设计步骤：

步骤 1 新建一个 Flash 文件，类型为“ActionScript3.0”，“宽”“高”均为“1000 像素”。

步骤 2 执行【文件】→【导入】→【导入到库】命令，将素材皮影头.png、皮影身体 A.png、皮影身体 B.png、皮影左臂.png、皮影右臂.png、皮影左脚.png、皮影右脚.png、皮影左手.png、皮影右手.png9 个图文件选中导入到库。Flash 自动为这 9 张图创建图形元件。

步骤 3 将 9 个图形元件依次从库中拖到舞台上，再按【Shift】键，鼠标单击这 9 个元件，同时选中这 9 个元件。打开【变形】面板，单击【约束】按钮，再修改【缩放宽度】为 80%，可以将皮影各部件同时缩小，如图 4-88 所示。

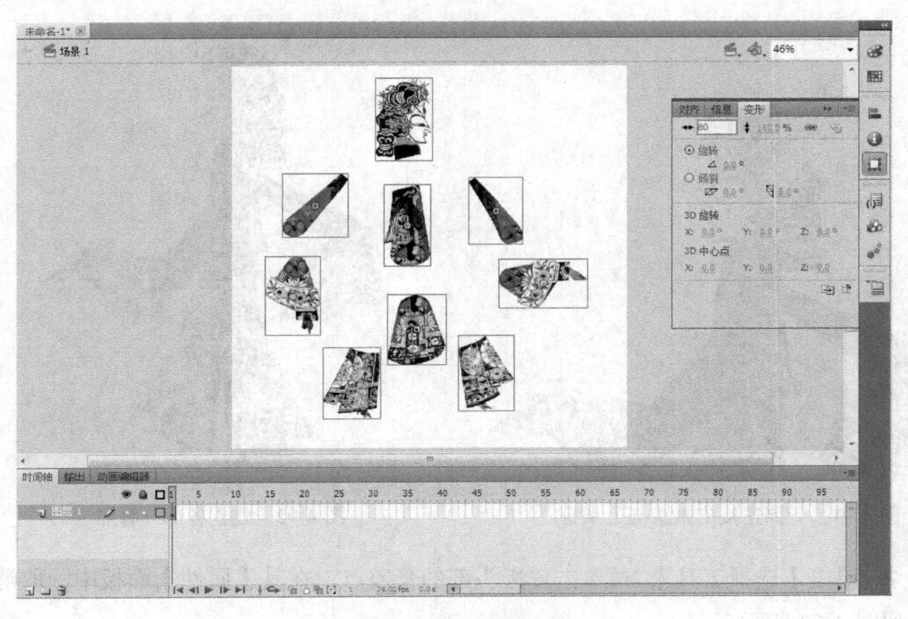

图 4-88 缩小皮影各部件

步骤 4　分别使用【选择工具】和【任意变形工具】，调整各元件实例的位置和倾斜的角度，并将各个实例的中心点移到合适旋转的位置。如将皮影左臂的中心点移到手臂的上方，如图 4-89 所示。各元件实例调整后的效果如图 4-90 所示。

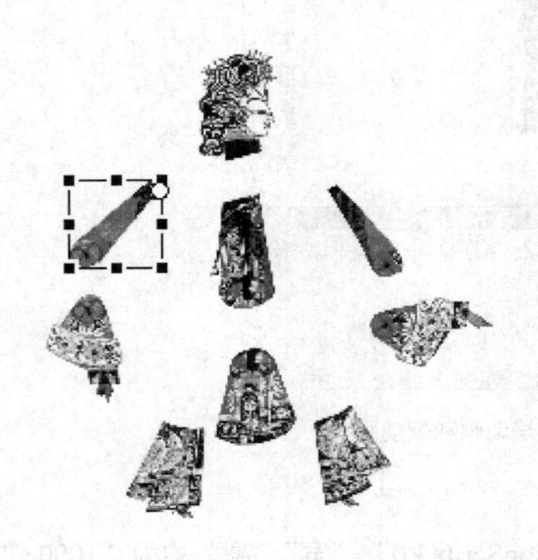
图 4-89　调整左臂中心点

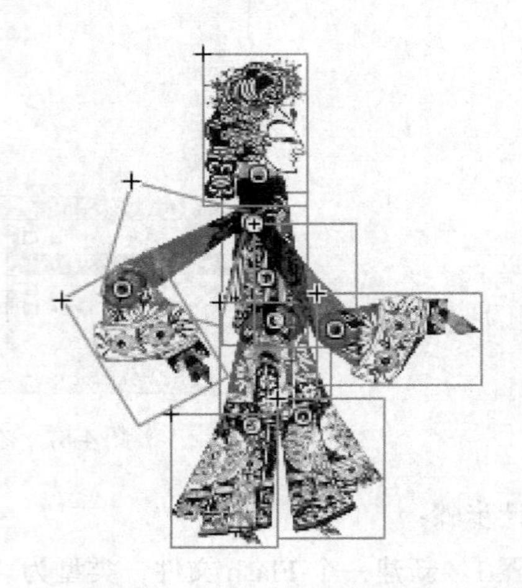
图 4-90　调整各实例中心点及位置

步骤 5　选择【骨骼工具】，单击“皮影头”的实例，按住鼠标左键，拖动到“皮影身体 A”上，皮影的头部与身体上半部被骨骼连接起来，如图 4-91 所示。

步骤 6　同样方法将皮影其他部位用骨骼工具相连，如图 4-92 所示。同时，在时间轴上建立骨架图层。

图 4-91　骨骼连接皮影头与上半身

图 4-92　建立各部分骨骼

步骤 7　单击【选择工具】，再单击皮影头部的骨骼点，在其【属性】面板中，取消【旋转】复选框，如图 4-93 所示。

步骤 8 单击骨骼图层第 60 帧，右键单击，从快捷菜单中选择【插入姿势】命令。

步骤 9 单击骨骼图层第 30 帧，右键单击，从快捷菜单中选择【插入姿势】命令。单击【选择工具】，再单击骨骼，拖动手及脚的骨骼，调整皮影各部分位置。选择皮影头及上身，按键盘上的向右光标键两次，使皮影身体略向右动。第 30 帧调整效果如图 4-94 所示。

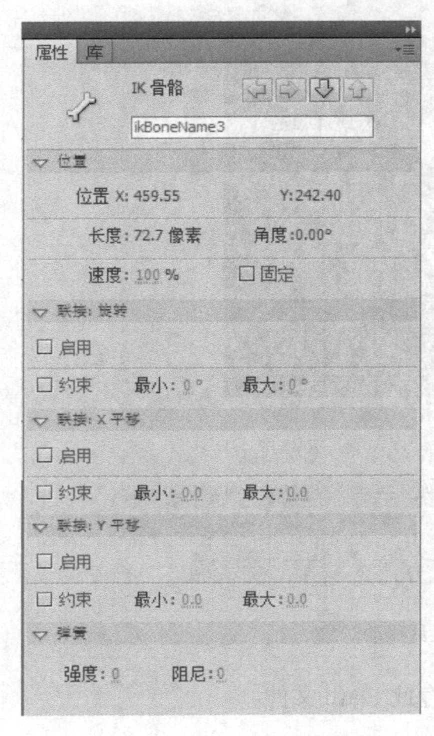

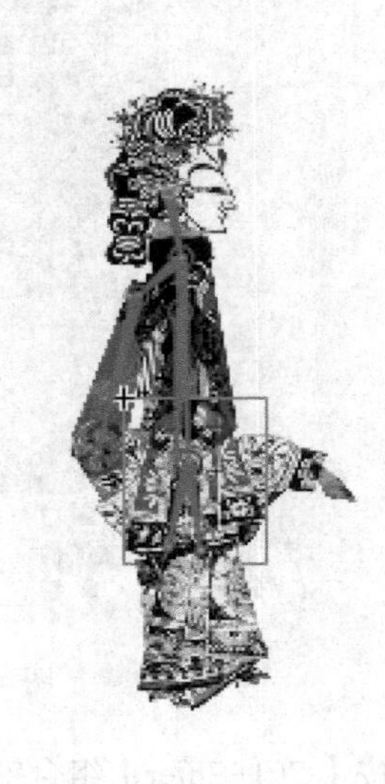

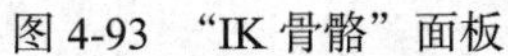
图 4-93 “IK 骨骼”面板

图 4-94 第 30 帧调整效果

步骤 10 按【Ctrl+Enter】组合键测试影片，并保存此 Flash 文件，命名为“皮影戏.fla”。

使用骨骼工具应注意，只能对元件和 Flash 绘制的图形进行骨骼添加，不能对组及组中的物体进行骨骼添加。骨骼链只能在元件之间或者所选图形内进行绘制。当将物体进行骨骼连接后，相应的物体会转移到骨架层中，且变形轴心成为骨骼的关节点。

实例 11 3D 平移动画：制作跳舞的蓝精灵动画

设计要求：在“蓝精灵.fla”文件中，制作蓝精灵从远处走来的空间平移动画。

设计步骤：

步骤 1 打开“蓝精灵.fla”文件。

步骤 2 选择【舞蹈】图层，将蓝精灵元件从库中拖到舞台上。

步骤 3 选择【舞蹈】图层的第 1 帧，右击，从快捷菜单中选择【创建补间动画】命令，创建补间动画，然后选择补间范围的最后一帧，拖动到 120 帧处。选择【背景】图层，在 120 帧处，按【F5】键，延长帧。

步骤 4　选择【舞蹈】图层的第 120 帧，单击工具栏中的【3D 平移工具】，舞台上蓝精灵元件实例正中间出现 X、Y、Z 三个轴点，其中 X 轴为红色，Y 轴为绿色，Z 轴为一个黑色的圆点。单击黑色的圆点，向左拖动到合适位置松开鼠标，如图 4-95 所示。

图 4-95　使用 3D 平移工具移动对象

步骤 5　按【Ctrl+Enter】组合键测试影片，并保存此 Flash 文件。

4.5　按钮与 AS 应用实例

4.5.1　按钮

按钮会响应鼠标事件，执行指定的动作，是实现动画交互的关键对象。按钮元件只有：弹起、指针经过、按下、单击四个帧，如图 4-96 所示，通过在按钮的 4 个帧创建内容，可以指定不同的按钮状态。

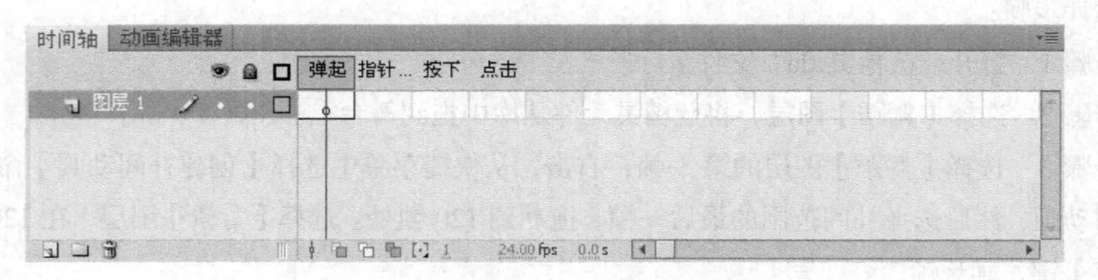

图 4-96　按钮元件时间轴

弹起：表示鼠标指针不在按钮上时的状态。

指针经过：表示鼠标指针移动到按钮上时，按钮显示的外观。

按下：表示单击按钮时，按钮显示的外观。

单击：定义对鼠标做出反应的区域。

4.5.2　ActionScript 简介

Flash 动作脚本 ActionScript，简称 AS，是 Flash 中提供的内置编程语言，可用来对影片进行一些高级开发，如实现动画与用户的交互，制作各种特殊效果等。

在 Flash CS5 中包含 AS 2.0、3.0 等多个版本，以满足各类开发人员和播放硬件的需要。AS 2.0 是面向过程的编程语言，更容易学习，但功能有限。而 AS 3.0 是面向对象的编程语言，功能强大。AS 3.0 的执行速度极快，而且完全符合 ECMAScript 规范，提供了更出色的 XML 处理、一个改进的事件模型以及一个用于处理屏幕元素的改进的体系结构。使用 AS 3.0 的 FLA 文件不能包含 AS 的早期版本。

AS 的使用方法有多种：

- 使用【脚本助手】模式：可以在不亲自编写代码的情况下将 AS 添加到 FLA 文件。当选择了动作，软件将显示一个用户界面，用于输入每个动作所需的参数。必须对完成特定任务应使用哪些函数有所了解，但不必学习语法。许多设计人员和非程序员都使用此模式。
- 使用行为：可以在不编写代码的情况下将代码添加到文件中。行为是针对常见任务预先编写的脚本。行为提供的功能有：帧导航、加载外部 SWF 文件和 JPEG 文件、控制影片剪辑的堆叠顺序，以及影片剪辑拖动等。可以添加行为，然后轻松地在【行为】面板中配置它。注意：行为仅对 AS 2.0 及更早版本可用。
- 编写自己的 AS：可使获得最大的灵活性和对文档的最大控制能力，但同时要求熟悉 AS 语言和约定。
- 组件：是预先构建的影片剪辑，可帮助实现复杂的功能。组件可以是一个简单的用户界面控件（如复选框），也可以是一个复杂的控件（如滚动窗格）。可以自定义组件的功能和外观，并可下载其他开发人员创建的组件。大多数组件要求自行编写一些 AS 代码来触发或控制组件。

AS 程序代码可以放在时间轴中的帧上，也可以放在一个外部文件中。

（1）在帧上编写 AS 代码，可以选中主时间轴上或影片剪辑中的一个帧，再选择【窗口】→【动作】命令，或者按【F9】键，打开【动作】面板，如图 4-97 所示，然后在【动作】面板中编写程序代码。

在【动作】面板左边上部，是一个类似于资源管理器的节点树，称为工具箱列表；左边下部列出了当前影片中所有包含程序代码的帧。右边是一个文本框，用于输入代码。文本框顶部是一些控制按钮，通过单击这些按钮可以实现添加、删除或者改变动作语句的顺序等功能。

工具箱列表中的节点对应着 AS 程序语言的动作。每种动作下面分为几个小类，小类下面包含程序代码的关键字。编程时，可以从工具箱列表中选择动作来创建 AS 程序语句，也可以使用文本框顶部的【将新项目添加到脚本中】按钮创建 AS 程序语句或者直接在文本框中输入程序。

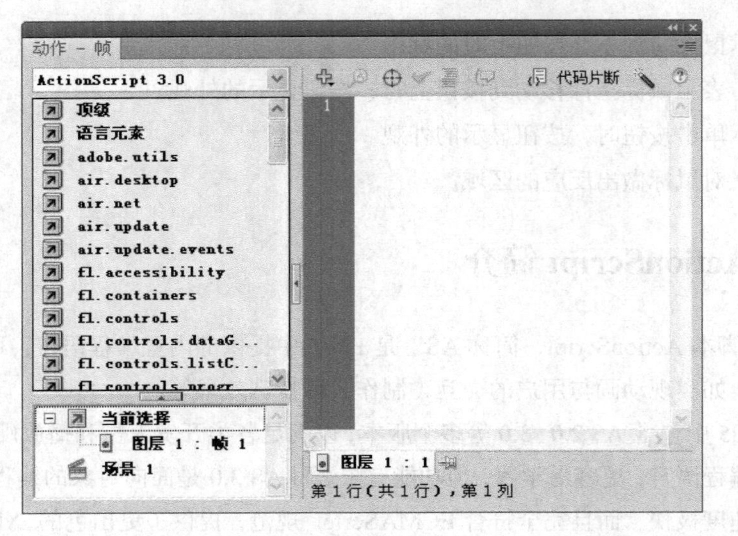

图 4-97 【动作】面板

对于初学者，可以使用【动作】面板的【助手模式】。在【动作】面板上单击【通过从“动作”工具箱选择项目来编写脚本】按钮，就可切换到“助手模式”。

（2）AS 程序代码也可以位于外部文件中，然后将这些文件应用到当前应用程序。使用 Flash CS5，用户可以在“脚本”窗口创建和编辑外部文件（.as 文件）。选择【文件】→【新建】命令，在弹出的【新建文档】对话框中选择【ActonScript 文件】选项，就可打开【脚本】窗口，如图 4-98 所示。然后在【脚本】窗口编写文件。

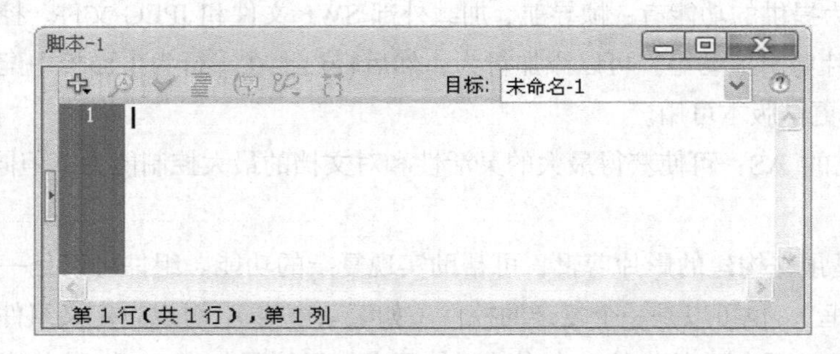

图 4-98 【脚本】窗口

【动作】面板和【脚本】窗口都包含一个全功能代码编辑器，其中包括代码提示和着色、代码格式设置、语法加亮显示、语法检查、调试、行号、自动换行等功能，并支持 Unicode。

对于 AS 的详细信息，可以参考《ActionScript 3.0 开发人员指南》等资料。

Flash 动作脚本是 Flash 中提供的内置编程语言，可用来对影片进行一些高级开发，如实现动画与用户的交互，制作各种特殊效果等。

本节通过制作石头、剪子、布的游戏，了解 ActionScript 编程、按钮的制作，声音等媒体的导入方法。

4.5.3 实训案例

实例 12　石头、剪子、布游戏的动画制作

设计要求：制作石头、剪子、布游戏的动画，由用户和计算机进行比赛，记录并显示比赛结果。并在游戏中播放“童年.mp3”作为背景音乐。游戏保存在文件“石头剪子布游戏.fla”文件中。

设计步骤：

步骤 1　选择菜单【文件】→【新建】命令，从弹出的【新建文档】对话框中选择【常规】选项卡，从中选择“Flash 文件（ActionScript2.0）”，再单击【确定】按钮，新建一个 Flash 文件，命名为“石头剪子布游戏.fla”。打开【属性】对话框，“舞台”处的背景颜色按钮，出现调色板，设置蓝色作为背景色。

步骤 2　选择菜单【插入】→【新建元件】命令，或者按【Ctrl+F8】键，新建一个名为“背景”的图形元件，进入元件编辑模式。选择工具栏里的【基本矩形工具】，打开【属性】面板，设置笔触颜色为白色，填充颜色为无，笔触高度为“5”，矩形边角半径为“20”，如图 4-99 所示。在编辑区拖曳出一个矩形来。再把笔触高度改为“2”，矩形边角半径改为“10”，画出两个小一些的矩形。并用【文本工具】输入文字，字体为“隶书”，字体大小分别为“40”和“26”，效果如图 4-100 所示。

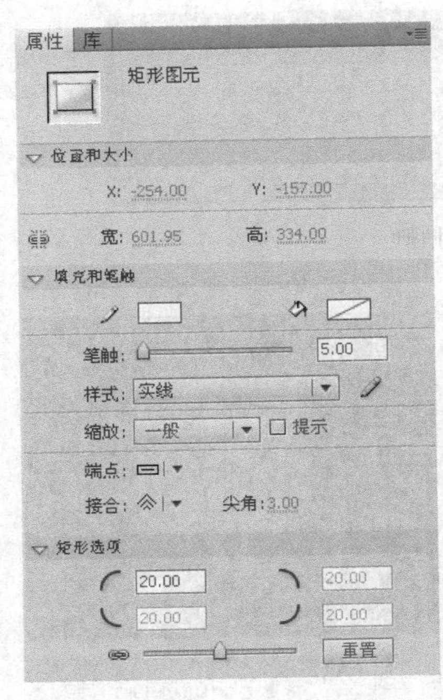

图 4-99　设置【基本矩形工具】属性

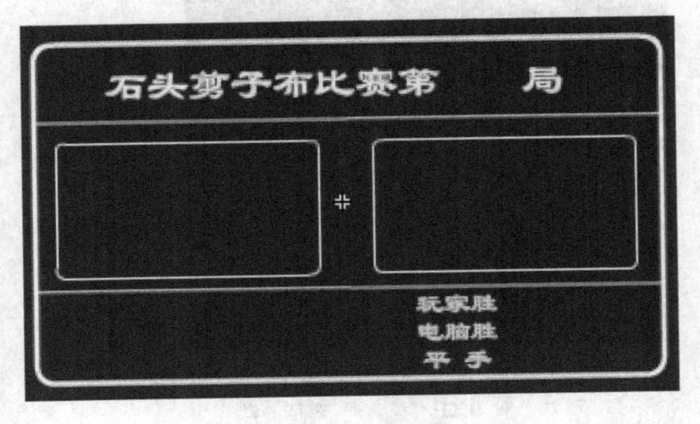

图 4-100　背景

步骤 3　再新建三个图形元件，分别命名为“石头”“剪子”和“布”，绘制图形如图 4-101 所示。

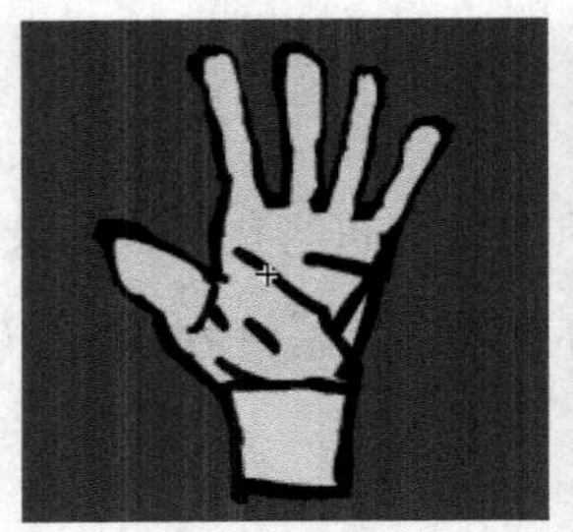

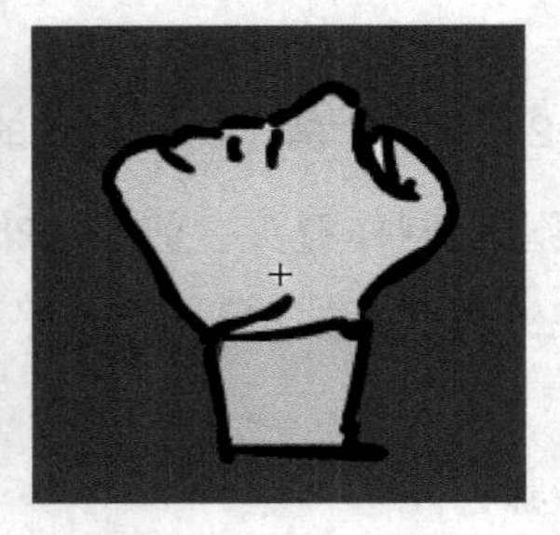

图 4-101　“石头”“剪子”和“布”三个图形元件

步骤 4　新建一个名称为“石头按钮”的按钮元件，进入元件编辑模式，时间轴如图 4-102 所示。在【库】面板中将“石头”元件拖到场景，这时在【弹起】帧下出现一个黑点，表示【弹起】帧为关键帧。然后再添加其他图形，比如给图形加一个小框，设置边框颜色为白色，填充颜色为“#33CCCC”，下面写上文字“石头”，以使这个按钮看起来更漂亮些，如图 4-103 所示。鼠标单击选择【指针…】帧，按【F6】键，插入关键帧。用选择工具选中图形的白色外框，单击【笔触颜色】中的颜色按钮，从调色板中选择灰色（颜色号“#666666”），把白色外框变为灰色，如图 4-104 所示。设置【按下】帧为关键帧，【按下】帧表示鼠标按下按钮时所显示的图形，将白色的字填上红色，小框颜色设为“#6699CC”，如图 4-105 所示。设置【点击】帧为关键帧，【点击】表示按钮的响应范围，如图 4-106 所示。

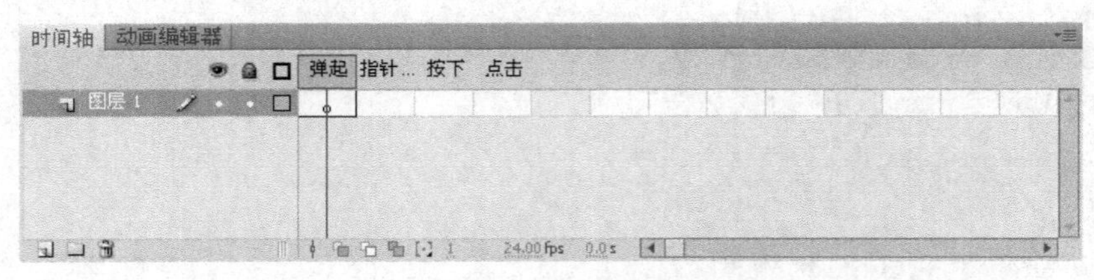

图 4-102　按钮元件时间轴

图 4-103　按钮“石头按钮”的制作 1

图 4-104　按钮“石头按钮”的制作 2

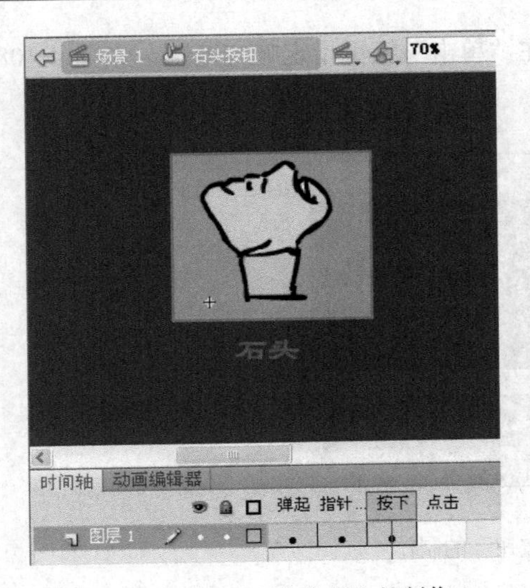

图 4-105　按钮“石头按钮”的制作 3

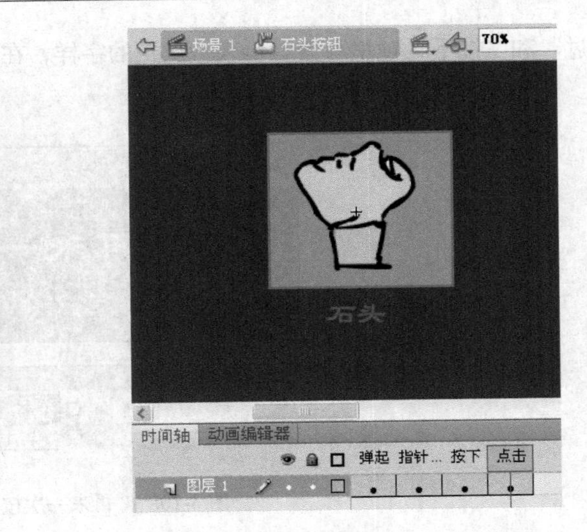

图 4-106　按钮“石头按钮”的制作 4

步骤 5　同样，制作按钮元件“剪子按钮”和“布按钮”。

步骤 6　选择菜单【插入】→【新建元件】命令，新建一个名称为“石剪布影片剪辑”的影片剪辑元件。该影片剪辑共设 4 帧，先设第 1 帧为关键帧。注意：第 1 帧中不放置任何对象，在以后的 3 个帧中分别放置“石头”“剪子”和“布”三个图形元件。右击第 1 帧，从快捷菜单中选择【动作】命令，出现【动作-帧】面板。在【动作-帧】面板左边命令区域选中【全局函数】→【时间轴控制】→【stop】语句，双击，在语句编辑窗口显示所选语句，如图 4-107 所示。也可直接在语句编辑窗口中输入“stop();”语句。

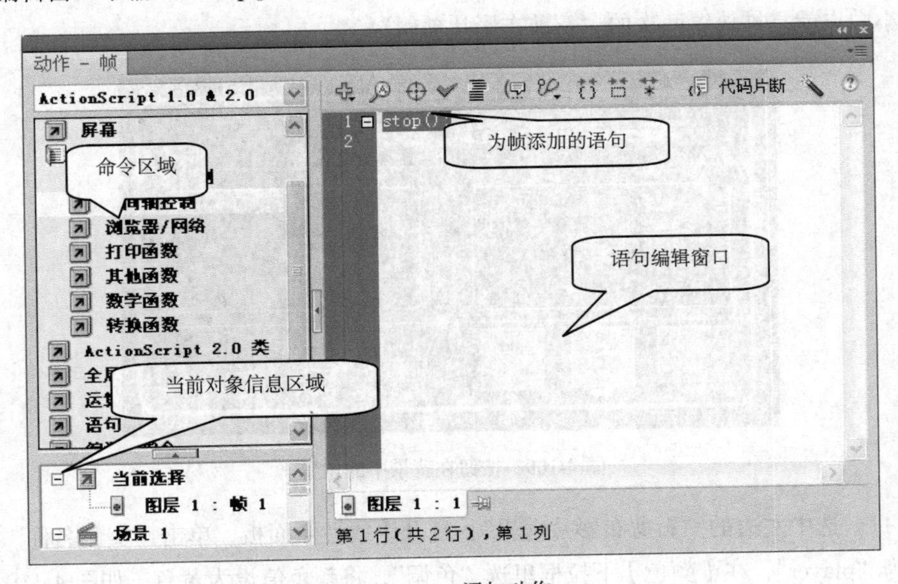

图 4-107　添加动作

步骤 7　再做两个按钮元件“再来一次按钮”和“结束按钮”，它们的功能是用来在游戏结束后，用来选择重新开始游戏和退出游戏。其中“再来一次按钮”的具体做法是：在“弹起”“指针经过”和“按下”帧里写上“再来一次”的字样，在“单击”帧里指定响应范围，如图 4-108 所示。“结束按钮”以同样的方法制作。

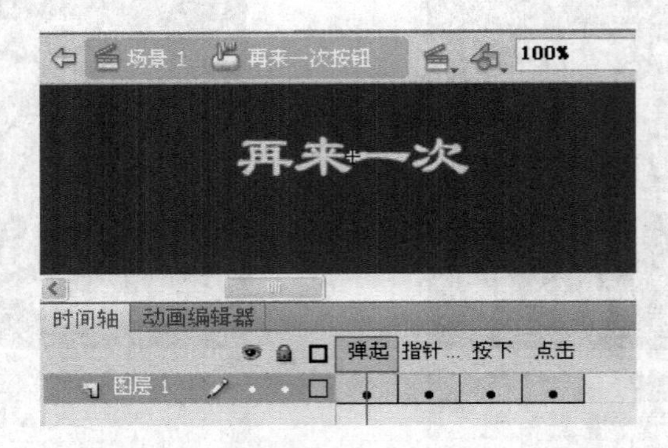

图 4-108 “再来一次按钮”的制作

步骤 8 回到场景 1，将“图层 1”改名为“背景”，设置第 1 帧为空帧，第 2 帧为关键帧，并将图片“背景”放置在“背景”层的第 2 帧里。

注：以后放入的各元素均为所在层的第 2 帧。

步骤 9 新建名为“按钮”的图层，将按钮元件“石头按钮”“剪子按钮”“布按钮”从【库】面板中拖放至这个层里建立相应实例。元件在放入的时候，可通过选择工具栏里的【任意变形工具】来调整元件的大小。

步骤 10 新建命名为“动画”的图层，将“石剪布影片剪辑”重复两次放置在这个层里，如图 4-109 所示。因为“石剪布影片剪辑”的第 1 帧是空的，所以放置时只能看到一个小圆点，图中的两个小白点就是被放置两次的“石剪布影片剪辑”。

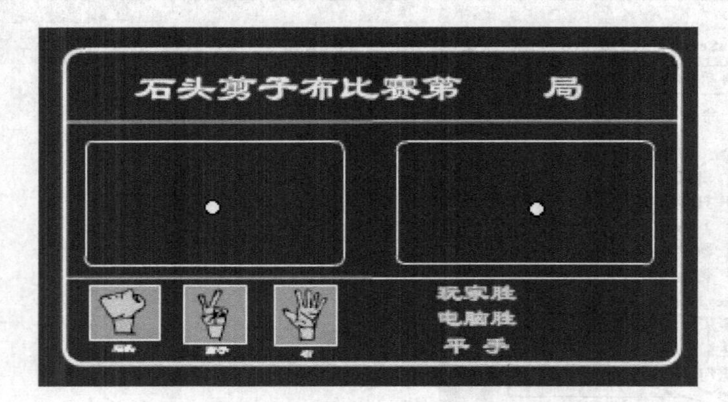

图 4-109 按钮在背景中的位置

步骤 11 选中左边的“石剪布影片剪辑”，打开【属性】面板，单击“实例名称”文本框，将其命名为“player”，在【颜色】下拉框里选“色调”，将颜色值设为黄色，如图 4-110 所示。同样的方法设置右边“石剪布影片剪辑”的实例名称为“computer”，在【颜色】下拉框里选【色调】，将颜色值设为红色。如图 4-111 所示。

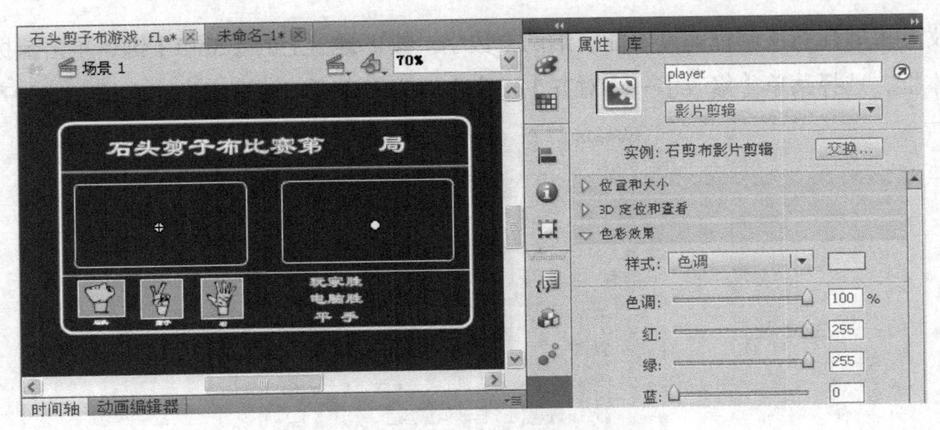

图 4-110 给左边影片剪辑命名

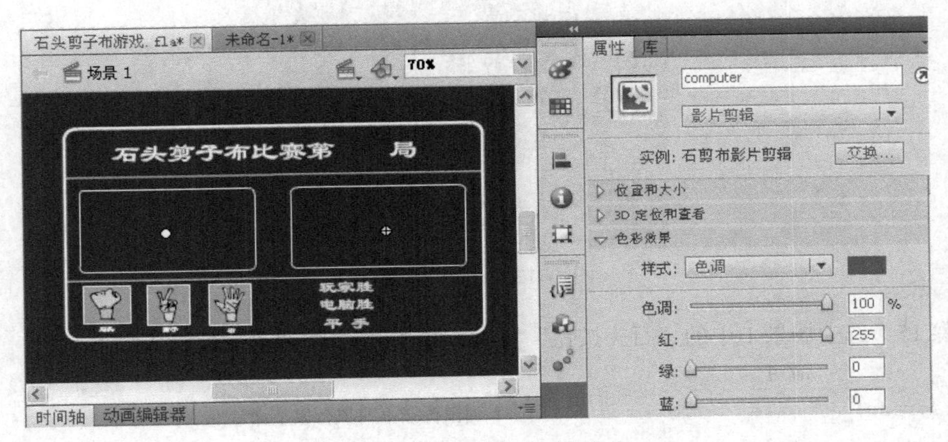

图 4-111 给右边影片剪辑命名

步骤 12 单击名为 computer 的"石剪布影片剪辑"，选择菜单【修改】→【变形】→【水平翻转】命令。

步骤 13 新建图层，命名为"变量"，单击工具栏中的【文本工具】，在如图 4-112 所示的地方加入文本框。打开【属性】面板，设置文本框属性为：【文本类型】为"输入文本"，【字体】为"隶书"，【字体大小】为"34"，【文本（填充）颜色】为红色，【变量】为"totalplay"，如图 4-113 所示。并在文本框内输入两个数字"00"。

图 4-112 加入文本框

步骤 14 分别在"玩家胜""电脑胜""平手"后加入文本框，设置同上，注意设置"玩家胜"后文本框的属性【文本类型】为"输入文本"，【字体】为"隶书"，【字体大小】为"14"，【文本（填充）颜色】为黄色，【变量】设置为"pla"。"电脑胜"后文本框的属性同"玩家胜"后文本框，只不过把"变量"设置为"com"。同样，"平手"后的文本框对应的"变量"为"equ"。并且，在设置文字框时注意文字框宽度要能容纳两个数字。按下键盘上的【Shift】键，单击鼠标选中这三个文本框，选择菜单【修改】→【对齐】→【左对齐】命令，使这三个文本框左端对齐。

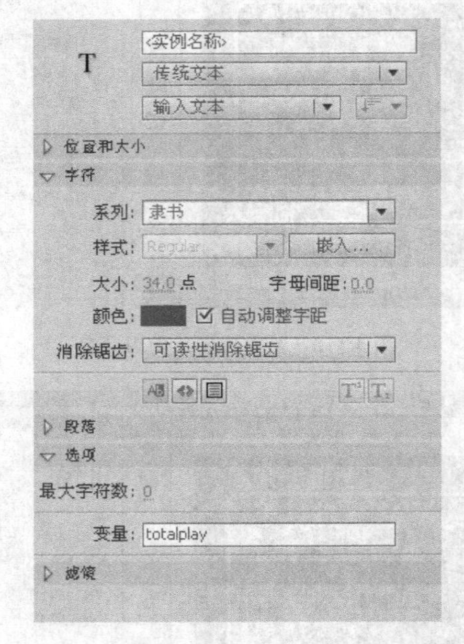

图 4-113　设置文本属性

步骤 15　选中场景 1 中的“石头按钮”实例，在【动作-按钮】面板输入如下语句：

语句	解释
on (press) {	当鼠标按下时执行以下命令
totalplay = totalplay+1;	totalplay 变量加 1
if (totalplay == 10) {	判断如果 totalplay 变量为 10 时执行以下命令
gotoAndStop (5);	跳至第 5 帧并停止播放
} else {	如果 totalplay 不为 30，执行以下命令
a=Math.floor(Math.random()*3)+2;	变量 a 等于随机数（0，1，2）加 2
if (a == 4) {	判断如果 a 为 4
com = com+1;	变量 com 加 1
}	停止判断
if (a == 3) {	如果 a 为 3
pla =pla+1;	变量 pla 加 1
}	停止判断
if (a==2) {	
equ=equ+1;	
}	
_root.computer.gotoAndStop(a);	跳至 computer 目标的第 a 帧并停止
_root.player.gotoAndStop(2);	跳至 person 目标的第 2 帧并停止
}	停止判断
}	程序结束

注：Math.random（）的意思为由电脑自行产生一个（0，1）之间的随机数。Math.floor（参数）表示去不大于“参数”的整数。

步骤 16 选中场景 1 中的“剪子按钮”实例，在【动作-按钮】面板输入如下语句：

```
on (press) {
    totalplay=totalplay+1;
    if (totalplay == 10) {
      gotoAndStop(5);
    } else {
      a=Math.floor(Math.random()*3)+2;
      if (a == 2) {
         com = com+1;
      }
      if (a == 3) {
         equ = equ+1;
      }
      if (a == 4) {
         pla = pla+1;
      }
      _root.computer.gotoAndStop(a);
      _root.player.gotoAndStop(3);
    }
}
```

步骤 17 选中场景 1 中的“布按钮”实例，在【动作-按钮】面板输入如下语句：

```
on (press) {
    totalplay=totalplay+1;
    if (totalplay == 10) {
      gotoAndStop(5);
    } else {
      a=Math.floor(Math.random()*3)+2;
      if (a == 3) {
         com = com+1;
      }
      if (a == 2) {
         pla = pla+1;
      }
      if (a == 4) {
         equ = equ+1;
      }
      _root.computer.gotoAndStop(a);
      _root.player.gotoAndStop(4);
    }
}
```

步骤 18 建立一个新的图层，命名为“结果”，设置“结果”图层的第 5 帧为关键帧，选择第 5 帧，在【动作-帧】面板中输入以下语句：

语句：	解释：
`if (pla > com) {`	如果变量 pla 大于变量 com
`  gotoAndStop (6);`	跳至第 6 帧并停止
`} else if (pla <com) {`	如果变量 pla 小于变量 com
`  gotoAndStop (7);`	跳至第 7 帧并停止
`}`	停止判断

```
if (pla == com) {                如果变量 pla 等于变量 com
    gotoAndStop (8);             跳至第 8 帧并停止
}                                停止判断
```

步骤 19　在编程时，设置为游戏结束后如果玩家获胜则跳转到第 6 帧。第 6 帧如图 4-114 所示。图中两处“00”为文本框，具体设置同步骤 13。左边文本框属性【变量】为“pla”，右边文本框属性【变量】为“com”。打开【库】面板，把“再来一次按钮”和“结束按钮”放置在页面的右下角。用【选择工具】选中“再来一次按钮”，在【动作-按钮】面板中输入以下语句：

```
on (press) {
    gotoAndPlay (1);
}
```

选中“结束按钮”，在【动作-按钮】面板中输入以下语句：

```
on (release) {
    fscommand ("quit", true);
}
```

图 4-114　玩家获胜帧

步骤 20　设置“结果”图层的第 7 帧为关键帧。在编程时，设置为游戏结束后如果电脑获胜则跳转到第 7 帧，可按图 4-115 所示设置，其他设置同上。

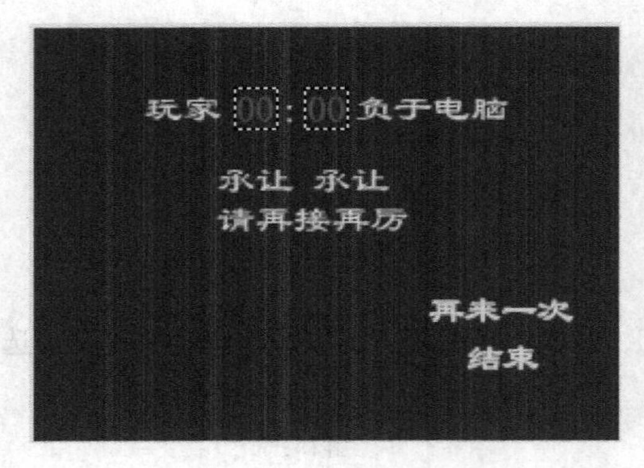

图 4-115　电脑获胜帧

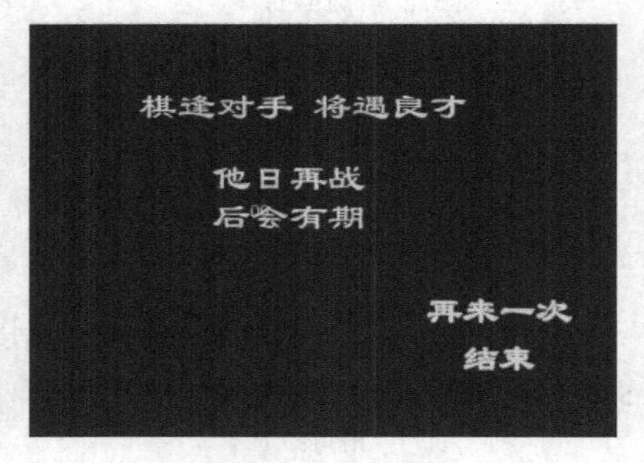

图 4-116　双方战平帧

步骤 21　设置“结果”图层的第 8 帧为关键帧。在编程时，设置为游戏结束后如果战平则跳转到第 8 帧，可按图 4-116 所示设置，其他设置同上。

步骤 22　设置“结果”图层的第 1 帧为关键帧，选择第 1 帧，在【动作-帧】面板中输入以下语句：

```
pla = 0;
com = 0;
equ = 0;
totalplay = 0;
```

步骤 23　设置“结果”图层的第 2 帧为关键帧，选择第 2 帧，在【动作-帧】面板中加入“stop();”语句。

步骤 24　要为动画加入背景音乐可以操作如下：选择菜单【文件】→【导入】→【导入到库】命令。出现【导入到库】对话框，从中选择要导入到库中的音乐文件，这里选择“童年.mp3”文件。打开【库】面板，从中可以看到导入的“童年.mp3”文件。

选择“背景”图层的第 1 帧，打开【属性】面板，单击【声音】选项组的“名称”下拉列表，从中选择“童年.mp3”。单击【同步】后的【同步声音】下拉列表，从中选择“开始”项。再单击【声音循环】下拉列表，从中选择“循环”，表示不断重复播放音乐，如图 4-117 所示。

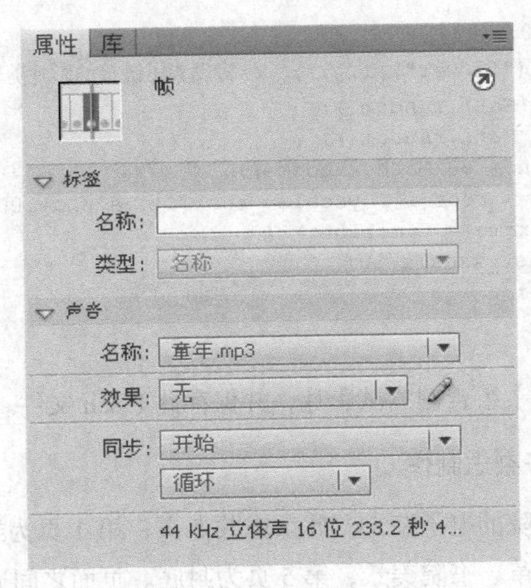

图 4-117　添加背景音乐

步骤 25　保存此 Flash 文件，并按【Ctrl+Enter】组合键测试影片，系统自动生成“石头剪子布游戏.swf”文件。在“我的电脑”中找到“石头剪子布游戏.swf”文件，并双击，播放此文件，察看效果。

实例 13　花瓣雨

设计要求：制作花瓣在空中飘洒的动画。练习复制影片剪辑类。

设计步骤：

步骤 1　打开素材文件“花瓣雨.fla”，在库面板中选择元件 1，双击其对应的“AS 链接”栏，在出现的编辑栏中输入 flower，如图 4-118 所示。

图 4-118　为元件 1 设置 AS 链接

步骤 2　选择时间轴面板中的 AS 图层的第 1 帧，按【F9】键，在出现的动作窗口中输入代码如下：

```
for (var i = 0; i<100; i++) {
    _root.attachMovie("flower", i, i);  //将设置了链接的影片剪辑元件添加到场景中
    _root[i]._x = 430*Math.random();
    _root[i]._y = 573*Math.random();
    _root[i]._rotation = 60*Math.random();
    _root[i]._xscale = _root[i]._yscale=_root[i]._alpha=100*Math.random();
    _root[i].onEnterFrame = function() {
        this._y += this._xscale/10;
        this._y %= 600;
    };
}
```

步骤 3　按【Ctrl+Enter】组合键测试影片，并保存此 Flash 文件。

实例 14　岳麓书院电子杂志制作

设计要求：制作岳麓书院的电子杂志。此杂志共 5 页，第 1 页为封面标题页，第 2 页至第 4 页分别为书院简介、历史沿革、书院美景，第 5 页为封底。页面之间通过按钮可以跳转。

设计步骤：

步骤 1　打开素材文件“岳麓书院素材.fla”。

步骤 2　选择“背景”图层的第 2 帧，按【F7】键插入空白关键帧。将库面板中的“背景图 1.jpg”图片拖到舞台上。

步骤 3　选择【窗口】→【对齐】命令，打开【对齐】面板，单击【水平中齐】和【垂直居中分布】按钮，设置背景图 1 在舞台正中，如图 4-119 所示。

步骤 4　新建图层并更名为“内容”，在库面板中选择“文字 1”元件，拖放到舞台左上角适当位置，如图 4-120 所示。

步骤 5　新建 2 个图层并更名为“按钮”和“AS”，选择 AS 图层第 1 帧，按【F9】键，在出现的动作窗口中输入代码“stop();”。按【Ctrl+Enter】组合键测试动画效果。

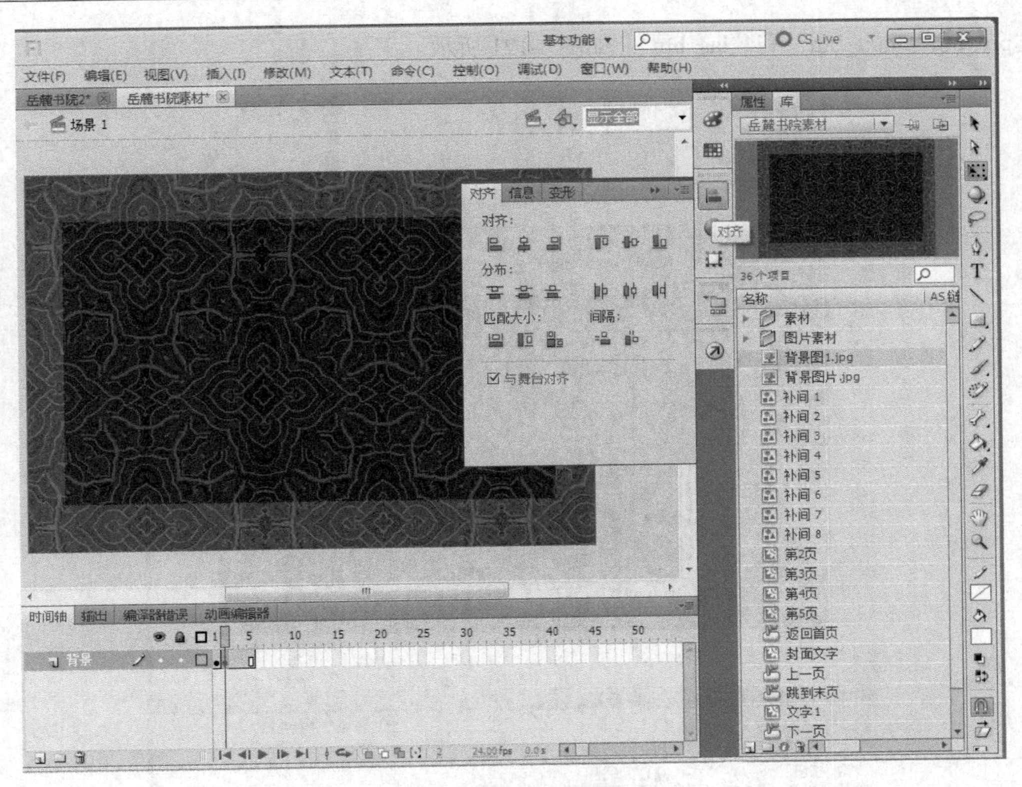

图 4-119 设置对齐方式

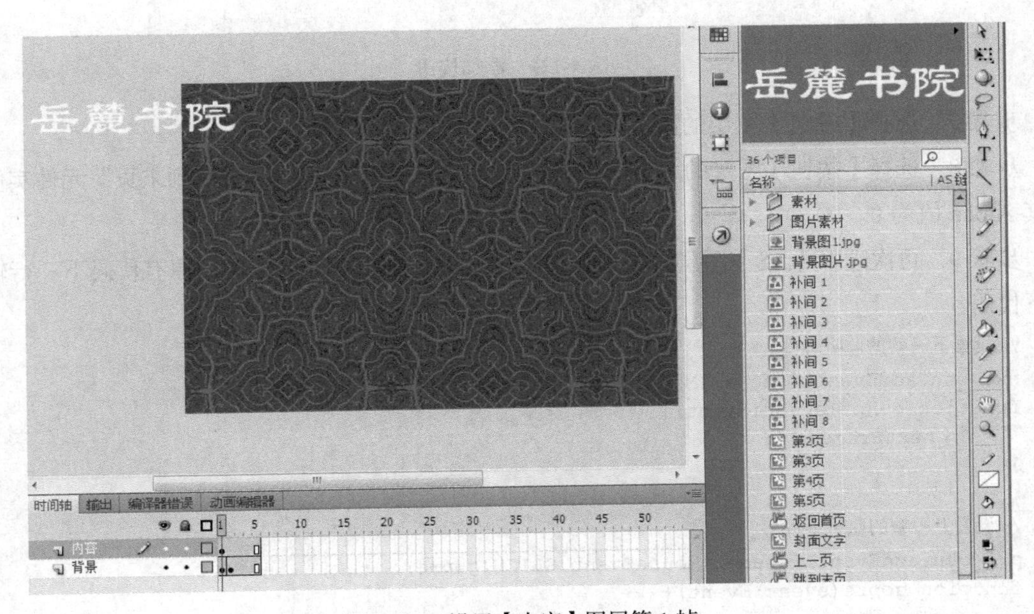

图 4-120 设置【内容】图层第 1 帧

步骤 6 选择【按钮】图层的第 1 帧，将库面板中的“返回首页”“上一页”“下一页”和“跳到末页”元件拖到舞台右下角适当位置。选择舞台上的“返回首页”元件，在【属性】面板中，将其“实例名称”设置为“fir_btn”。同样，将“上一页”“下一页”“跳到末页”的实例分别命名为“pre_btn”“nxt_btn”和“las_btn”。如图 4-121 所示。

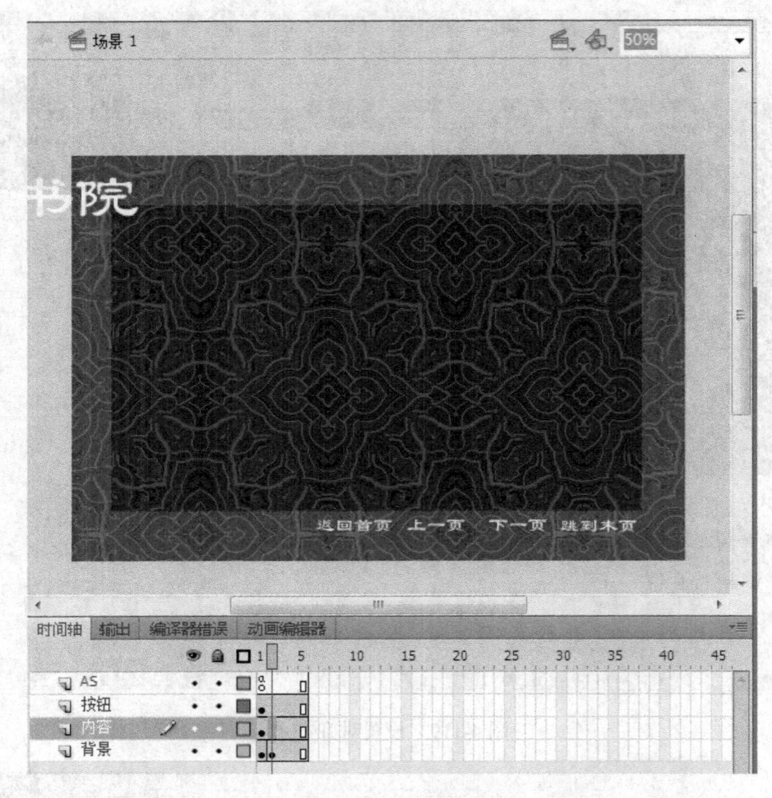

图 4-121 添加按钮

步骤 7 选择【按钮】图层的第 2 帧，按【F6】键插入关键帧。

步骤 8 选择【按钮】图层的第 1 帧选择“返回首页”“上一页”和“跳到末页”元件实例设置其 Alpha 值为 0。

步骤 9 再次选择【AS】图层第 1 帧，按【F9】键，在出现的动作窗口原有代码下一行输入以下代码：

```
//设置下一帧的监听事件
nxt_btn.addEventListener(MouseEvent.CLICK,gonxt);
function gonxt(event:Event){
        nextFrame();
}

//设置上一帧的监听事件
pre_btn.addEventListener(MouseEvent.CLICK,gopre);
function gopre(event:Event){
    prevFrame();
}

//设置第一帧的监听事件
fir_btn.addEventListener(MouseEvent.CLICK,gofir);
function gofir(event:Event){
    gotoAndPlay(1);
```

```
}

//设置最后一帧的监听事件
las_btn.addEventListener(MouseEvent.CLICK,goendd);
function goendd(event:Event){
    gotoAndPlay(5);
}
```

步骤 10 按【Ctrl+Enter】组合键测试动画效果。

步骤 11 选择“内容”图层的第 2 帧，按【F7】键插入空白关键帧。在库面板中选择“第 2 页”元件，拖放到舞台右侧适当位置。效果如图 4-122 所示。

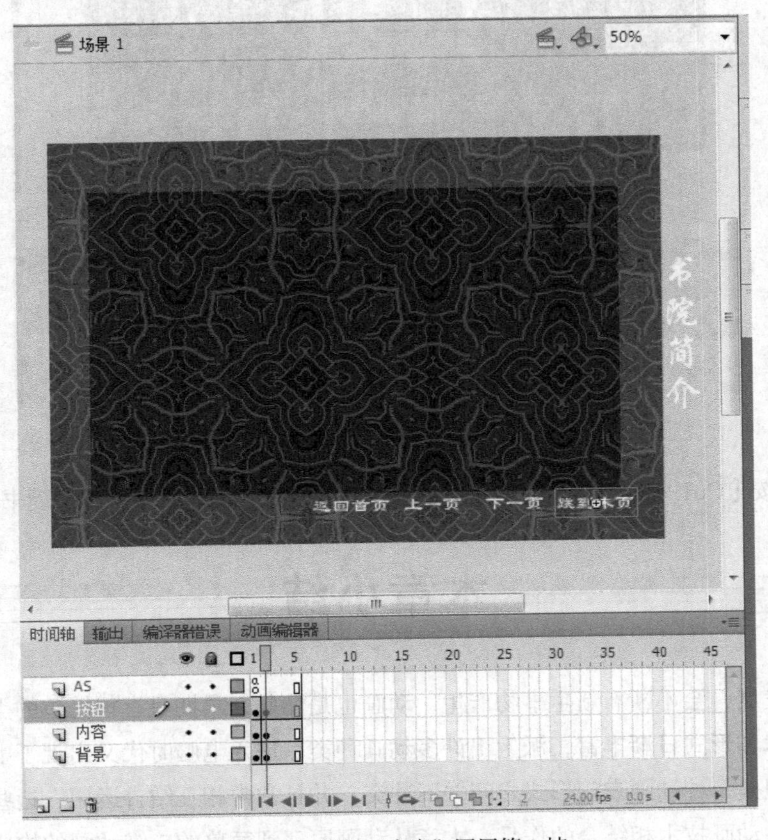

图 4-122 添加“内容”图层第 2 帧

步骤 12 选择“内容”图层的第 3 帧，按【F7】键插入空白关键帧。在库面板中选择“第 3 页”元件，拖放到舞台右侧适当位置。同样分别为第 4 放入“第 4 页”元件实例、第 5 帧放入“第 5 页”实例到舞台右侧适当位置。

步骤 13 选择“AS”图层的第 5 帧，按【F7】键插入空白关键帧，再按【F9】键打开【动作】面板，在其中输入“stop();”代码。

步骤 14 选择“按钮”图层第 5 帧，按【F6】键插入关键帧，然后删除“按钮”图层第 5 帧中的“下一页”和“跳到末页”元件实例，如图 4-123 所示。

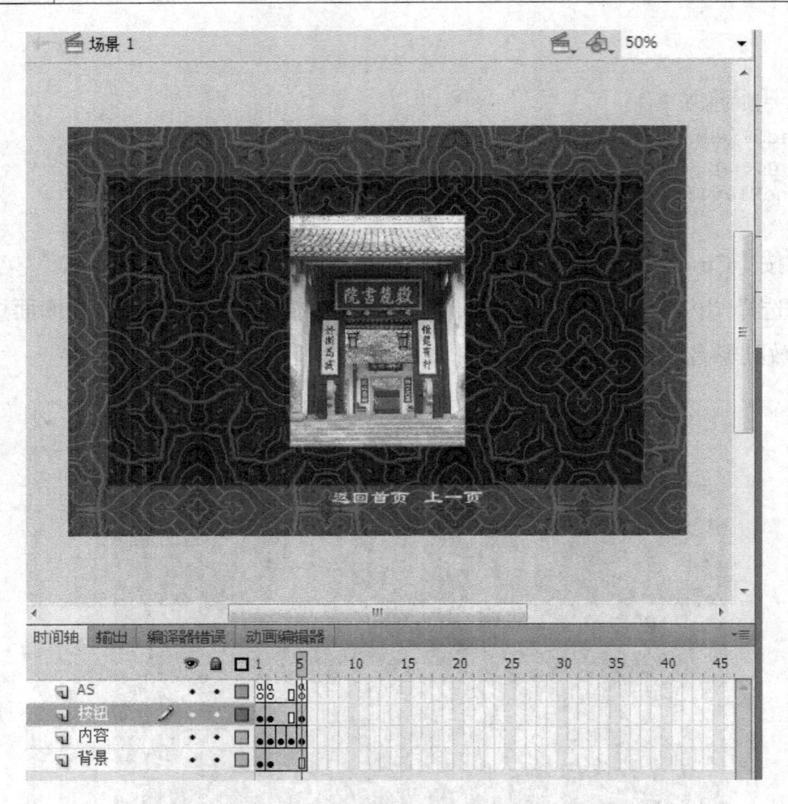

图 4-123　为第 5 页设置按钮

步骤 15　按【Ctrl +Enter】组合键测试影片，并保存此 Flash 文件为“岳麓书院.fla”。

本章小结

随着时代发展，会不断有新生事物产生，动画也是如此，早期只有很简单的类似剪影的动画出现，后来技术和形式日渐丰富，派生出许多动画种类，进入电脑时代又出现了电脑动画、三维动画技术等，但是每种动画表现形式之间并不冲突，并且常常相互结合运用，近些年一些成功的动画片都是多种动画技术相结合的作品。本章从动画原理到简单的二维动画的构成与制作阐述了动画的类型、动画的特点及处理过程；介绍了常用的动画制作软件，并以 Adobe Flash CS5 为例，介绍了 Flash 动画制作的工作环境，并利用实例详细讲述了 Flash 动画制作技术，便于读者理解和掌握。

思 考 题

1. 什么是动画？
2. 简述与动画工作原理有关的物理学和心理学，以及动画演示的常见格式。

3．从运动的控制方式和视觉空间把动画可各分为哪几种？

4．二维与三维动画有什么不同？

5．GIF 文件格式包括哪几个部分？

6．将你认为优秀的，但本书没有介绍的动画制作软件，介绍给其他同学。

7．讨论如何在下面的项目中使用动画，你的想法应当具有创新性。哪些情况下使用动画是合适的，哪些情况下使用动画会分散注意力？如何才能最好地利用视觉效果演示一个概念？

（1）汽车爱好者的网站。

（2）为股票持有者所作的金融报告演示。

（3）印刷报纸的培训 CD。

（4）一张演示铁路历史的 CD。

操作练习题

1．绘制矢量图形“我的家.fla”，如图 4-124 所示，要求如下：

（1）应用工具栏中的线条、铅笔、钢笔、椭圆、矩形等绘图工具绘制图形轮廓。

（2）将图层 1 更名为“line”，添加一个新图层命名为“sky”。在新图层上应用变形工具、墨水瓶、油漆桶等工具为图形添加色彩：设置天空的颜色为从天蓝色（#1CBAFD）到白色（#FFFFFF）的线性渐变；绘制出渐变柔和的白云；填充太阳为红色，绘制太阳光芒为橘红色，线条样式为实线，笔触高度为 2；设置远处的树丛填充从深绿到接近白色的浅蓝色的渐变色。深绿在底部，浅蓝在顶部，与天空柔和交接。

（3）新建一个文字图层“text”，应用文字工具为图形添加文字“我的家”。设置字体为“华文彩云”，字体大小为 50，字间距为 17，加粗，颜色为白色。

（4）进行清理工作，删除多余的线条，并对图形进行细微修改。

图 4-124　练习 1 效果图

2．制作人物走路的逐帧动画，人物造型自己定，然后制作路径动画，让人物沿路径行走。

3．导入一张湖面的图片“轻舟荡漾.jpg”，利用这张图片制作出水波荡漾的动画效果。

4．利用蒙板制作一个淡入淡出的字幕。完成效果为，黑色的背景上自下往上滚动着金黄色的字幕，字幕从底部开始从无到有逐渐显现，滚动到上部后渐渐消失。

5．自己选定一首歌曲，为之制作一个 MTV。

6．导入“景色.jpg”图片作为背景，在 Flash 中绘制树叶，制作树叶飘动引导动画，参考效果如图 4-125 所示。

图 4-125　落叶动画

图 4-126　风车动画

7．利用所学的知识，导入“风车.ai”中的图形，在 Flash 中新建不同的图层制作风车转动的动画，如图 4-126 所示。

8．利用素材啤酒瓶盖 png、啤酒杯.png、啤酒瓶.png 和冰块.jpg，制作啤酒动画广告。参考图 4-127 所示效果。

图 4-127　啤酒广告

9．为素材图“雪景.jpg”制作雪花飘落动画。

第5章 数字视频技术

人们处理的外界信息 70%以上来自视觉，而视觉信息主要指人眼所见的图像。这里的图像概念是广义的，既包括静态的图形图像，也包括动态的视频和动画等内容。

数字视频就是先用摄像机之类的视频捕捉设备，将外界影像的颜色和亮度信息转变为电信号，再记录到存储介质（如录像带）。播放时，视频信号被转变为帧信息，并以每秒约 30 帧的速度投影到显示器上，使人的眼睛感觉到它是连续不间断地运动着的。

本章主要介绍了电视技术基础知识、数字视频的相关知识，并以 Adobe Premiere 为例介绍了数字视频处理技术。

5.1 数字视频基础

5.1.1 电视信号

1. 黑白全电视信号

黑白全电视信号主要由图像信号（视频信号）、复合消隐信号和复合同步信号组成。

（1）图像信号

电视信号的组成是将一幅画面分成许多细小的像素，而后由左到右、由上到下地将像素一个一个地送出去，然后在接收端同步再现。电视图像扫描是由隔行扫描组成场，由场组成帧，一帧为一幅图像。在荧屏上，光点按像素的次序进行扫描，从左到右称为行扫描，从上到下称为场扫描，定义每秒扫描的行数为行频，每秒扫描的帧数为帧频，每秒扫描的场数为场频。

（2）复合消隐信号

行扫描的逆程（从右到左）和场扫描的逆程（从下到上）时间内不传送图像信号，因为此期间产生的回扫线会对图像产生干扰。因此，在行、场逆程期间加入黑电平信号，使显像管的电子束在此期间截止。加入的黑电平信号称为消隐信号，对应消除行、场逆程电子束的消隐信号分别叫作行消隐信号和场消隐信号，二者合在一起称为复合消隐信号。

（3）复合同步信号

所谓同步是指摄像端（发送端）的行、场扫描步调要与显像端（接收端）扫描步调完全一致，即要求同频率、同相位才能得到一幅稳定的画面。为了保证同步，电视台在消隐期间还要提供行同步信号和场同步信号。每行扫描结束时传送一个行同步信号，每场扫描结束时传送一个场同步信号，把行同步信号和场同步信号的上升沿作为行逆程和场逆程的起点。

2. 彩色全电视信号

黑白电视只要传送表征物体亮度的电信号就可以了，而彩色电视除了亮度信号以外，还要传送表征物体颜色的色度信号，这样就要求彩色电视与黑白电视兼容。

彩色电视与黑白电视兼容是指：彩色电视机接收到彩色电视信号时能显示彩色图像，接收到黑白电视信号时能显示黑白图像（虽然接收到的都是黑白图像及伴音）；黑白电视机接收到彩色电视信号和黑白电视信号时都能显示黑白图像。简言之，就是彩色电视机和黑白电视机都能接受彩色电视信号和黑白电视信号。

为实现兼容，在彩色电视信号中首先必须使亮度和色度信号分开传送，以便使黑白电视和彩色电视能够分别重现黑白和彩色图像。采用 YUV 空间表示法可以很好地解决这个问题。

彩色全电视信号的组成除了黑白全电视信号所包括的图像信号、复合消隐信号和复合同步信号以外，还包括色度信号、色同步信号和色消隐信号。

3. 伴音

音频信号的频率范围一般为 20Hz ~ 20kHz，其频带比图像信号窄得多。电视的伴音要求与图像同步，而且不能混迭。因此一般把伴音信号放置在图像频带以外，放置的频率点称为声音载频，我国电视信号的声音载频为 6.5MHz，伴音质量为单声道调频广播。

5.1.2 彩色电视制式

所谓电视制式是指电视信号的标准，根据电视信号的帧频（场频）、分解率、信号带宽以及载频、色彩空间的转换关系不同等，制定了许多电视制式，各国的电视制式不尽相同，现在世界上最流行的彩色电视制式有 3 种：NTSC 制、PAL 制和 SECAM 制。

1. NTSC 制

NTSC 制又称恩制，美国最早研制成功，美国从 1954 年 1 月 1 日就开始用 NTSC 制播送彩色电视，并以美国国家电视系统委员会（National Television System Committee）的缩写命名。采用 NTSC 制的还有日本、加拿大、墨西哥等国家。

2. PAL 制

PAL 制是原联邦德国在 1962 年指定的彩色电视广播标准，又称逐行倒相制。所谓逐行倒相是将色度信号中的一个分量进行逐行倒相。采用 PAL 制的还有中国、英国、朝鲜等国家。PAL 制式中根据不同的参数细节，又可以进一步划分为 G、I、D 等制式，其中 PAL-D 制是中国大陆采用的制式。

3. SECAM 制

SECAM（顺序与存储彩色电视系统）是法国于 1966 年研制成功的一种彩色电视制式。采用 SECAM 制的主要是法国、俄罗斯、东欧和中东等约 65 个国家和地区，3 种常用电视制式的扫描特性参数比较如表 5-1 所示。

表 5-1 3 种常用电视制式的扫描特性参数比较

电视制式	NTSC-M	PAL-D	SCEAM
帧频（Hz）	30	25	25
行频（Hz）	15750	15625	15625
行/帧	525	625	625
亮度带宽（MHz）	4.2	6	6
彩色副载波（MHz）	3.58	4.43	4.25
色度带宽（MHz）	1.3(I)0.6(Q)	1.3(U), 1.3(V)	>1.0(U)，>1.0(V)
声音载波（MHz）	4.5	6.5	6.5

5.1.3 视频数字化

1. 数字视频的特点

数字视频与模拟视频相比主要有以下特点。

① 便于传输。模拟信号传输易叠加噪音，数字信号可以通过阈值电压和校验技术方便地去除噪声，因而数字传输更适合较远距离的传输，也能适用于性能较差的线路。

② 便于复制。数字视频可以无失真的进行无数次复制，而模拟视频进行转录时会产生误差积累，使信号失真。

③ 便于存放。数字视频长时间存放不会影响质量，而模拟视频会使视频质量降低。

④ 便于处理。模拟视频如果要用计算机处理，必须经过模/数转换，不但麻烦，还会引起信号失真，而数字视频可以直接与计算机进行输入/输出操作，诸如进行非线性编辑，增加特级效果等，都非常简单便捷。

⑤ 数字视频数据量巨大，存储与传输过程中都要进行压缩编码。

2. 数字视频标准

国际无线电咨询委员会（CCIR）制定了广播级质量的数字电视编码标准，称为 CCIR 601 标准。该标准规定了彩色电视图像转换成数字图像时使用的采样频率，RGB 和 YCbCr（或者写成 YCBCR）2 个彩色空间之间的转换关系等。

（1）彩色空间变换

数字域 RGB 与 YCbCr 的彩色空间转换用下面的公式：

$$Y=0.299R+0.587G+0.114B$$

$$Cr=(0.500R-0.4187G-0.0813B)+128$$

$$Cb=(-0.1687R-0.3313G+0.500B)+128$$

（2）采样频率

采样频率必须是行频的整数倍，这样可以保证每行有整数个取样点，同时要使得每行取样点数目一样多，便于数据处理。

CCIR 601 建议 PAL、NTSC 和 SECAM 制亮度信号的采样频率都是 $fs=13.5\text{MHz}$，这个采样频率正好是 PAL、SECAM 制行频的 864 倍，NTSC 制行频的 858 倍，可以保证采样时采样时钟与行同步信号同步。色度信号的采样频率根据采样格式不同有所不同，例如，按 4：2：2 的采样格式，则 2 个色度信号的采样频率都是 6.75Hz。CCIR 601 建议采用 $Y:U:V=4:2:2$ 的采样格式。

（3）量化

采样是把模拟信号变成了时间上离散的脉冲信号，量化则是进行幅度上的离散化处理。量化带来的误差叫量化噪声，是不可避免的，也是不可逆的。量化比特率愈高，层次就分得愈细，但数据量也成倍上升。

CCIR 601 建议采样后采用线性量化，每个样点的量化比特数用于演播室为 10bit，用于传输为 8bit。

（4）分辨率与帧率

对于 NTSC 制，分辨率 640×480，帧率为 30 帧/秒；对于 PAL、SECAM 制，分辨率 768×576，帧率为 25 帧/秒。

（5）数据量

按照采样率为 13.5MHz，采样格式 4：2：2 采样，8bit 量化，计算出数字视频的数据量为 $13.5(\text{MHz})\times8(\text{bit})+2\times6.75(\text{MHz})\times8(\text{bit})=27\text{MB/s}$。

5.1.4 数字视频文件格式

1. AVI 文件——.avi

AVI（Audio Video Interleave，音频视频交错格式）是可以将视频和音频交织在一起进行同步播放的格式。优点是图像质量好、可以跨多个平台使用，缺点是尺寸大、压缩标准不统一。根据不同的应用要求，AVI 的视窗大小、分辨率、帧率都可以调整，当然，视窗越大、分辨率越高、帧率越高，AVI 文件的数据量就越大。AVI 文件目前主要应用在多媒体光盘上，用来保存电影、电视等各种影像信息。

2. MPEG 文件——.mpeg/.mpg/.dat

MPEG 文件格式是运动图像压缩算法的国际标准，主要由 MPEG 视频、MPEG 音频和 MPEG 系统组成。MPEG 压缩效率较高，最高可以达到 200：1，而且图像和声音质量很好。

MPEG 包括 MPEG-1、MPEG-2 和 MPEG-4。MPEG-1 是 VCD 的视频图像压缩标准，可以说绝大部分的 VCD 都是用 MPEG-1 格式压缩的；MPEG-2 是 DVD 的视频图像压缩标准，同时在一些 HDTV（高清晰电视广播）和一些高要求视频编辑、处理上面也有相当的应用面；MPEG-4 是网络视频图像压缩标准之一，特点是压缩比高、成像清晰，数据的损失很小。主要应用于视像电话、视像电子邮件等，对传输速率要求较低，使用 MPEG-4 算法的 ASF 格式可以把一部 120min 的电影压缩成 300MB 左右的视频流，可供在网上观看。

3. RealVideo 文件——.ra/.rm/.rmvb

RealVideo 文件是 Real Networks 公司开发的一种流式视频文件格式，主要在低速率的广域网上实时传输音频和视频信息，也能够在 Internet 上以 28.8kbit/s 的传输速率提供立体声和连续视频，可以根据网络数据传输速率的不同而采用不同的压缩比率（RMVB），从而实现影像数据的实时传送和实时播放。

4. Microsoft 流媒体文件——.asf/.wmv

ASF（AdvancedStreamingformat，高级流媒体）是 Microsoft 为了和现在的 Realplayer 竞争而发展出来的一种可以直接在网上观看视频节目的文件压缩格式，采用 MPEG-4 的压缩算法，所以压缩率和图像的质量都很不错。

WMV 文件是一种独立于编码方式的在 Internet 上实时传播多媒体的技术标准，Microsoft 公司希望用其取代 QuickTime 之类的技术标准以及 WAV、AVI 之类的文件扩展名。WMV 的主要优点包括：本地或网络回放、可扩充的媒体类型、部件下载、可伸缩的媒体类型、流的优先级化、多语言支持、环境独立性、丰富的流间关系以及扩展性等。

5. QuikTime 文件——.mov

QuikTime 文件由 Apple 公司开发，提供了两种标准图像和数字视频格式，可以支持静态的图像格式（.pic 和.jpg 格式），动态的基于 Indeo 压缩法的.mov 和基于 MPEG 压缩法的.mpg 视频格式。至今共推出 4 个版本，以 4.0 版压缩率最好。

5.1.5　数字视频处理

数字视频编辑、数字音频制作与数字特技制作构成了计算机影视后期制作的三部曲。基于计算机的数字非线性编辑技术令视频编辑焕然一新，已成为影视后期制作中数字视频编辑的标准。

1. 非线性编辑系统

非线性编辑系统（简称非编）是指能够随机存取和处理素材的编辑系统，通常是指以计算机为平台，以硬盘为存储介质的编辑系统。非线性编辑系统是多媒体计算机技术和电视数字化技术相结合的产物。

非线性编辑系统由数字化硬件和视频编辑软件两个主要部分组成。从硬件上看，可由计算机、视频卡或 IEEE1394 卡、音频卡、高速 AV 硬盘、专用板卡（如特技加卡）以及外围设备构成。为了直接处理高档数字录像机传来的信号，有的非线性编辑系统还带有 SDI 标准的数字接口，以充分保证数字视频的输入、输出质量。其中视频卡用来采集和输出模拟视频，也就是承担 A/D 和 D/A 的实时转换。从软件上看，非线性编辑系统主要由非线性编辑软件以及二维动画软件、三维动画软件、图像处理软件和音频处理软件等外围软件构成。随着计算机硬件性能的提高，视频编辑处理对专用器件的依赖越来越小，软件的作用则更加突出。

在非线性编辑系统中，计算机数字化地记录所有视频片段，并将它们存储在硬盘上。再使用数字特技卡和非线性编辑软件对视频、音频信号进行非线性编辑处理。在编辑过程中完成多通道数字特技、字幕叠加、配音配乐等功能。最后输出到录像带上或视频服务器上。

非线性编辑系统与线性编辑系统相比具有成本低，信号损耗小，素材存取方便，编辑制作方便，便于修改，图像与声音的同步对位准确，集成化程度高（可把切换台、数字特技台、录像机、录音机、编辑机、调音台、字幕机及图形创作系统等多种设备集中在一台计算机中）等优点。

2. 数字视频编辑软件

数字视频编辑软件是能够编辑数字视频信号的软件程序，也称为非线性编辑软件。数字视频编辑软件有多种，且功能的差异较大。常用的数字视频编辑软件有：Adobe 公司开发的 Premiere、Ulead 公司的会声会影、Sony 公司的 Vegas、Microsoft 公司的 Windows Movie Maker 等。

数字视频编辑软件的基本功能有以下几点。

（1）导入

支持从数字摄像机捕获视频到计算机上，并通过计算机屏幕对数字摄像机中的视频进行浏览，自动画面检测，可以对拍摄的每一帧画面建立片段。

（2）编辑

基于时间线模式，支持使用拖放方式对视频片段、音轨进行编辑，可对片段或片段的一部分进行剪切、复制、粘贴或删除操作。支持过渡效果和标题效果制作。

（3）音频处理

支持向视频中加入音乐或语音，支持对音频进行淡入、淡出、调节音量等功能。

（4）输出

支持以多种格式保存制作好的视频文件，支持在计算机屏幕上播放制作的视频文件，能将单帧保存为图像文件。

（5）媒质管理

支持使用项目管理器图形化地管理视频片段，能按名称、图标或注释对素材进行排序、查看或搜索，能判别硬盘可用空间大小。

数字视频编辑的基本工作过程如下。

① 首先要确定视频的主题和表现方式。

② 然后进行视频素材的准备和搜集，如果收集到的素材不是数字形式，还需要通过视频采集或音频采集转换成数字形式。

③ 进行视频编辑处理。调用非线性编辑软件提供的各种功能，对各种素材进行剪辑、重新编排和衔接，添加多通道数字特技、字幕叠加、配音配乐、添加动画等功能。这些过程中各种效果及各种参数可反复调整，大多数视频编辑软件具有所见即所得的功能，可随时看到编辑效果，以达到满意为目的。

④ 生成影片。生成影片也就是生成最终的视频文件，这个过程实际上是计算机在计算的过程，是一项耗时的工作，尤其是像特技画像等复杂的效果需要计算机逐帧处理，并以设定的清晰度和图像品质建立完整帧，更是比较费时的。生成的影片可以保存在硬盘上，也可录制到录像带或 DV 带上，或输出到视频服务器上，还可直接制作成为 VCD 或 DVD 光盘。

3. Premiere

Premiere 出自 Adobe 公司，是一个可以在各种平台下和硬件配合使用的非线性视频编辑软件，被广泛的应用于电视台、广告制作、电影剪辑等领域。

Premiere 的主要编辑功能包括以下几点。

① 编辑视频片段，对视频片段或片段部分进行剪切、复制、粘贴、删除等处理。

② 对视频片断进行各种特技处理。

③ 对视频片段进行拼接，在视频片断之间增加各种过渡效果。

④ 在视频片断之上叠加各种字幕、图标、动画，制作标题和其他视频效果。

⑤ 配音或配乐，并对音频片断进行编辑，调整音频与视频的同步。

⑥ 改变视频特性参数，如图像深度、视频帧率和音频采样率等。

⑦ 设置音频、视像编码及压缩参数。

⑧ 编译生成 AVI 或 MOV 格式的数字视频文件。编译生成的 AVI/MOV 文件可以在任何支持 Microsoft Video/QuickTime for Windows 格式的应用程序中播放。

⑨ 转换成 NTSC 或 PAL 的兼容色彩，以便把生成的 AVI 或 MOV 文件转换成模拟视频信号，通过录像机记录在磁带上或显示在电视上。由于 AVI 数据格式所采用的彩色系统与 NTSC 或 PAL 制式的模拟视频所采用的色彩标准不同，因此需要转换才能实现其兼容。

⑩ 刻录自定义的光盘及其他一些高级视频编辑功能。

5.2 视频处理软件 Premiere Pro CS4 基础知识

Premiere 是一款专业非线性视频编辑软件，它为高质量的视频提供了完整的解决方案，通过本章的学习，读者能够了解 Premiere Pro CS4 的基础知识，掌握字幕的制作，视频的编辑等基本操作。

本节使读者掌握 Premiere Pro CS4 创建与设置项目。学会导入素材，管理素材，浏览素材，掌握监视器窗口和时间线窗口的基本用法，保存项目文件。

5.2.1 创建与保存项目

项目是 Premiere Pro CS4 中一个单独的文件，它包含了节目以及和节目相关的媒体素材，如视频文件、音频文件、静态图像和字幕文字等。在项目中储存了节目和媒体素材的属性信息，比如，媒体素材的捕获设置、节目效果添加、音频特效设置等。

在使用 Premiere Pro CS4 进行工作的时候，首先必须创建一个新项目或者打开一个已经存在的项目。

1. 创建项目

启动 Premiere Pro CS4，会出现一个开始界面，如图 5-1 所示。单击界面中的【新建项目】按钮或者【打开项目】按钮就可以分别进行【新建】或打开已经存在的【项目】。如果 Premiere Pro CS4 正在运行一个项目，则使用【文件】→【新建】→【项目】来创建一个新项目；或使用【文件】→【打开项目】打开一个已存在的项目。

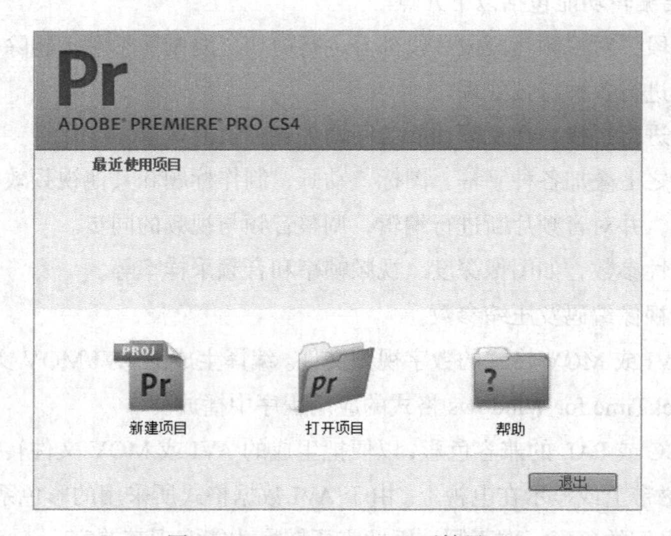

图 5-1　Premiere Pro CS4 开始界面

在开始界面中单击【新建项目】按钮，会弹出【新建项目】对话框，如图 5-2 所示。在该对话框中可以对项目文件在磁盘中存放的路径、项目名称、新项目的一般属性进行设置。

项目设置完毕，单击【确定】按钮会弹出【新建序列】对话框，如图 5-3 所示。在新建序列对话框显示其【序列预置】标签选项。在其【有效预置】栏中，用户可根据要求自行选择一种合适的【有效预置】设置。如果对于预置的项目设置不满意，还可以单击后面的常规和轨道标签，自行设置各种参数。

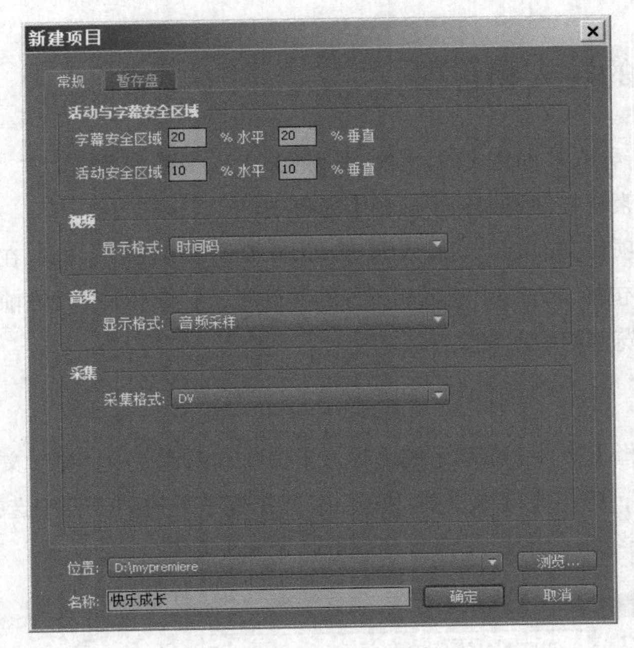

图 5-2 【新建项目】对话框

图 5-3 【新建序列】对话框

2. 保存项目

执行【文件】菜单下的【保存】命令或者按【Ctrl+S】组合键，保存当前项目文件。

5.2.2 素材的导入和管理

Premiere Pro 支持导入多种格式的音频、视频、图片、字幕等素材文件。素材的导入操作就是将事先准备好的各种素材文件添加到【项目】面板中。

在创建一个新的项目文件后，就进入到 Premiere Pro CS4 工作界面。在工作界面的左上方是【项目】面板，该面板包括上方的预览区和下方的文件区，主要用于管理当前编辑中需要用到的素材，如导入素材、浏览和组织素材文件。

1. 导入素材

导入素材可以选择【文件】菜单下的【导入】命令，或者在项目窗口文件区空白处单击鼠标右键选择【导入】后，弹出【导入】对话框，在查找范围下拉列表框中选择文件所在的路径如图 5-4 所示。选中要导入的文件，单击打开就可以导入所需素材。

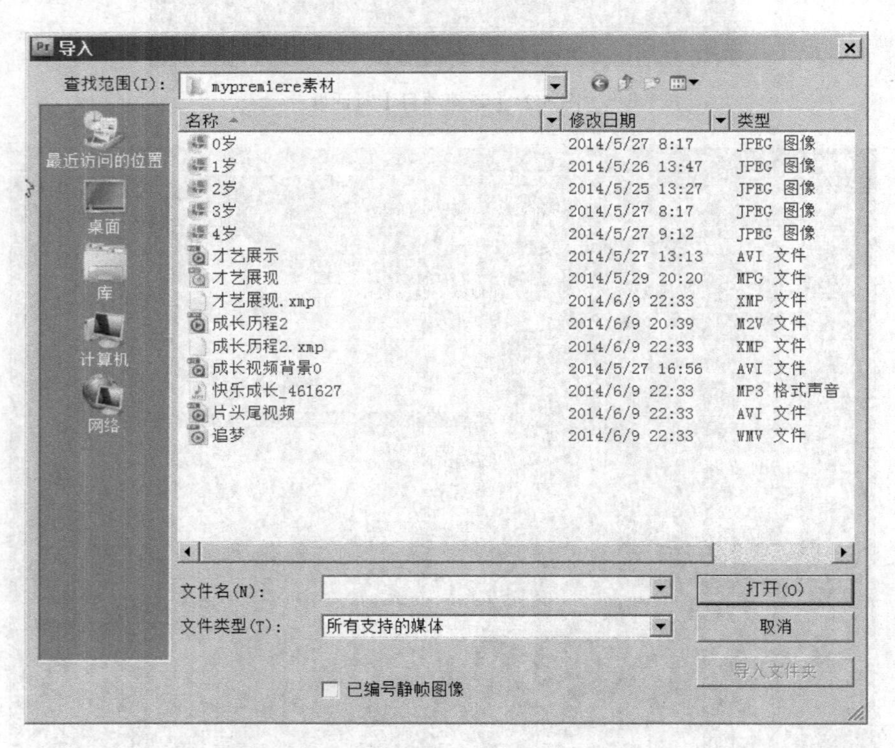

图 5-4 【导入】对话框

2. 管理素材

素材导入后，在项目面板中，如图 5-5 所示当前编辑中用到的素材都会在该面板中显示。可分别使用项目窗口左下方的列表视图按钮和图标视图按钮切换使得项目面板中的文件按列表视图和图标视图显示，在列表视图下，可以显示素材的详细信息，如图 5-5 所示；在图标视图下，可以显示素材的缩略图，如图 5-6 所示。

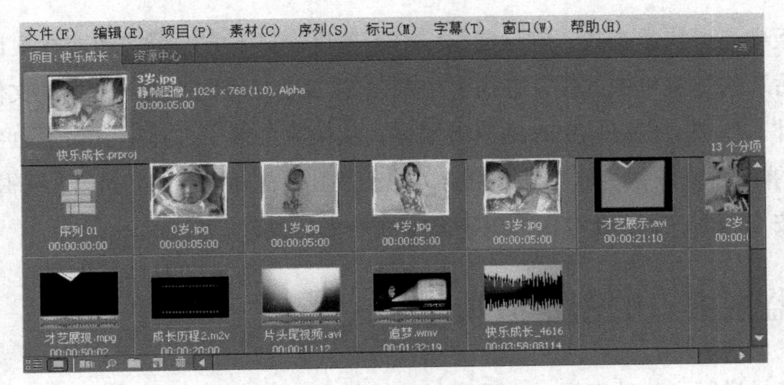

图 5-5　列表方式显示【项目】面板中的素材

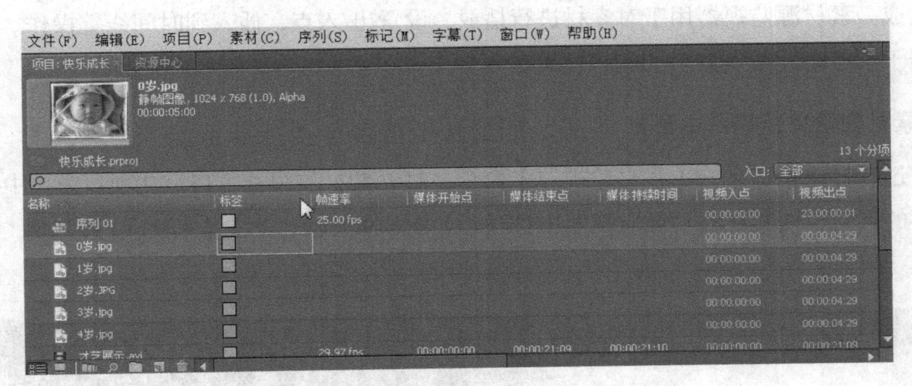

图 5-6　图标方式显示【项目】面板中的素材

选中一个素材后，可以通过【项目】面板的预览区，显示所选素材的预览图。单击【播放】按钮▶，可在预览区中播放素材。

为了便于使用，也可以将素材分类放到相应的文件夹中，在文件区空白处右击鼠标，从快捷菜单中选择【新建文件夹】命令。在文件区出现一个新建文件夹，将该文件夹命名为所需的文件夹名称，并把相关素材拖动到文件夹中，如图 5-7 所示。单击文件夹图标左侧的【展开】▼按钮，可以折叠文件夹，如图 5-8 所示。

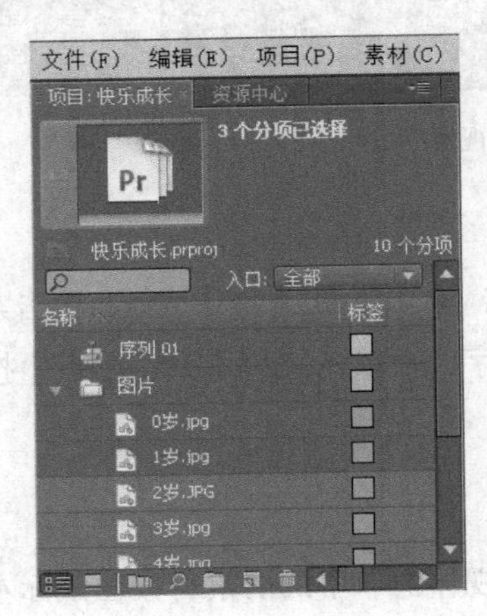

图 5-7　建立【图片】文件夹组织文件

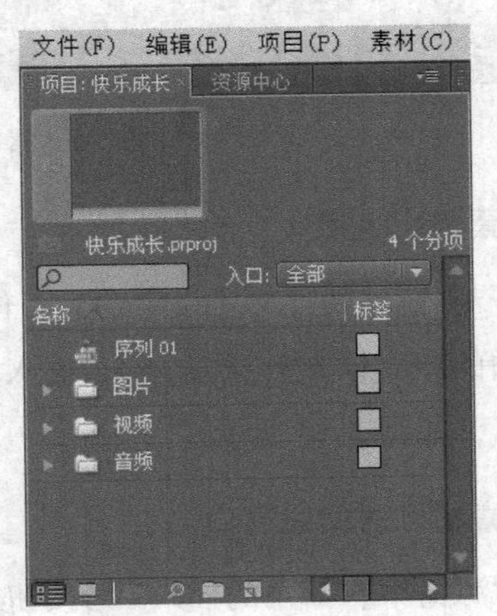

图 5-8　折叠文件夹

在项目面板中还可快速查找，删除素材。单击项目窗口下方的按钮或在项目窗口文件区空白处单击右键后从快捷菜单中选择【查找】，弹出【查找】对话框，输入查找的文件名，就可以快速找到所需文件。选中文件夹，再右键单击鼠标，从快捷菜单中选择【清除】命令，或者单击项目面板左下方的清除按钮，即可删除相应文件夹及其下的所有文件。执行【编辑】菜单下的【撤销】命令或者按【Ctrl+Z】组合键，可以恢复前面所做的操作。

5.2.3 监视窗口的基本应用

监视器窗口是进行素材的编辑，查看素材编辑效果的窗口，它由素材源监视器和节目监视器两部分组成。素材源监视器用于对素材进行播放，设置出/入点，插入到时间线等操作。节目监视器主要用于预览时间线上素材的编辑效果。

1. 素材在素材监视器中预览

可通过选择【窗口】→【素材监视器】命令，打开素材监视器窗口。在项目窗口中双击相关文件夹下的素材，使其在素材源监视器中打开，如图 5-9 所示。单击【播放】按钮，可以查看素材内容。

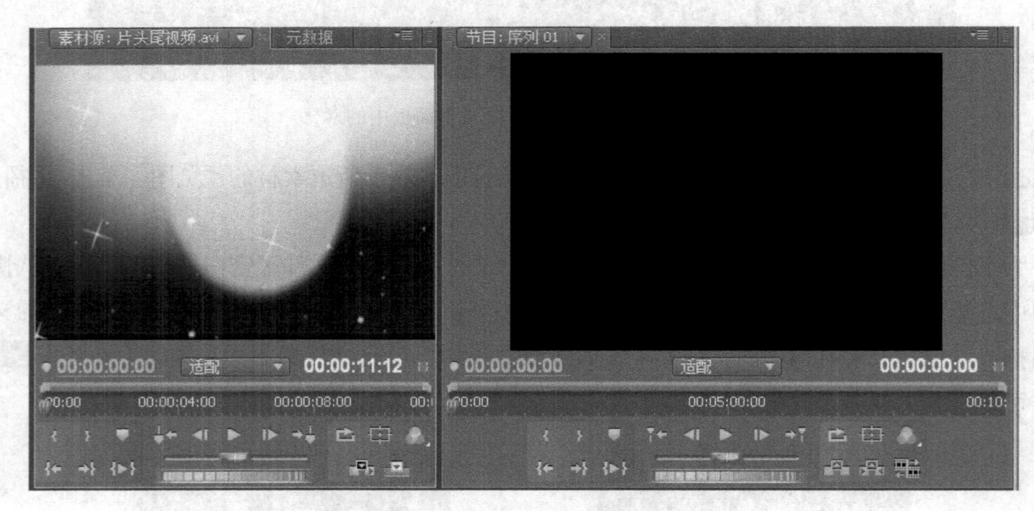

图 5-9 素材在素材监视器中显示

2. 设定素材出入点

把播放杆拖动到素材要设定的入点位置，单击【设定入点】按钮，单击素材源窗中预览窗口左下角的数字框 00:00:00:00，输入所需的数字，再单击【设定出点】按钮，设置视频片段的出点，如图 5-10 所示。

3. 添加素材到时间线窗口

单击素材源窗中右下角的插入按钮或选中监视器窗口中的的素材按住鼠标左键直接拖动素材到时间线窗口相应的轨道上如图 5-11 所示。

图 5-10　设定素材的入点与出点

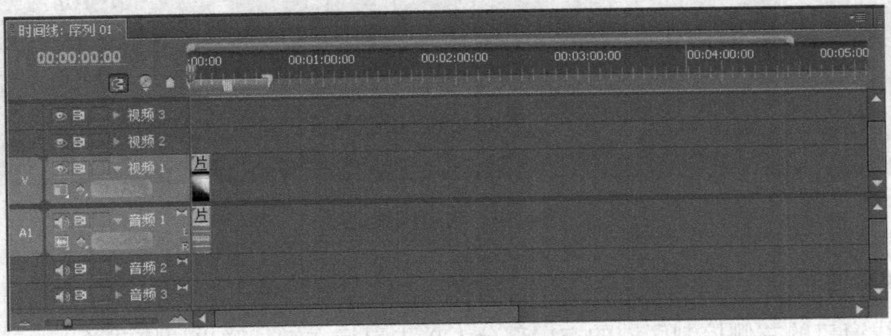

图 5-11　添加素材到时间线窗口

5.2.4　时间线窗口的基本应用

时间线窗口是组织编辑素材的重要窗口，时间线窗口中的主要区域是用于放置素材的轨道，分为“视频轨道”和“音频轨道”。如图 5-11 所示。轨道上部有一个时间标尺，轨道中的素材是按照时间的刻度顺序，从左到右先后播放。

1. 缩小、放大素材在时间线窗口中的显示

选中时间线窗口最上方滑杆的最右端，按住鼠标左键不动向左或向右拖动滑杆，使得相关素材在视频轨道上的显示变大或变小，如图 5-12 所示向左拖动滑杆素材显示变大。也可以通过操作时间线窗口左下方的缩放滑块，达到同样的效果。

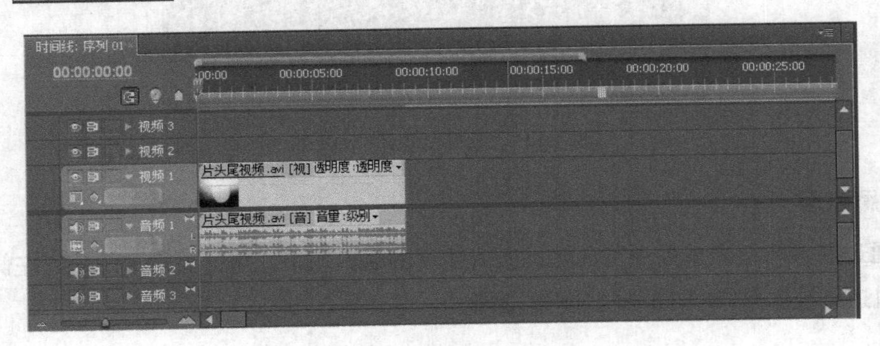

图 5-12　在时间线窗口放大素材的显示

2. 锁定轨道

为了避免其他轨道编辑时，影响已经编辑轨道的素材，可锁定已经编辑的轨道，在默认情况下，轨道锁定控制被关闭，显示为空白▭，如图 5-12 所示；单击该位置可变为🔒，此时选定的轨道被锁定不能进行任何编辑，如图 5-13 所示。单击同一位置可解除轨道锁定。

图 5-13　轨道被锁定后

3. 添加轨道

在时间线窗口的左侧控制区域的空白部分上单击鼠标右键，弹出快捷菜单。在该菜单中选择【添加轨道】命令，打开【添加视音轨】对话框。在视频轨区域或音频轨道区域的【添加】文本框中输入要添加的轨道数。如图 5-14 所示。单击确定，完成相关操作。

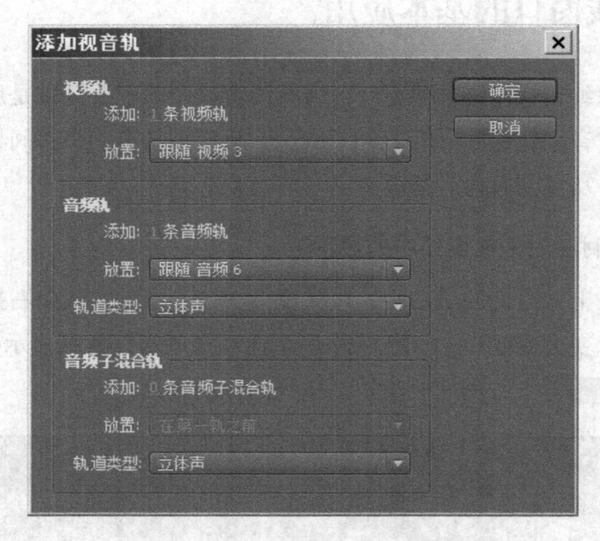

图 5-14　“添加视音频”对话框

4. 隐藏轨道

可以通过隐藏轨道来单独预览和输出所需轨道的编辑效果。单击要隐藏的轨道左侧的眼睛图标👁，该轨道就被隐藏;单击同一位置解除隐藏。

5.2.5　实训案例

实例 1　创建与保存视频项目基础

设计要求：

① 启动 Premiere Pro CS4。

② 新建项目“快乐成长. prproj”。

③ 导入素材文件，浏览素材，管理素材文件。

④ 监视器窗口的基本应用。

⑤ 时间线窗口的基本应用。

⑥ 保存项目。

设计步骤：

步骤 1　选择【开始】→【程序】→【Adobe Premiere Pro cs4】命令启动 Premiere Pro CS4。

步骤 2　单击开始界面中的【新建项目】按钮。打开【新建项目】对话框，通过单击【浏览】按钮打开【浏览文件夹】对话框重新设置项目文件的保存位置为“D:\mypremiere”。在【名称】文本框中输入项目文件的名称“快乐成长”。

步骤 3　打开【新建序列】对话，单击【序列预置】标签，打开【序列预置】选项卡。选择左边【有效预置】列表框中的“DV-PAL”选项下的“标准 48kHz”，单击【确定】按钮。

步骤 4　选择【文件】菜单下的【导入】命令，打开【输入】对话框，在查找范围下拉列表框中选择路径“D:\mypremiere 素材”，在【导入】对话框中，按住【Shift】键或者【Ctrl】键，选择此路径下的全部素材文件导入。

步骤 5　分别使用列表视图按钮和图标视图按钮。显示导入的素材。

步骤 6　在项目窗口中单击选择“追梦.wmv”文件，单击预览窗口左边的播放按钮，查看“追梦.wmv”文件内容。

步骤 7　在项目窗口中分别创建“图片”“视频”“音频”文件夹。

步骤 8　按住【Shift】键或者【Ctrl】键，选中所有的图片文件，松开【Shift】键或者【Ctrl】键，将选中的文件拖曳到“图片”文件夹图标上，释放鼠标则图像文件移动到了“图片”文件夹中，重复以上操作将所有的视频文件和音频文件移动到对应的文件夹中。

步骤 9　打开【查找】对话框，查找所需文件“2 岁”。

步骤 10　删除“音频”文件夹及其下的所有文件。

步骤 11　按【Ctrl+Z】组合键，恢复刚才清除的“音频”文件夹。

步骤 12　打开素材监视器窗口。在项目窗口中双击“视频”文件夹下的视频素材“片头视频.avi”，单击【播放】按钮，可以查看视频内容。

步骤 13　把播放杆拖动到最左边，单击【设定入点】按钮，在左下脚出现的数字框中输入数字 00:00:09:00，再单击【设定出点】按钮。

步骤 14　选中监视器窗口中的“片头视频.avi”的视频素材按住鼠标左键直接拖动素材到时间线窗口“视频 1”轨道上。

步骤 15　按住时间线窗口左下方的缩放滑块向右拖动滑块，让视频素材“片头视频.avi”在视频轨道上的显示变大，

步骤 16　锁定轨道 1，解除锁定，观察时间线窗口的变化。

步骤 17　打开【添加视音轨】对话框。在视频轨区域的【添加】文本框中输入 1。

步骤 18　选中项目窗口图片文件夹中的“0 岁.jpg”图片素材，按住鼠标左键将所选图片素材拖曳到视频轨道 2 中，重复以上操作，将图片“1 岁.jpg”和“2 岁.jpg”分别拖曳到轨道 3、轨道 4 中。如图 5-15 所示。

图 5-15　添加图片素材后

步骤 19　单击视频轨道 1 左侧的眼睛图标，隐藏轨道，单击同一位置解除隐藏。

步骤 20　执行【文件】菜单下的【保存】命令保存当前项目文件。

5.3　字幕制作

字幕是以各种字体、效果及动画等形式出现在屏幕上的文字总称，字幕设计是影视片造型的重要艺术手段之一。Premiere 提供了多种字幕模板，用户可以方便地根据视频的内容和风格挑选适合的模板来添加字幕，也可以自行进行字幕制作。本节通过实例操作，学习字幕制作的基本方法：学会添加静态、运动、滚屏字幕效果；学会在字幕文件上输入文字，设置文字字体、大小、阴影等；学会应用和创建字幕模板，如何建立字幕文件。

5.3.1　创建字幕

要进入字幕编辑环境，则必须首先创建或者打开一个项目文件，然后选择【文件】→【新建】→【字幕】命令，或者在项目窗口文件区空白处右键单击鼠标，从快捷菜单中选择【新建分类】→【字幕】命令，或者打开【新建字幕】窗口，选择【字幕】→【新建字幕】，再在打开的菜单中

选择一种类型的字幕，就可以进入【新建字幕】对话框创建字幕，如图 5-16 所示。

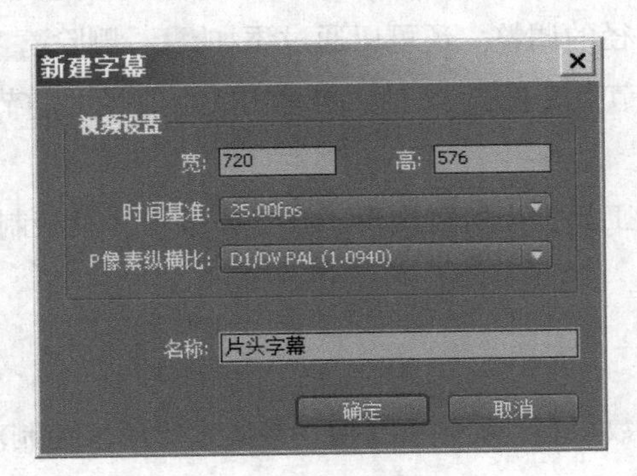

图 5-16 【新建字幕】窗口

5.3.2　字幕的编辑和设置

启动【字幕设计】窗口，该界面由字幕工具区，字幕动作区，字幕样式区，字幕属性区，字幕编辑区组成，如图 5-17 所示。

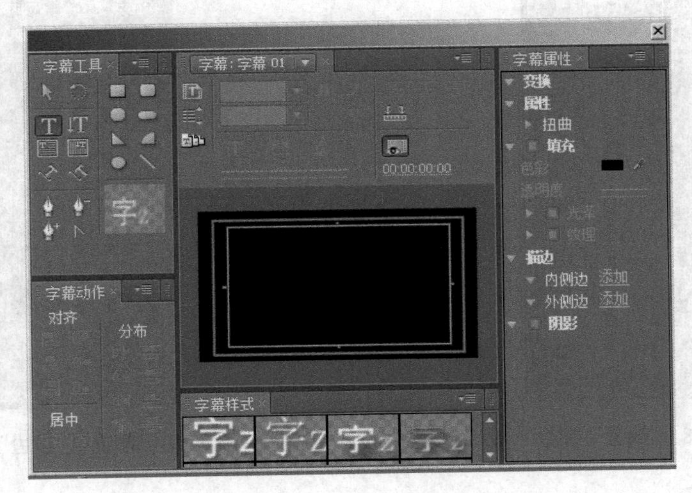

图 5-17 【字幕设计】窗口

1. 字幕工具区

字幕工具区中的工具分为选择和旋转工具、文字工具、路径编辑工具、绘图工具等类型，用于添加字幕文字，并对其进行控制。

选择工具一般用来选定窗口中的元素，只要单击该按钮，在字幕设计窗口编辑区中选择文本，文本就被选定。旋转工具用来对字幕文本进行旋转调整。

文字工具中又分为水平、垂直、水平多行、垂直多行、平行路径、垂直路径文字工具。只要根据要求选择其中的一个文字工具按钮单击后，再在字幕编辑区单击并拖动，然后就可以输入文本。

调整平行、垂直路径文字工具所创建出来的路径可单击钢笔工具按钮后，将鼠标移动到文本路径的节点上即可进行路径的调整。还可以通过添加、删除节点工具对文本路径上的节点进行增加和删除。若单击节点转换按钮，再单击文本路径上的节点，拖动出现的控制柄可调整文本路径的平滑度。

用户可以通过单击绘图工具栏中所需图形，在字幕编辑区里绘制图形，并对图形颜色和线框色等进行设定。

2. 字幕属性区

字幕属性区里包含的参数很多，其中“变换”参数主要用来控制对象的透明度，位置，高度，宽度还可以动态的修改朝向。

“属性”参数主要设定字幕文本的一些基本属性。如图 5-18 所示。

如图 5-19 所示，其中“填充”是可选参数，主要设定填充的方式，填充的颜色，填充色的透明度。“描边”参数主要用于在文本或图形的内部和外部创建显眼的描边效果。“阴影”参数主要用于设定对象的阴影效果。

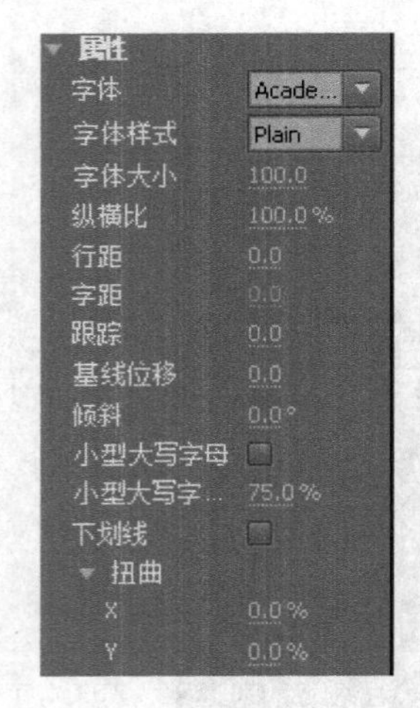

图 5-18 “属性”参数

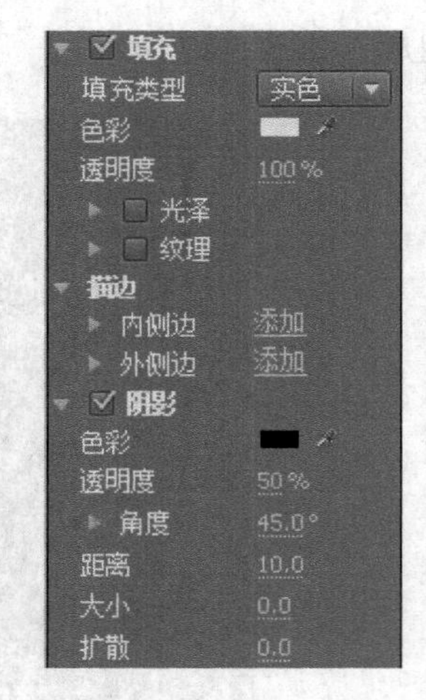

图 5-19 “填充”“描边”“阴影”参数

3. 字幕样式区

在该区域显示系统所能提供的所有字幕样式，用户选中文本，在字幕样式区中单击所需样式就可以设定字幕样式。

5.3.3 制作动态字幕

1. 制作滚屏字幕

滚屏字幕经常用于影视作品中的情节介绍，片头，片尾的说明。滚屏字幕分为“滚动”和“游动”两种类型。“滚动”字幕在屏幕上沿着垂直方向从下向上滚动，而“游动”字幕是在水平方向从右向左，或者从左向右移动。滚屏字幕的移动速度取决于字幕在时间线窗口中的时间长度。

选中文本，单击字幕编辑工作区上方的按钮，弹出【滚动/游动选项】对话框。利用该对话框，可以对滚动、游动效果进行设置。通过单选按钮组：设置字幕类型以及游动字幕的运动方向如图 5-20 所示。

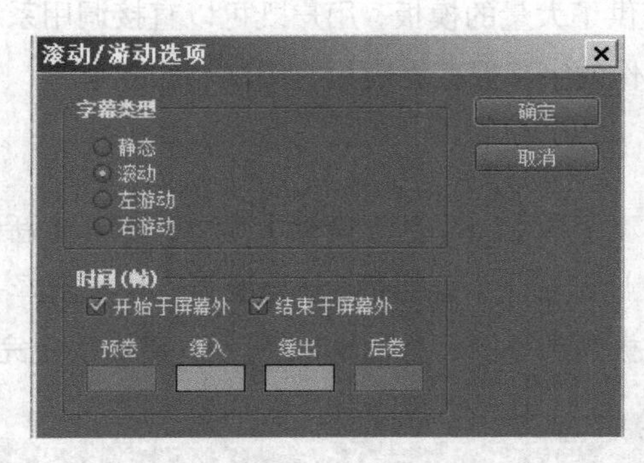

图 5-20 【滚动/游动选项】对话框

“开始屏幕外”复选框：选中表示字幕将从画面外进入。

“结束屏幕外”复选框：选中表示结束字幕自动移到画面之外。

“缓入”文本框：设置字幕的滚动速度从 0 达到正常的滚动速度所需要的帧时间长度。

“缓出”文本框：设置字幕从运动到静止时所需要的帧时间长度。

“预卷”文本框：设置字幕开始运动前，第一帧的长度。

“后卷”文本框：设置字幕结束时，最后一帧的保留长度。

2. 制作运动字幕

通过设置字幕的运动特征可实现字幕放大，旋转等运动效果。选中字幕，打开【特效控制台】面板，单击【运动】选项区的按钮，展开选项组参数。单击要设置选项名称前的【动态切换】按钮，单击右侧【添加/移除关键帧】按钮，设置多个关键帧，即可完成运动效果的设置，如图 5-21 所示。

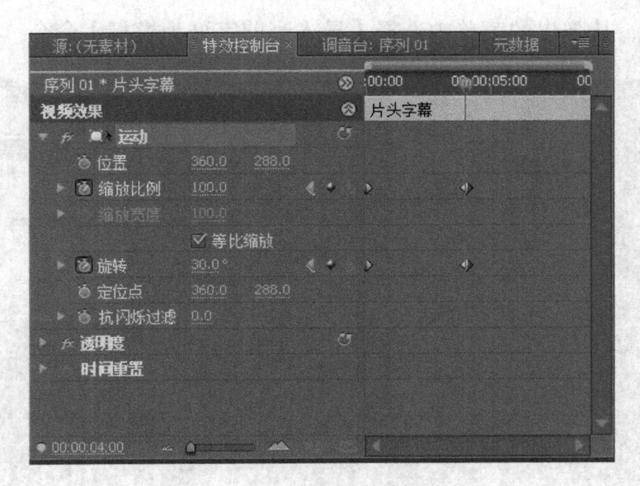

图 5-21　设置多个关键帧

5.3.4 应用并创建字幕模板

在 Premiere 中为用户提供了大量的模板，用户既可以直接调用系统提供的模板制作出专业品质的字幕，也可以将自己制作的字幕保存为模板，提高制作效率。

1. 应用字幕模板

可选择【字幕】→【新建字幕】→【基于模板】命令；打开【新建字幕】窗口，单击左窗口中的▶图标，展开【字幕设计预置】，可将模板分类展开，从中选择一种合适的模板，此时，在窗口右侧中显示的为所选模板的预览图，如图 5-22 所示，单击确定完成操作。

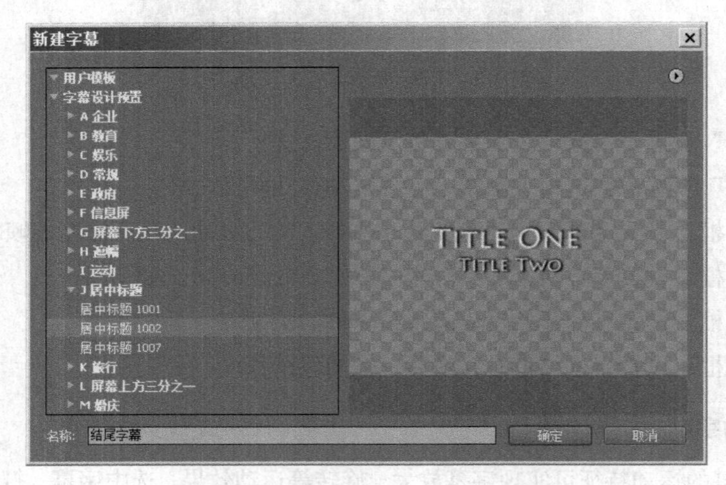

图 5-22 【新建字幕】窗口中进行模板选择

2. 导入当前字幕为字幕模板

单击【字幕设计】器窗口上方的模板图标，弹出模板对话框。如图 5-23 所示。单击【模板】窗口右上方的按钮，从弹出的菜单中选择【导入当前字幕为模板】命令。

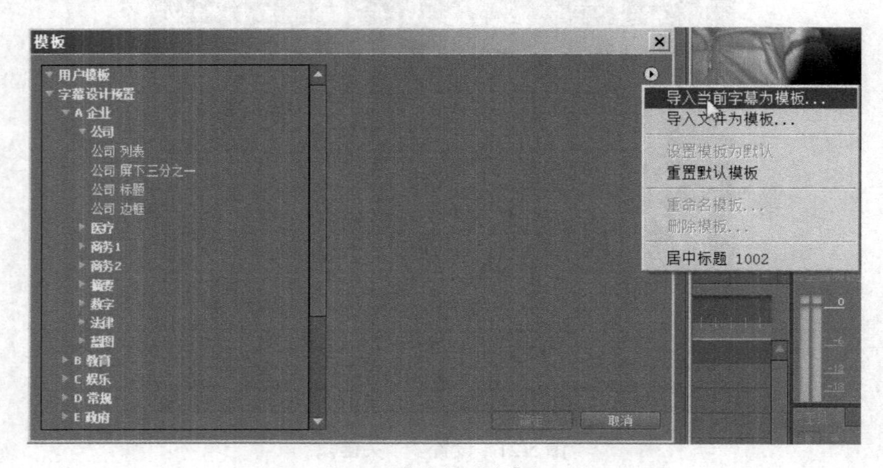

图 5-23 【模板创建】窗口

执行命令后，将出现【另存为】对话框，单击【确定】按钮后，当前字幕将创建成为模板，可以从用户模板中查看到该模板如图 5-24 所示。

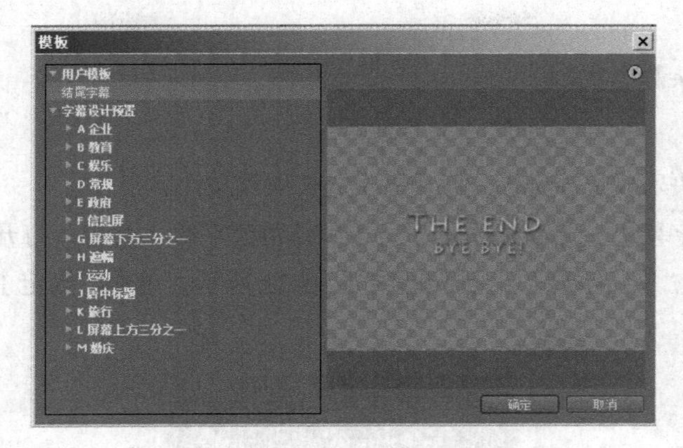

图 5-24 【模板】对话窗口查看自定义模板

5.3.5　创建和导入字幕文件

用户可以把创建的字幕以字幕文件的形式进行保存，当用户需要时即可方便的将字幕文件导入到项目面板中或将字幕文件以字幕模板的形式导入供用户使用。

在选项目面板中选中字幕，选择【文件】→【导出】→【字幕】命令，将字幕文件保存到相应的文件夹中。

在【项目】面板的空白处单击鼠标右键，在快捷菜单中选择【导入】命令，打开【导入】对话框，选择对应的字幕文件。单击【打开】，字幕文件即可导入到【项目】面板中。

选择【字幕】→【新建字幕】→【基于模板】命令；打开【新建字幕】窗口，单击窗口右上方的▶按钮，弹出的菜单如图 5-25 所示。从中选择【导入文件为模板】命令，【弹出导入字幕为模板】窗口，如图 5-26 所示，选择对应字幕文件，单击打开命令，返回到【新建字幕】窗口，字幕文件将作为字幕模板导入。

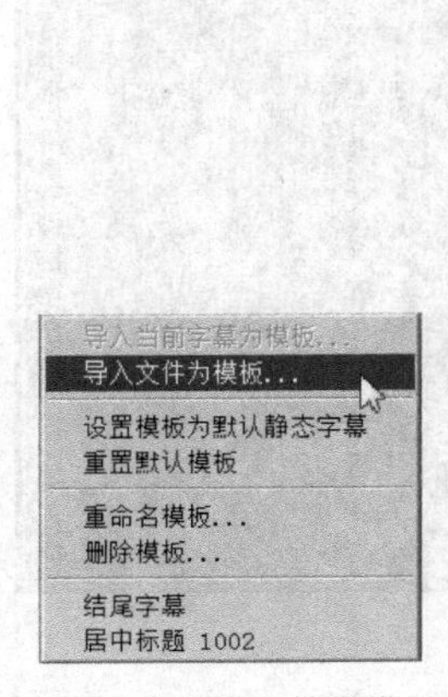

图 5-25　导入字幕文件为模板菜单

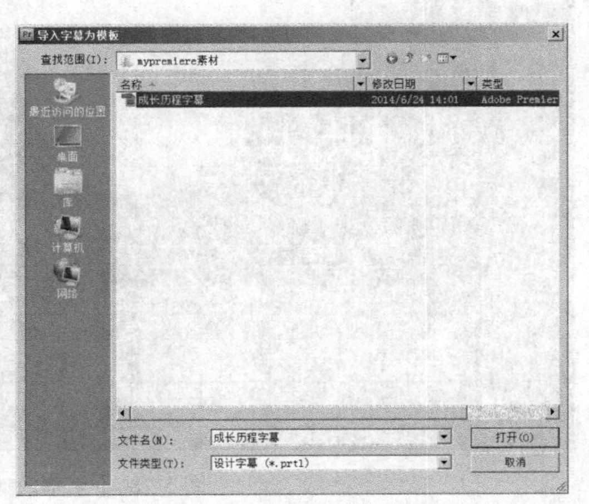

图 5-26 【导入字幕文件为模板】对话窗口

5.3.6 实训案例

实例 2　制作片头静态字幕

设计步骤：

步骤 1　双击“快乐成长.prpoj”，打开快乐成长项目文件。

步骤 2　选择【字幕】→【新建字幕】→【默认静态字幕】命令；打开【新建字幕】窗口，输入新建字幕文件名“片头字幕”，视频设置如图 5-27 所示。单击【确定】按钮，进入【字幕设置】窗口。

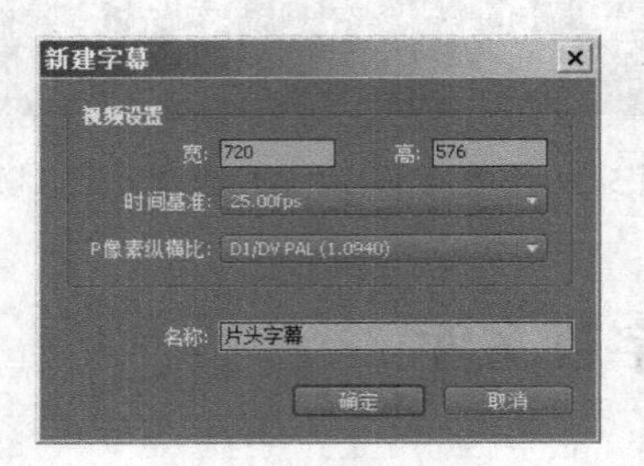

图 5-27 【新建字幕】窗口

步骤 3　单击【字幕设计】窗口字幕工具箱中的文字工具 T ，单击字幕编辑区，此时会显示插入点的光标。选择输入文字字体为“PMingLiU”，字体样式“Regular”，字体大小设定为“80”，输入文字“快乐成长”。如图 5-28 所示。

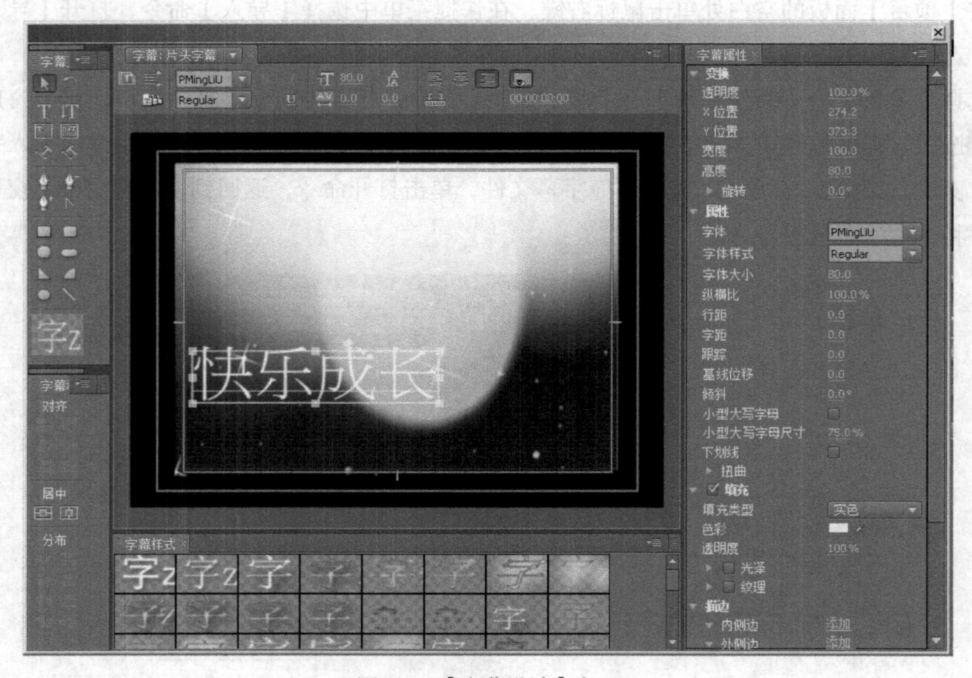

图 5-28 【字幕设计】窗口

步骤 4　选定字幕编辑区的文字对象"快乐成长"。单击鼠标右键，在弹出的快捷菜单中选择【位置】→【屏幕下方三分之一处】命令。

步骤 5　在字幕编辑区下方【字幕样式】面板中选择"方正舒体"。如图 5-29 所示。

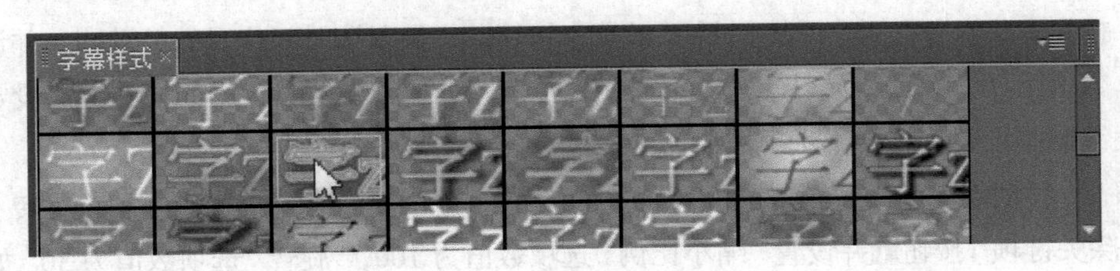

图 5-29 【字幕样式】面板

步骤 6　在【字幕设计】窗口右侧的字幕属性面板中，选中【阴影】选项组，单击▶按钮，展开选项组参数。单击颜色选项框弹出【颜色拾取】窗口，选择阴影颜色如图 5-30 所示，并将【透明度】设置为"50%"，角度设置为"-212"，距离设置为"17"，如图 5-31 所示。

图 5-30 【颜色拾取】窗口

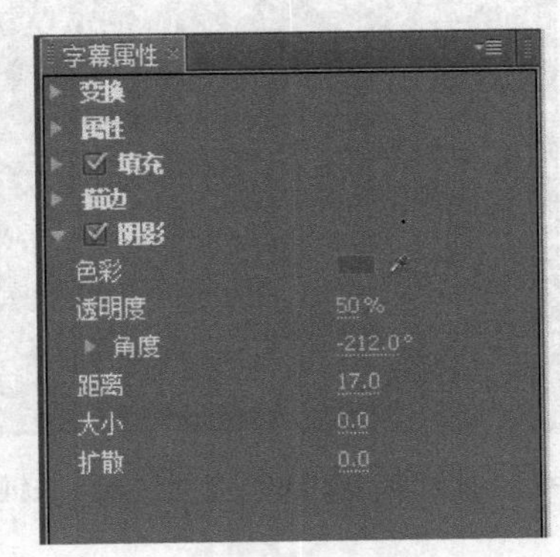

图 5-31 【字幕属性】面板

步骤 7　单击【字幕设计】窗口右上角的【关闭】按钮，关闭【字幕设计】窗口，【片头字幕】保存在【项目】面板中。将【片头字幕】拖动到"视频 2"中，并将字幕素材拖曳到与片头视频同长度。如图 5-32 所示。

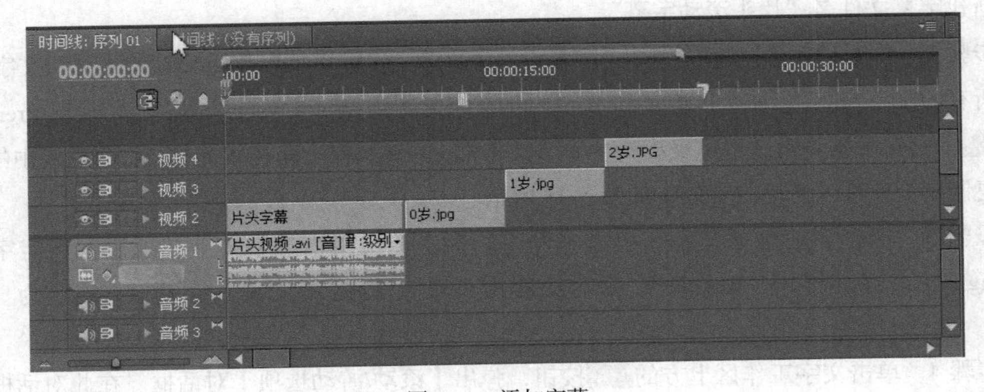

图 5-32　添加字幕

实例 3　制作片头运动字幕

步骤 1　选中“视频 2”轨道中的“片头字幕”。打开【特效控制台】面板，单击【运动】选项区的按钮，移动【编辑基准线】到 00:00:00:00 时间位置。单击【缩放比例】选项名称前的【动态切换】按钮，单击右侧【添加/移除关键帧】按钮，设置该时间位置的关键帧，并设定【缩放比例】数值为 0；单击【旋转】选项名称前的【动态切换】按钮，用同样的方法设定该时间位置的关键帧并设置【旋转】选项数值为-30，如图 5-33 所示。

步骤 2　移动编辑基准线至 00:00:04:00 时间位置，分别单击【缩小比例】和【旋转】选项的【添加/移除关键帧】按钮并设置“缩小比例”选项数值为 100，“旋转”选项数值为 30。如图 5-34 所示。

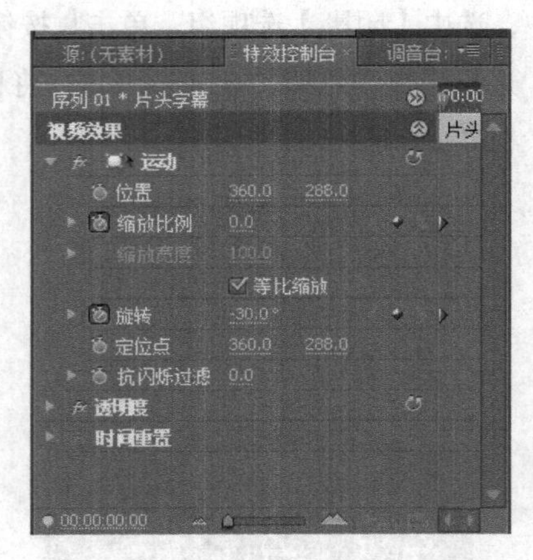

图 5-33　设置 00:00:00:00 时间位置的关键帧　　图 5-34　设置 00:00:04:00 时间位置的关键帧

步骤 3　移动编辑基准线至 00:00:07:00 时间位置，单击【旋转】选项的【添加/移除关键帧】按钮并设置【旋转】选项数值为 0。

实例 4　制作片头滚屏字幕

步骤 1　选择【字幕】→【新建字幕】→【默认滚动字幕】命令；打开【新建字幕】窗口，输入新建字幕文件名“片头滚动字幕”。

步骤 2　单击【确定】按钮，进入【字幕设计】窗口。打开“D:\mypremiere 素材\片头文字.txt”，选中所有的文字，选择【编辑】→【复制】命令，将文字复制到 Windows 剪贴板中。切换回 Premiere，单击工具在字幕编辑区域拖曳出一个矩形文本框，并在其左上角插入光标。将剪贴板中的文字内容复制到当前插入光标位置处，如图 5-35 所示。

步骤 3　选择当前全部文字，单击右侧【属性】选项组中的字体下拉列表框设定字体为“PMingLiU”，字体样式“Regular”，字体大小为“38”，行距为“35”，字幕样式设定为“方正稚艺”。

步骤 4　单击文字工作区上方的按钮，弹出【滚动/游动选项】对话框。在此对话框中选择“开始屏幕外”，“结束屏幕外”复选框。

步骤 5　单击【确定】按钮，单击【字幕设计】窗口右上角的【关闭】按钮，关闭“字幕设计”窗口，返回【项目】窗口，“片头滚动字幕”保存在【项目】面板中。

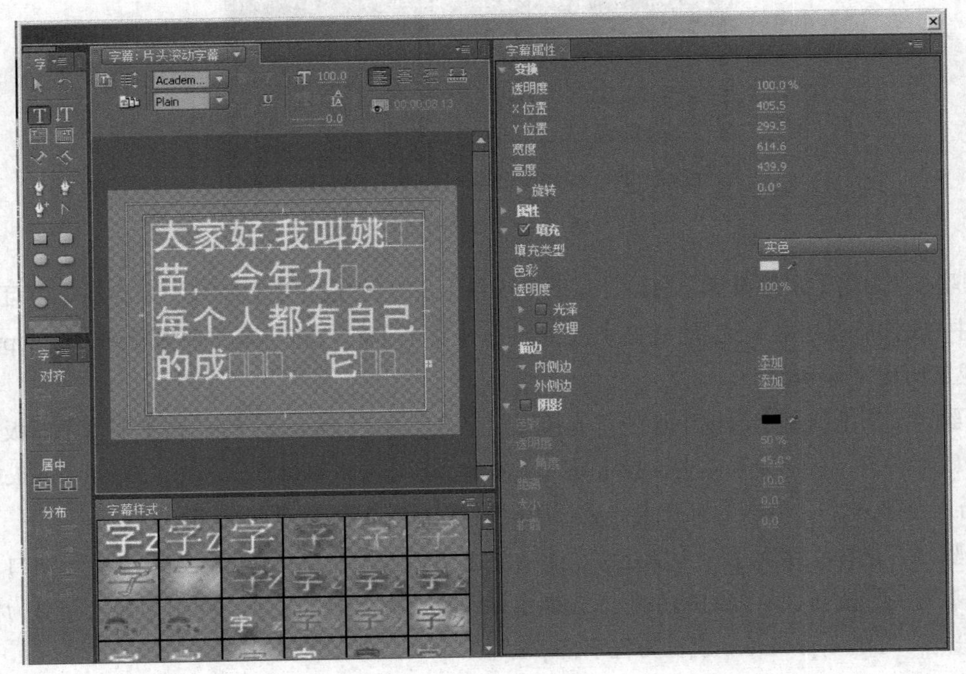

图 5-35　粘贴编辑文字

实例 5　应用模板制作结尾字幕，创建字幕模板

步骤 1　选择【字幕】→【新建字幕】→【基于模板】命令；打开【新建字幕】窗口，输入新建字幕文件名“结尾字幕”，单击左窗口中的图标，选择模板“居中标题 1002”，

步骤 2　单击【确定】按钮，进入【字幕设计】窗口。选中文字“TITLE ONE”将其改为“THE END”；选中文字“TITLE TWO”将其改为“Bye Bye!”。将【字体模式】选为“方正隶变金属”。

步骤 3　单击【字幕设计】器窗口上方的模板图标，弹出【模板】对话框。单击【模板】窗口右上方的按钮，从弹出的菜单中选择【导入当前字幕为模板】命令，将出现【另存为】对话框，单击【确定】按钮后，结尾字幕将创建成为模板。

步骤 4　单击【确定】按钮，返回到“字幕设计”窗口。关闭“字幕设计”窗口，返回【项目】窗口，“结尾字幕”已自动保存在【项目】面板中。

实例 6　创建和导入字幕文件“成长历程字幕.prtl”

步骤 1　打开【新建字幕】窗口。输入新建字幕名称为“成长历程”，单击【确定】按钮。

步骤 2　单击【字幕设计】窗口字幕工具箱中的文字工具，单击字幕编辑区，输入文字“成长历程”，如图 5-36 所示。选择输入文字字体为“PMingLiU”，字体样式“Regular”，字体大小设定为“60”，字距为“20”，选择字幕样式为“方正大黑-内外边立体”。

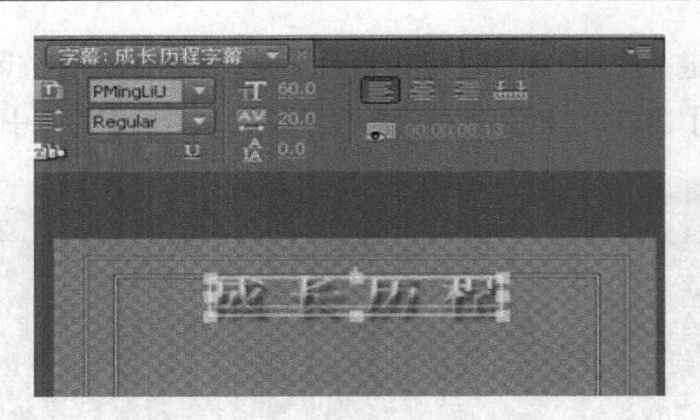

图 5-36　成长历程字幕设计窗口

步骤 3　关闭【字幕设计】窗口，返回【项目】窗口，“成长历程字幕”保存在【项目】面板中。选中“成长历程字幕”，选择【文件】→【导出】→【字幕】命令，将字幕文件保存到“D:\mypremiere素材\成长历程字幕.prtl”。

步骤 4　在【项目】面板中选中“成长历程字幕”，按【Delete】键。在【项目】面板的空白处单击鼠标右键，在快捷菜单中选择【导入】命令，打开导入对话框，选择“D:\mypremiere素材\成长历程字幕.prtl”，单击【打开】，“成长历程字幕.prtl”导入到项目面板中。

步骤 5　选择【字幕】→【新建字幕】→【基于模板】命令；打开“新建字幕”窗口，单击窗口右上方的按钮，从弹出的菜单中选择【导入文件为模板】命令，弹出【导入字幕为模板】窗口，选择“D:\mypremiere\成长历程字幕.prtl”。

步骤 6　单击【打开】命令，返回到【新建字幕】窗口，“成长历程字幕.prtl”作为模板导入，如图 5-37 所示。单击【取消】按钮，返回到【项目】窗口。

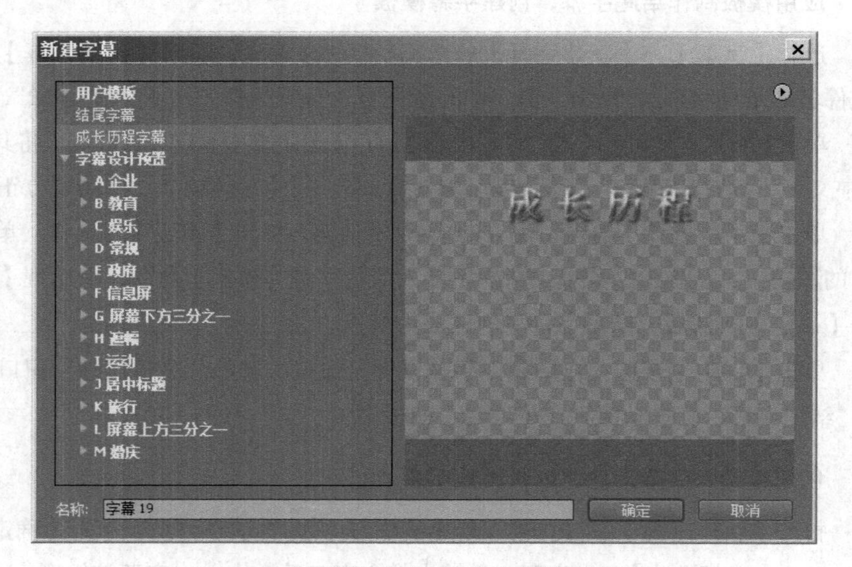

图 5-37　“成长历程字幕.prtl”作为模板导入后

步骤 7　在【项目】面板中新建一个字幕文件夹，将所建的字幕文件拖曳到文件夹中。保存项目文件。

5.4　视频编辑

通过本节的学习掌握嵌套编辑；学会制作叠加画面，组接素材片段，为素材片段添加运动效果，转场特效，视频特效，淡入和淡出效果；能预览和输出视频。

5.4.1　序列编辑

在 Premiere Pro CS4 中可以允许一个单独的项目在时间线窗口生成多个序列，也可以插入或嵌套一个序列到另一个序列中进行序列嵌套。采用多个序列和嵌套序列，各序列之间可以很方便的切换，使工作流程更加顺畅，提高工作效率，增强操作的灵活性。

1. 创建一个新序列

选择【文件】→【新建】→【序列】命令，或在项目面板空白处中，单击鼠标右键，在弹出菜单中选择【新建分类】→【序列】命令。或单击项目面板右下方的【项目分项】按钮，然后选择【序列】。弹出【新建序列】窗口，输入序列名称和设定序列预置。单击【新建序列】的轨道选项卡，输入序列中要包含的轨道数如图 5-38 所示。单击【确定】按钮，返回到【项目】窗口，新建的序列就出现在【时间线】窗口中。

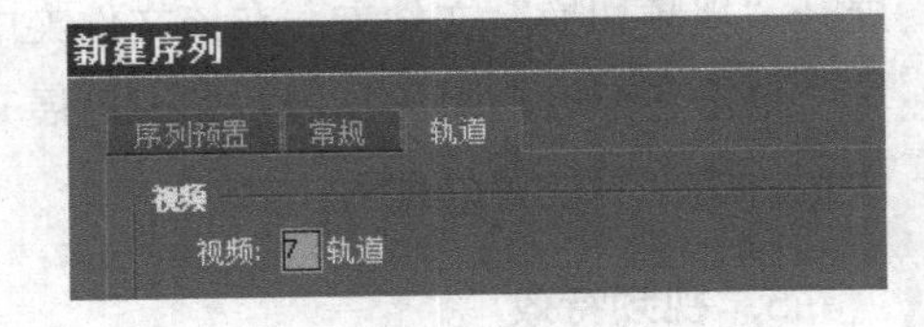

图 5-38　输入新建序列轨道数

2. 序列嵌套

序列嵌套就是指一个序列可以在同一项目的另一个序列中作为单独的素材来选择，移动，修剪等处理。对源序列所做的任何修改都会在所有的由它构成的片段中反映出来。但不能嵌套自身序列，并且激活一个嵌套序列会耗费较多的处理时间。

5.4.2　编辑节目

编辑节目就是将素材按需要进行剪辑，处理，并按用户的需要组接在一起。

1. 制作叠加画面

叠加就是指一个素材的全部或部分叠加到另一个素材上去。在视频的片头和片花制作中，经常采用多画面的的叠加。在 Premiere Pro CS4 中允许有多个视频轨道，两个以上的视频轨道素材重叠出现，就可以构成叠加画面。例如，“视频 2”轨道的画面会覆盖“视频 1”轨道的画面。出现在“视频 1”的素材称为背景素材，出现在“视频 2”的素材称为前景素材。为了显示背景素材，就必须降低前景素材的透明度或缩小其大小。

2. 分离与组合素材

选中包含有音频和视频的素材，单击鼠标右键在弹出的菜单中选择“解除视音频链接”，使其音频和视频分离，分别作为独立的素材使用。也可选中视频和音频素材，单击鼠标右键在弹出菜单中选择“链接视音频”进行组合。

当完成视频的前期工作后，就可以将所有素材片段在时间线上进行组接。组接过程中经常会截断和删除多余的片段。通过选择工具箱中的剃刀工具可将素材一分为二。删除多余的的素材，可采用选中后按下【Delete】键或右键单击要删除的素材从快捷菜单中选择【清除】命令，如果选择【波纹删除】命令则素材被删除后，其后面的内容会自动填充上来。

3. 素材运动效果的设定

在视频的制作过程中，为了使画面更加生动，可以对素材制作移动，缩放，旋转等运动效果。运动效果的设置方法是通过设置关键帧确定运动路径，速度以及状况使素材按关键帧的设定产生相应的变化。

4. 视频切换

一个素材结束逐渐换到另一素材，会应用到转场特效，Premiere 提供了多种转场特技效果，并按功能进行了分类。转场特技效果的应用可以使得视频各片段之间的切换更自然，生动，制作出赏心悦目的特技效果，从而增强视频的艺术效果，在节目的后期制作中经常用到。

应用转场特技效果，可以先选择【窗口】→【效果】命令，打开【效果】面板，在该面板中展开“视频切换”文件夹。在该文件夹中可以看到各转场特效的分类。如图 5-39 所示。

单击任意类型组的扩展按钮即可展开分类，选中所需的的效果，拖动其到【时间线】面板中两素材的交界位置处即可。

5. 视频特效

Premiere 视频特效的资源很丰富，通过应用这些特效，用户可以为图片和视频使用一个或多个特效创建出丰富的视频效果。在【效果】面板中展开“视频特效”文件夹。如图 5-40 所示选中所需的的效果，拖动其到【时间线】面板中素材上。

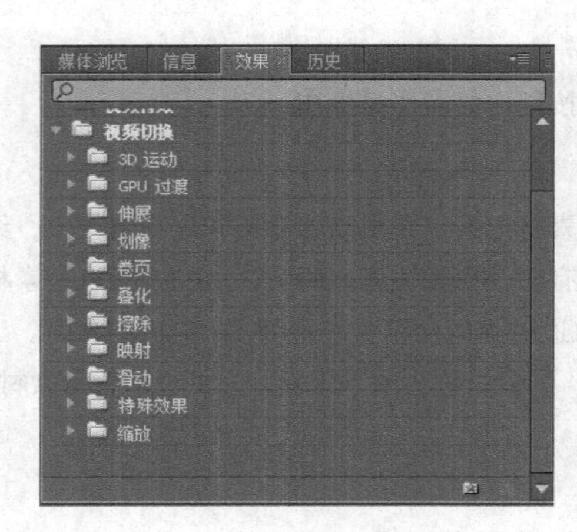

图 5-39 “视频切换”选项

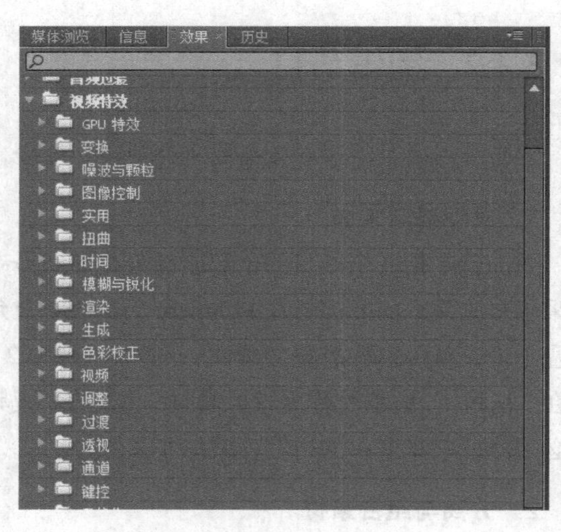

图 5-40 “视频特效”选项

5.4.3　节目预览与视频输出

在完成制作工作后，通过预览可以检查素材各片段之间的衔接，以及用户所赋予素材的各种效果是否达到设计要求。在时间线窗口中按【Enter】键，或单击【节目】监视器的【播放】按钮 ▶，即可进行实时预演。

当视频通过预演后，便可以根据需要输出视频文件。Premiere 能生成的视频文件格式有很多种，常用的是“*.avi”格式，这种类型的文件可以在多种软件程序中应用。选择【文件】→【导出】→【媒体】命令，弹出【导出设置】窗口，如图 5-41 所示。单击【输出名称】后面的文本，弹出【另存为】窗口，选择文件保存路径，并在“文件名”文本框中输入文件名。

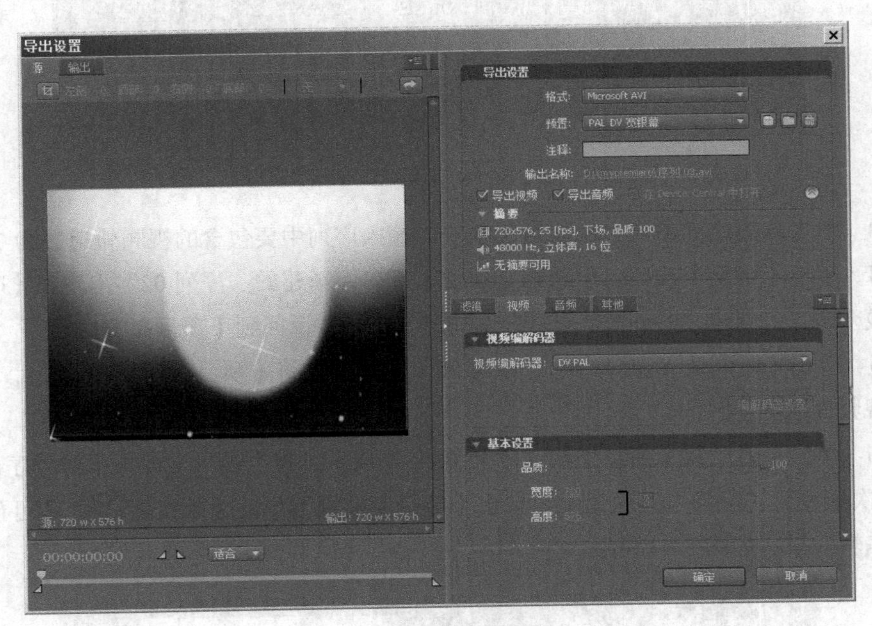

图 5-41 【导出设置】窗口

单击【保存】按钮，返回到【导出设置】窗口。单击【确定】按钮，显示【Adobe Media Encoder】窗口，如图 5-42 所示。单击【Start Queue】按钮，输出视频文件。

5.4.4　实训案例

实例 7　嵌套编辑

操作步骤：

步骤 1　双击“D:\mypremiere\快乐成长.prproj”，打开项目文件。

步骤 2　选择【文件】→【新建】→【序列】命令。弹出【新建序列】窗口，输入序列名称：“序列 02”，有效预置：【DV-PAL】→【标准 48kHz】。

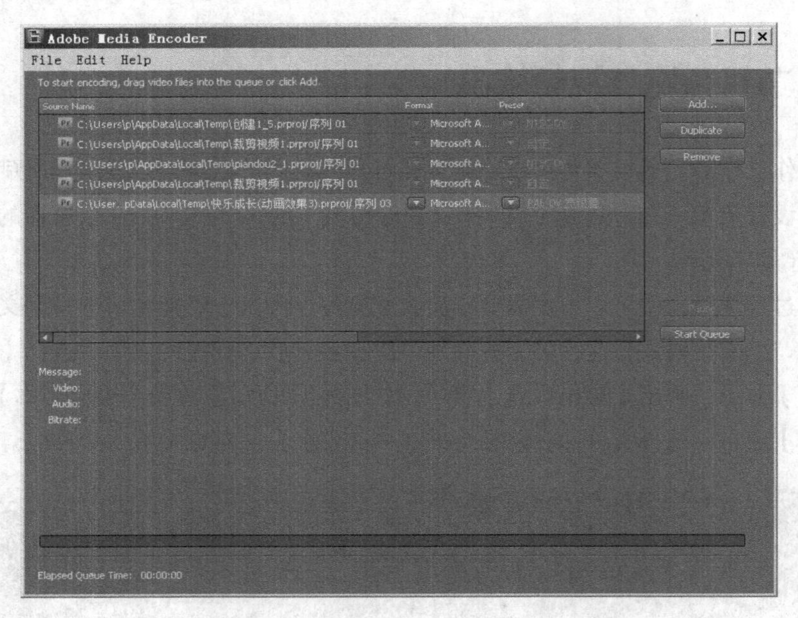

图 5-42 【Adobe Media Encoder】窗口

步骤 3　单击新建序列窗口中的轨道选项卡，输入序列中要包含的视频轨道数为 7，

步骤 4　单击【确定】按钮，返回到【项目】窗口，新建的“序列 02”出现在【时间线】窗口中，重复步骤 2，创建“序列 03”，单击【确定】按钮并返回到【项目】窗口。

步骤 5　单击【时间线】窗口中的“序列 02”选项卡，将【项目】面板中的图片“1 岁.jpg”拖曳到“视频 3”轨道上。

步骤 6　单击【时间线】窗口中的“序列 03”选项卡，将【项目】面板中的“序列 01”“序列 02”依次拖曳到“视频 1”轨道上。单击【节目】监视器中的播放按钮▶，即可预览“序列 03”视频编辑效果。如图 5-43 所示。

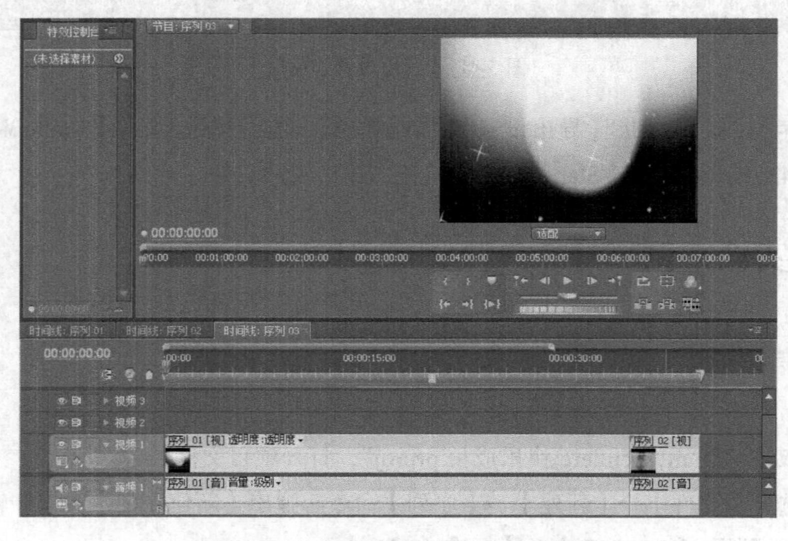

图 5-43　编辑并预览“序列 03”的素材

嵌套“序列 03”素材的最初长度由源“序列 01”“序列 02”决定，在这以后改变源序列的长度时，不会影响嵌套序列的长度，例如，缩短源“序列 01”会导致“序列 03”出现黑场和静音，这就需要进行相关的修剪。

步骤 7　单击【时间线】窗口中的“序列 01”选项卡，按住【Shift】键，单击【时间线】窗口中的图片“0 岁.jpg”“1 岁.jpg”“2 岁.jpg”。选中所有图片后，单击鼠标右键，在弹出菜单中选择【清除】命令，删除所选图片。

步骤 8　单击【时间线】窗口中的“序列 03”选项卡，察看【时间线】窗口中的素材，并用节目监视器进行预览，观察“序列 03”视频效果发生的变化。如图 5-44 所示。

图 5-44　“序列 03”中的素材出现黑场和静音

步骤 9　按住【Shift】键选中“序列 03”所有素材，按【Delete】键删除所有素材。观察“序列 01”“序列 02”中的视频效果不会发生任何变化。

实例 8　叠加画面

操作步骤：

步骤 1　选择项目窗口“视频”文件夹下的“成长视频背景.avi”拖动它到【时间线】窗口的“序列 02”的“视频 1”轨道上。再拖动时间单位缩放条上的滑块，放大时间单位显示到合适位置，如图 5-45 所示。

图 5-45　叠加画面

步骤 2　选中“视频 1”轨道上的素材。单击鼠标右键，在弹出的菜单中选择【适配为当前画面大小】命令。

步骤 3　单击“节目”监视器中的播放按钮▶预览视频，可看到“视频 3”轨道上的素材完全覆盖“视频 1”轨道上的素材。

步骤 4　选中“视频 3”轨道上的图片“1 岁.jpg”，打开【特效控制台】面板，单击【运动】选项区的▶按钮，展开选项组参数，并设置位置数值为“360”“323”；“缩放比例”数值为 42；如图 5-46 所示。

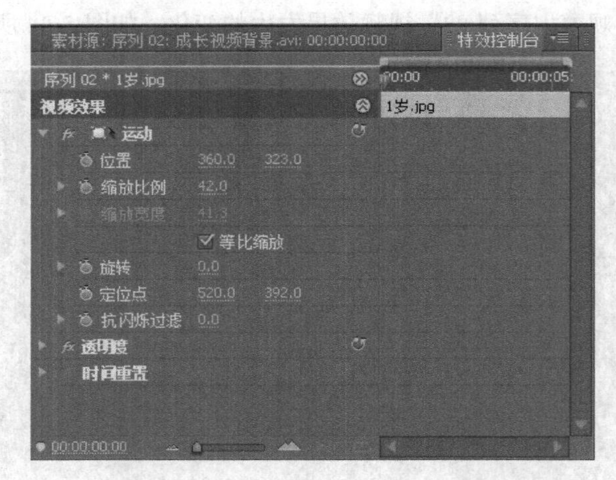

图 5-46　特效控制台面板

步骤 5　选择项目窗口“字幕”文件夹下的“成长历程字幕.prtl”，拖动它到时间线窗口“序列 02”中的“视频 7”轨道上，单击【节目】监视器中的播放按钮▶预览视频，如图 5-47 所示。

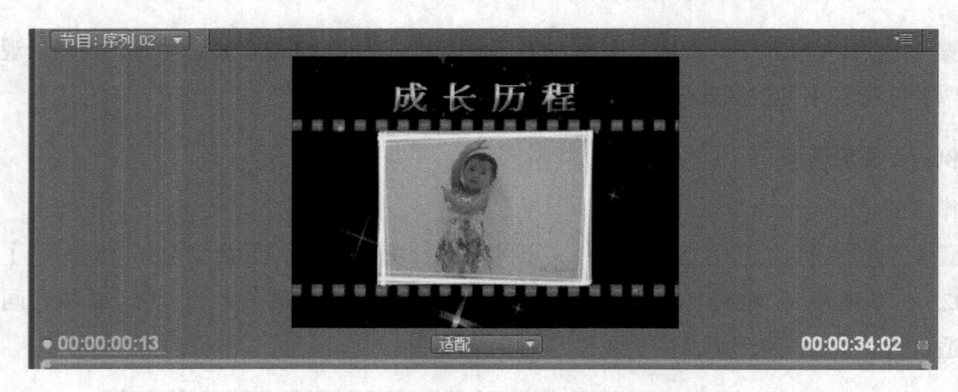

图 5-47　多画面叠加效果

实例 9　运动效果

操作步骤：

步骤 1　选择时间线窗口“序列 02”中的“视频 3”轨道上的素材“1 岁.jpg”，单击鼠标右键，选择快捷菜单中【速度/持续时间】命令，打开【素材速度/持续时间】对话框，输入素材持续时间为 00:00:08:00，如图 5-48 所示。

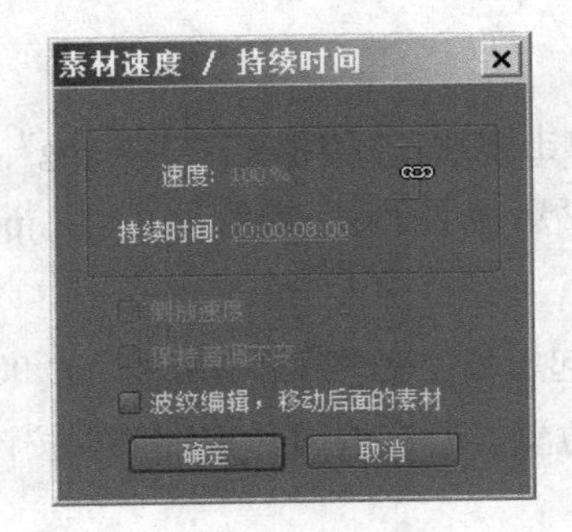

图 5-48　素材速度/持续时间

步骤 2　单击【确定】返回【项目】窗口，打开【特效控制台】面板，单击【运动】选项区的▶按钮，展开选项组参数。单击【位置】选项左边的【动态切换】按钮，定位到素材“1 岁.jpg”的第一帧，单击右侧【添加/移除关键帧】按钮将其设定为关键帧，并设置素材位置坐标为：“910”“323”，如图 5-49 所示；或在节目监视器中按住鼠标左键拖动素材使其左边缘正好离开屏幕。

步骤 3　将“编辑基准线”移动到 00:00:08:00 处，单击【添加/移除关键帧】按钮设定第二个关键帧，并设置素材位置坐标为：“−200”“323”，如图 5-50 所示；或在节目监视器中按住鼠标左键拖动素材使其右边缘正好离开屏幕。

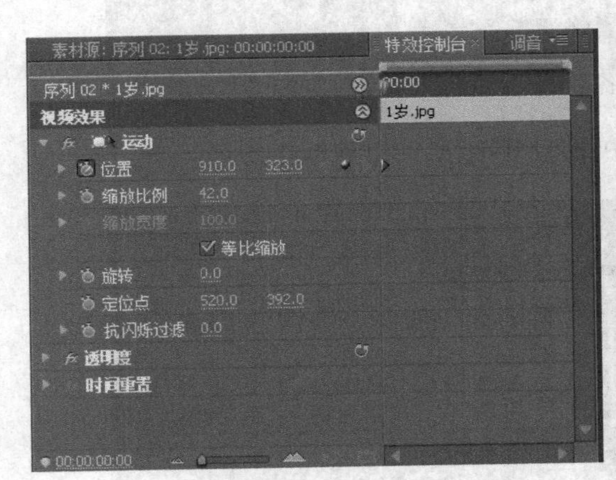

图 5-49　创建第一个关键帧位置

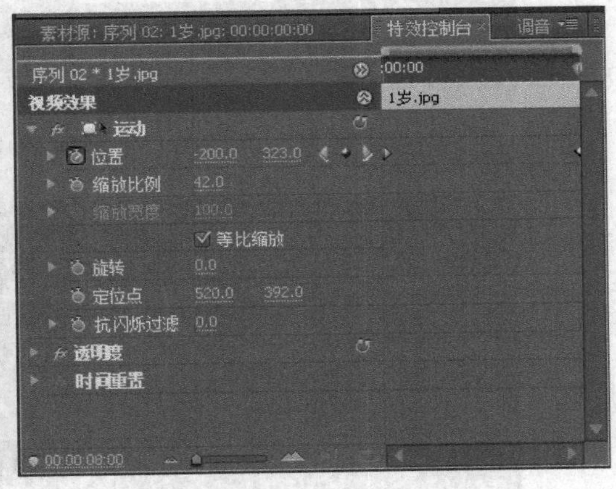

图 5-50　创建第二个关键帧位置

步骤 4　选择项目窗口“图片”文件夹下的“0 岁.jpg”拖动它到时间线窗口的“序列 02”的“视频 2”轨道上。

步骤 5　选择“视频 2”轨道上的素材“0 岁.jpg”，设定素材持续时间为 00:00:08:00。

步骤 6　选择“视频 3”轨道上的素材“1 岁.jpg”，单击鼠标右键，选择快捷菜单中【复制】命令。选择“视频 2”轨道上的素材“0 岁.jpg”，选择快捷菜单中【粘贴属性】命令。

步骤 7　选择项目窗口“图片”文件夹下的“2 岁.jpg”拖动它到时间线窗口的“序列 02”的“视频 4”轨道上；“3 岁.jpg”拖动到“视频 5”轨道上；“4 岁.jpg”拖动到“视频 6”轨道上。

步骤 8　按住【Shift】键，单击图片“2 岁.jpg”，“3 岁.jpg”，“4 岁.jpg”，选中所有图片素材，单击鼠标右键，选择快捷菜单中【速度/持续时间】命令，打开【素材速度/持续时间】对话框，输入素材持续时间为 00:00:08:00。

步骤 9　按住【Shift】键，单击图片“2 岁.jpg”“3 岁.jpg”“4 岁.jpg”，选中所有素材，单击鼠标右键，选择快捷菜单中【粘贴属性】命令。将素材“1 岁.jpg”的视频效果属性粘贴给所有的图片素材。

步骤 10　将图片“1 岁.jpg”起始端位于“编辑基准线”00:00:03:00 时间位置。图片“2 岁.jpg”的起始端位于 00:00:06:00 时间位置，所有的图片素材依次按该规律往后移动 3 秒，如图 5-51 所示。

步骤 11　按住【Shift】键，单击“视频 1”轨道上的“成长视频背景.avi”和“视频 7”轨道上的字幕素材“成长历程字幕.prtl”，设定其素材时间为：00:00:20:00，如图 5-51 所示。

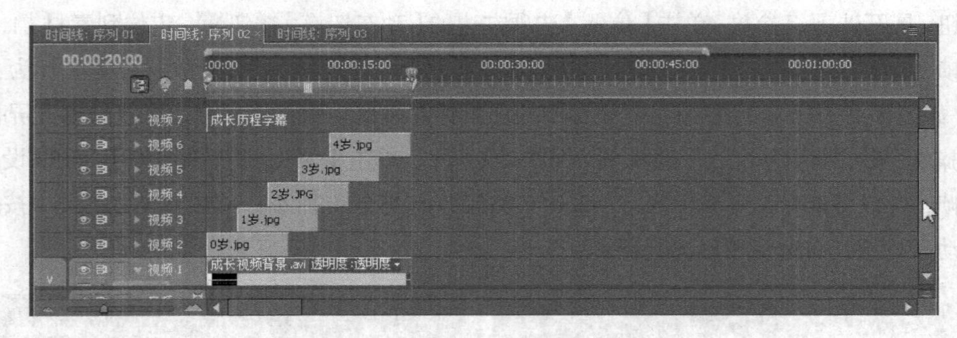

图 5-51　调节各素材的定位点

步骤 12　完成设置后，在“节目”监视器中预览视频效果，如图 5-52 所示。

图 5-52　预览制作的视频效果

实例 10　组接素材片断

操作步骤：

步骤 1　选择“序列 03”，将项目面板中的“序列 01”，字幕文件夹中的“片头滚动字幕”，视频文件夹中的“成长历程.avi”依次拖曳到“视频 1”轨道上。

步骤 2　选择“片头滚动字幕”，右击从快捷菜单中选择【速度/持续时间】命令，弹出【素材速度/持续时间】对话框。设置持续时间为 00:00:09:00；选择【波纹编辑，移动后面的素材】选项，如图 5-53 所示。单击【确定】按钮，返回到【项目】窗口。

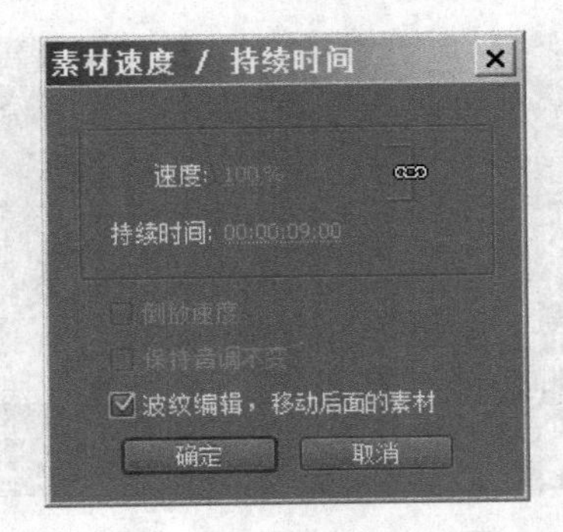

图 5-53 【素材速度/持续时间】设置

步骤 3　播放杆移动到 00:00:21:00 时间位置，可以在【节目】监视器中看到播放的素材。选择工具箱中的剃刀工具，在时间线窗口中，单击“成长历程.avi”片段与播放杆重合的位置，将“成长历程.avi”片段切断，如图 5-54 所示。

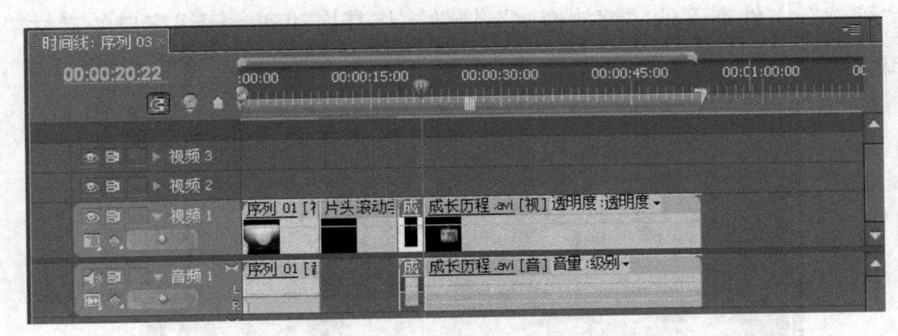

图 5-54　裁断片段

步骤 4　单击被截断的前半段素材片段，右键单击鼠标，从快捷菜单中选择【波纹删除】命令，将其删除，如图 5-55 所示。

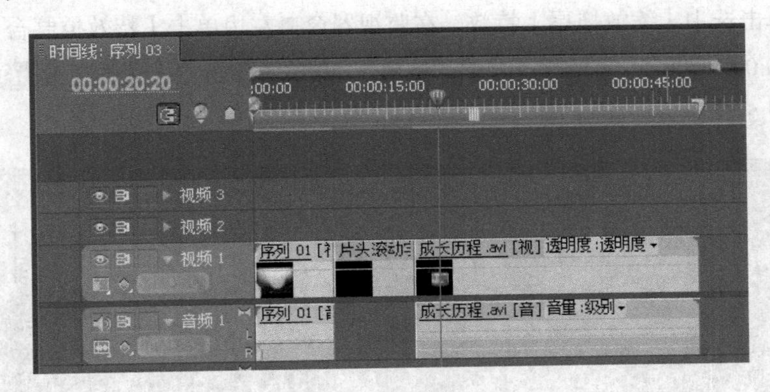

图 5-55　裁剪结果

步骤 5　将项目面板中视频文件夹里的“才艺展示.avi”“追梦.avi”“片尾视频.avi”；字幕文件夹中的“结束字幕”，依次拖曳到“视频 1”轨道上“成长历程.avi”素材的后面。整个视频素材片段组接完毕，如图 5-56 所示。

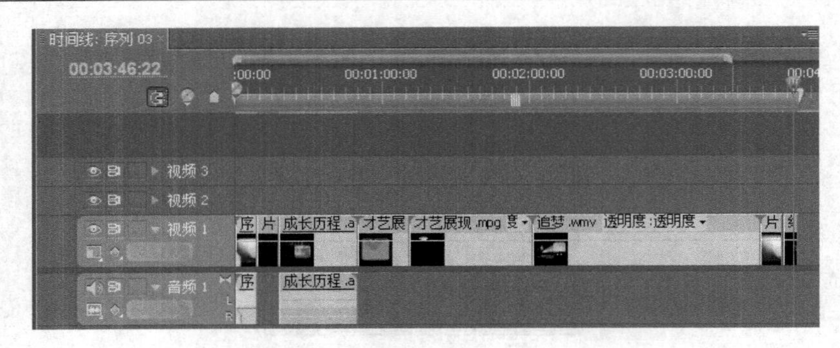

图 5-56 素材片段组接结果

实例 11 加入转场特效

操作步骤：

步骤 1 选择【窗口】→【效果】命令打开【效果】面板，在该面板中展开“视频切换”文件夹。选择“缩放”文件夹下的“缩放拖尾”特效，将其拖动到时间线窗口的素材“序列 01”和“片头滚动字幕”之间。如图 5-57 所示。

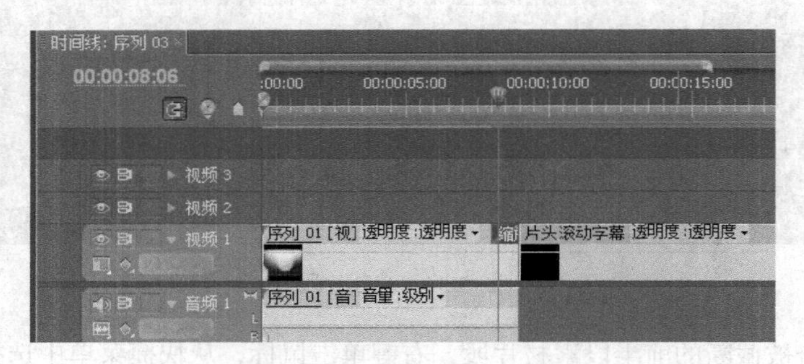

图 5-57 添加特效到素材之间

步骤 2 单击选中【缩放拖尾】特效，在监视器窗口左边单击【特效控制台】选项卡，输入持续时间为“00:00:01:00”，选择对齐方式“结束于切点”。单击左上角的播放▶按钮可预览转场过渡效果，如图 5-58 所示。

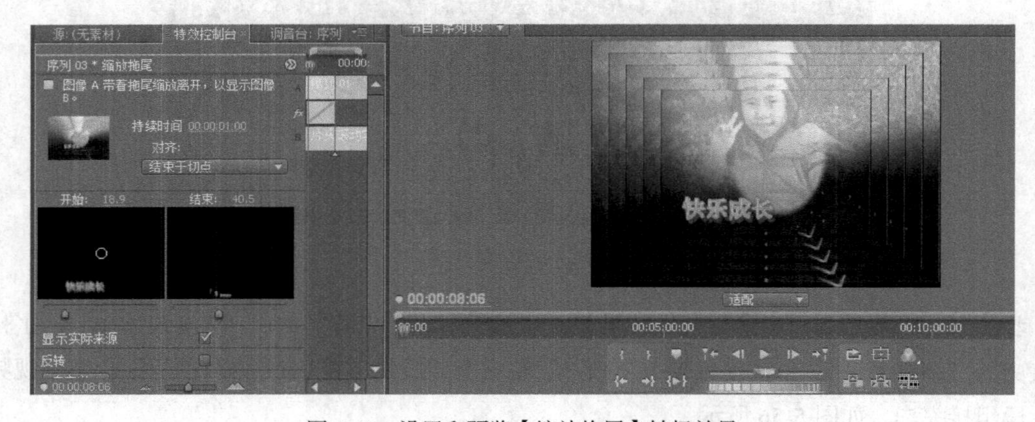

图 5-58 设置和预览【缩放拖尾】转场效果

步骤 3 选择“卷页”文件夹下的“翻页”特效拖动到素材“片头滚动字幕”和“成长历程.avi”中间，设定对齐方式为“结束于切点”。选择“缩放”文件夹下的“缩放”特效，将其拖动到“片尾视频.avi”和“结束字幕”之间，设定对齐方式为“开始于切点”。

实例 12 加入视频特效

步骤 1 选中“视频 1”轨道上的“成长历程.avi”素材，并把时间滑块移动到 00:00:46:00 时间位置，并在【效果】面板中展开“视频特效”文件夹。选择“变换”文件夹中的“摄像机视图”特效，单击鼠标将其拖曳到“视频 1”轨道上的“成长历程.avi”上。

步骤 2 在监视器窗口左边单击【特效控制台】选项卡，单击【摄像机视图】选项区的▶按钮，展开选项组参数。

步骤 3 单击【经度】选项左边的【动态切换】按钮，将“编辑基准线”移动到 00:00:46:00 处，单击右侧【添加/移除关键帧】按钮，为素材设定第一个关键帧。

步骤 4 将【编辑基准线】移动到 00:00:49:00 处，单击【添加/移除关键帧】按钮，为素材设定第二个关键帧，并输入【经度】的值为“90”，如图 5-59 所示。

步骤 5 单击填充颜色右侧的按钮，弹出颜色拾取对话框，设定填充颜色的参数，如图 5-60 所示。单击确定按钮返回【项目】窗口。

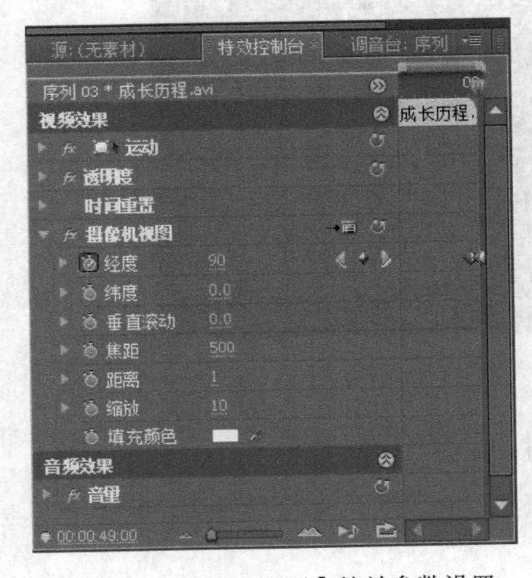

图 5-59 【摄像机视图】特效参数设置

图 5-60 【颜色拾取】参数设置

实例 13 淡入和淡出效果设置

操作步骤：

步骤 1 在序列 03 中，选中素材“成长历程.avi”和“序列 01”，单击右键在快捷菜单中选择【解除视音频链接】命令；选中“音频 1”轨道上的所有音频，按【Delete】键。

步骤 2 拖曳【项目】面板中音频文件夹下的音频“快乐成长.mp3”到“音频 1”轨道中。用剃刀工具裁剪掉多余的音频。

步骤 3 单击“音频 1”【轨道控制】面板上的【显示关键帧】按钮，在快捷菜单中选择【显示素材关键帧】命令；单击“音频 1”轨道控制面板上的【设置显示样式】按钮，在快捷菜单中选择【仅显示名字】命令。

步骤 4　移动时间滑块到“视频 1”轨道上“片尾视频.avi”的第一帧，单击【轨道控制】面板上的【添加-移除关键帧】按钮；以同样的方法在“结束字幕”的最后一帧处打上一个关键帧，如图 5-61 所示。

图 5-61　添加音频关键帧

步骤 5　选择尾端的关键帧向下拖动，这样建立了“快乐成长.mp3”素材的淡出效果。如图 5-62 所示。

图 5-62　建立淡出效果

步骤 6　选择【文件】→【保存】命令，保存项目文件。

实例 14　节目预览

操作步骤：

步骤 1　在时间线窗口中将视频的时间滑块移动到时间线最左边。

步骤 2　在时间线窗口中按【Enter】键，或单击【节目】监视器的【播放】按钮，即可进行实时预演。

实例 15　视频输出

操作步骤：

步骤 1　选择【文件】→【导出】→【媒体】命令，弹出【导出设置】窗口，单击“输出名称”后面的文本，弹出【另存为】窗口，选择文件保存路径，并在“文件名”文本框中输入文件名为“快乐成长”。如图 5-63 所示。

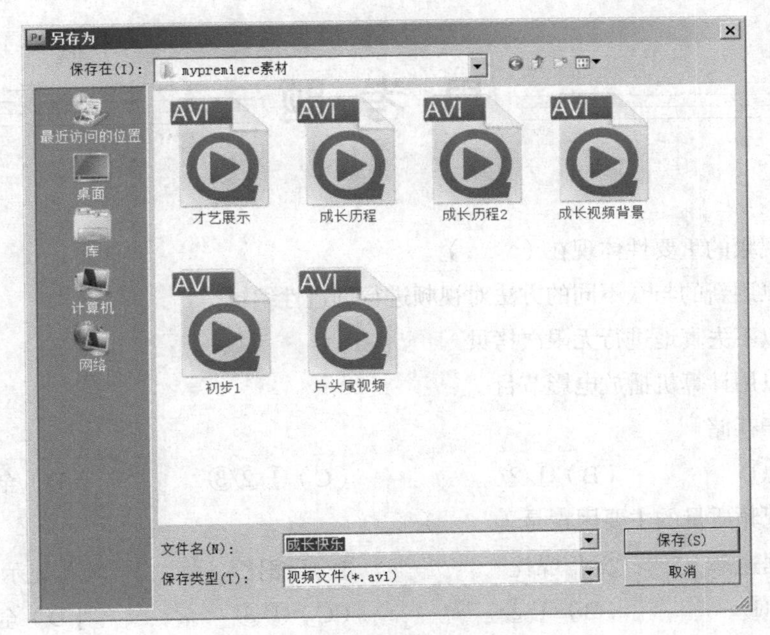

图 5-63 【另存为】窗口

步骤 2　单击【保存】按钮，返回到【导出设置】窗口。单击【确定】按钮，显示【Adobe Media Encoder】窗口，单击【Start Queue】按钮，输出视频文件，输出进程条如图 5-64 所示。

图 5-64　输出进程条

步骤 3　输出结束后，在选定文件夹““D:\mypremiere 素材”” 中保存视频文件“快乐成长.avi”。

本章小结

本章针对多媒体视频技术进行了探讨，首先对视频信号的组成和获取方法作了简单介绍，在此基础上对现在世界上最流行的 3 种彩色电视制式（NTSC 制、PAL 制和 SECAM 制）进行了比较。本章重点讲述的是数字视频，包括视频数字化和图像子采样的实现方法；数字电视的概念、分类和数字电视标准；并对目前经常使用的数字视频文件格式做了简单介绍。本章最后以具体实例介绍了 Adobe Premiere 进行数字视频处理的全过程。

思考题

1. 选择题。

（1）数字视频的重要性体现在（　　）。

① 可以用新的与众不同的方法对视频进行创造性编辑

② 可以不失真地进行无限次拷贝

③ 可以用计算机播放电影节目

④ 易于存储

（A）仅①　　（B）①②　　（C）①②③　　（D）全部

（2）影响视频质量的主要因素是（　　）。

① 数据速率　　② 信噪比　　③ 压缩比　　④ 显示分辨率

（A）仅①　　（B）①②　　（C）①③　　（D）全部

（3）下列数字视频中质量最好的是（　　）。

（A）240×180 分辨率、24 位真彩色、15 帧/秒的帧率

（B）320×240 分辨率、30 位真彩色、25 帧/秒的帧率

（C）320×240 分辨率、30 位真彩色、30 帧/秒的帧率

（D）640×480 分辨率、16 位真彩色、15 帧/秒的帧率

（4）以下不属于多媒体视频文件格式的是（　　）。

（A）AVI　　（B）MPG　　（C）AVS　　（D）BMP

（5）数字视频编码的方式有（　　）。

① RGB 视频　　② YUV 视频　　③ Y/C（S）视频　　④ 复合视频

（A）仅①　　（B）①②　　（C）①②③　　（D）全部

2. 名词解释。

（1）全电视信号　（2）制式

3. 世界上主要的彩色电视信号制式有哪 3 种？试比较它们的异同。

4. 解释视频数字化。数字视频与模拟视频相比较优点有哪些？怎样获得数字视频？

5. 简述动画与视频的区别。

6. 什么是图像子采样？主要的子采样方法有哪些？

7. 什么是数字电视？数字电视与模拟电视相比有哪些优点？

8. 什么是非线性编辑？它有什么特点？

9. 数字视频的编辑主要包括哪些步骤？视频编辑软件 Premiere 主要有哪些功能？

操作练习题

1．素材编辑的基本练习。要求如下：

（1）准备两段内容相关联的视频；

（2）新建项目，导入视频；

（3）去掉原视频中的音频；

（4）制作片头字幕和背景；

（5）将两段视频进行裁剪组接；

（6）为视频添加视频转场，特效效果；

（7）在视频片段中添加字幕说明；

（8）为视频添加音频。

2．制作个人电子相册。要求如下：

（1）准备相片素材，背景音乐，背景素材；

（2）制作片头字幕和片头背景；

（3）制作分镜头序列 1；

（4）制作分镜头序列 2；

（5）制作分镜头序列 3；

（6）设计分镜头的介绍字幕；

（7）制作嵌套序列 4，将所有素材片段在序列 4 中合成；

（8）输出视频。